LEÇONS ÉLÉMENTAIRES

D'ALGÈBRE

ET DE

TRIGONOMÉTRIE RECTILIGNE

RÉDIGÉES

CONFORMÉMENT AUX PROGRAMMES OFFICIELS DU BACCALAURÉAT ÈS SCIENCES
ET DU BACCALAURÉAT ÈS LETTRES

PAR

L'abbé M. REYDELLET

Ancien élève de l'Ecole des Carmes, professeur de mathématiques

NOUVELLE ÉDITION

Revue et corrigée

PARIS

CH. DELAGRAVE ET Cie, LIBRAIRES-ÉDITEURS

RUE DES ÉCOLES, 78

1873

LEÇONS ÉLÉMENTAIRES

D'ALGÈBRE

ET DE

TRIGONOMÉTRIE RECTILIGNE

A LA MÊME LIBRAIRIE

Ouvrages du même auteur :

Leçons élémentaires de Cosmographie, rédigées d'après le programme officiel du baccalauréat ès sciences et du baccalauréat ès lettres, 1 vol. in-12, avec figures intercalées dans le texte et planches gravées sur acier, 4ᵉ édition, revue et corrigée, Prix br.. . . . . **2,50**

Leçons élémentaires de Géométrie, rédigées conformément aux programmes du baccalauréat ès sciences et du baccalauréat ès lettres, suivies d'un Traité élémentaire et pratique du levé des plans, d'arpentage et de nivellement, 1 vol. in-12, avec figures, 2ᵉ édition revue et corrigée, Prix br . . . **3,25**

POUR PARAITRE PROCHAINEMENT

Leçons d'Arithmétique, rédigées conformément aux programmes officiels du baccalauréat ès sciences et du baccalauréat ès lettres.

LEÇONS ÉLÉMENTAIRES

D'ALGÈBRE

PREMIÈRE PARTIE

CHAPITRE I

NOTIONS PRÉLIMINAIRES

1. L'*Algèbre* a pour but d'abréger, de simplifier, et surtout de généraliser les questions relatives aux nombres.

Pour atteindre ce but, elle emploie les lettres et les signes.

2. EMPLOI DES LETTRES. Les lettres représentent les nombres. Au lieu de raisonner et d'opérer, comme en arithmétique, sur des nombres particuliers, on raisonne, en algèbre, et on opère sur des lettres. Par suite, les démonstrations que l'on donne et les règles auxquelles on arrive, s'appliquant à tous les nombres indistinctement, sont générales.

Les quantités connues, appelées *données*, se représentent ordinairement par les premières lettres $a.$ $b.$ $c.$, de l'alphabet, les dernières servent à désigner les quantités que l'on cherche, et auxquelles on donne le nom d'*inconnues*.

Souvent, pour désigner des quantités différentes, mais qui ont entre elles une analogie qu'il importe de ne pas oublier, on emploie une même lettre à laquelle on donne un ou plusieurs accents ou qu'on affecte de certains indices numériques : on écrit, par exemple, a, a', a'', a'''...., qu'on énonce a, *a prime*, *a seconde*, *a tierce*....; ou bien on écrit a, a_1, a_2, a_3...., qu'on énonce a, *a indice* 1, *a indice* 2, *a indice* 3.... Quelquefois encore, on a recours aux lettres de l'alphabet grec.

3. SIGNES ALGÉBRIQUES. Les nombres devant rester indéterminés, on ne peut effectuer les opérations, et il faut se borner à les indiquer à l'aide de signes abréviatifs. Les plus usités en algèbre sont les suivants :

$+$ est le signe de l'addition ; il se prononce *plus* ; $a+b$ indique la somme des deux quantités a et b.

$-$ est le signe de la soustraction ; il se prononce *moins* ; $a-b$ indique la différence entre les deux quantités a et b.

$\times$ est le signe de la multiplication ; il se prononce *multiplié par* ; $a \times b$ indique le produit des deux quantités a et b. Le signe $\times$ se remplace souvent par un simple point . ; plus sonvent encore, lorsque les différents facteurs d'un produit sont désignés par des lettres, on se contente de les écrire les uns à la suite des autres, sans aucune interposition de signe ; ainsi $a\,b\,c$ a la même signification que $a \times b \times c$ ou que $a.\,b.\,c.$ Cette simplification ne peut pas être adoptée pour les facteurs numériques, car elle conduirait, par exemple, à représenter de la même manière le nombre 54 et le produit 5×4.

Pour indiquer la division de a par b, on écrit $\dfrac{a}{b}$, ou bien encore $a : b$.

4. Coefficient. Lorsqu'une quantité doit être ajoutée plusieurs fois à elle-même, on abrège l'écriture de la manière suivante : au lieu de $a+a+a+a$, on écrit $4a$; de même, au lieu de $bc+bc$, on écrit $2bc$; le facteur numérique, qui précède ainsi une ou plusieurs lettres, porte le nom de *coefficient*.

Le coefficient peut être fractionnaire, comme dans l'expression $\dfrac{3}{4}a$, qui signifie $\dfrac{3}{4}\times a$, ou encore $\dfrac{3a}{4}$.

5. Exposant. Lorsqu'un produit renferme plusieurs facteurs égaux, on se contente d'écrire l'un d'eux, en plaçant à sa droite, un peu au-dessus, le nombre qui indique combien il y a de facteurs égaux. Ainsi, au lieu de 5×5, on écrit 5^2 ; de même, au lieu de $a\times a\times a$, on écrit a^3.

Ce nombre, qui indique combien il y a de facteurs égaux à celui qu'on n'écrit qu'une fois, porte le nom *d'exposant*, et le produit des facteurs s'appelle *puissance* de l'un de ces facteurs. L'expression $7\,a^2b^3x$ indique un produit composé du facteur 7, de deux facteurs égaux à a, de trois facteurs égaux à b, et, enfin, d'un facteur égal à x ; ou, ce qui est la même chose, le produit de 7 par la deuxième puissance de a, par la troisième puissance de b et par la première puissance de x.

Une lettre, écrite seule, est considérée comme ayant l'unité pour coefficient et pour exposant ; ainsi a équivaut à $1\,a^1$.

Il est bon de remarquer que souvent le coefficient est lui-même algébrique, c'est-à-dire, représenté par une lettre ; il en est de même de l'exposant : ex. ax, y^m.

6. Le signe $\sqrt{}$ qui s'appelle *radical* indique une racine à extraire. On place au-dessus de l'ouverture le nombre qui marque le degré de la racine à extraire ;

ainsi $\sqrt[3]{a}$, $\sqrt[5]{a}$, expriment la racine cubique, la racine cinquième de la quantité a. Ce nombre s'appelle *indice* de la racine.

Lorsqu'il s'agit de la racine carrée, on se dispense d'affecter le radical de l'indice ; on écrit simplement $\sqrt{a}$.

7. Pour indiquer que deux quantités a et b sont égales, on les sépare par le signe $=$ qui se prononce *égale ;* et on nomme *égalité* l'expression $a=b$; la quantité a est le *premier membre* de l'égalité, la quantité b en est le *second membre*.

On exprime que deux quantités sont inégales, en les séparant par le signe $>$ ou le signe $<$, selon que la première est *plus grande* ou *plus petite* que la seconde, et on donne le nom d'*inégalité* à chacune des expressions $a>b$, $a<b$. La première signifie que la quantité a est plus grande que la quantité b, et la seconde, que la quantité a est, au contraire, plus petite que la quantité b.

8. *Les parenthèses* ( ) expriment le résultat des opérations indiquées sur les quantités qu'elles enveloppent ; les signes, qui affectent les parenthèses, indiquent les opérations à effectuer sur ce résultat. Ainsi

$$x - (a - 5)$$

indique que de la quantité x on retranche le résultat obtenu en retranchant 5 de a.

$$(x+5)\times a$$

indique qu'après avoir fait la somme des quantités x et 5, on multiplie le résultat ou la somme par a.

Lorsque plusieurs quantités, dont quelques-unes sont déjà entre parenthèses, doivent être soumises à une même opération, on les renferme entre deux crochets [ ]. Ainsi

$$a\left[(x+5)^2-3\,b\right]$$

indique qu'après avoir formé le carré de $(x+5)$ et en avoir retranché $3\,b$, on multiplie le résultat ou le reste par a.

9. Pour apprécier les avantages qu'offre l'emploi des lettres et des signes dans la solution des problèmes, proposons-nous de traiter la question suivante :

PROBLÈME. *La somme de deux nombres est 67, et leur différence 19 ; quels sont ces deux nombres ?*

Désignons par x le plus petit, le plus grand sera

$$x+19,$$

et leur somme

$$x+x+19;$$

d'après l'énoncé, cette somme étant égale à 67, nous avons l'égalité

$$x+x+19=67,$$

ou bien

$$2x+19=67;$$

en retranchant 19 de chacun des membres de cette

dernière, et en prenant la moitié des deux restes, nous trouvons

$$x = \frac{67 - 19}{2} = 24.$$

Nous voyons déjà que l'emploi d'une lettre, pour représenter l'inconnue, et des signes, pour indiquer les opérations, abrège l'écriture du raisonnement et facilite la résolution du problème.

10. Cependant, la méthode que nous venons d'employer ne nous fournit qu'un résultat isolé. Rien, dans ce résultat, ne nous indique les opérations à faire pour déduire des données la solution demandée ; et, si nous voulions résoudre le même problème en changeant ces données, il nous faudrait recommencer le raisonnement et le calcul pour obtenir la solution nouvelle. Mais, si nous représentons les données par des lettres, les calculs ne peuvent plus s'effectuer, et le résultat obtenu fournit la marche à suivre pour résoudre numériquement tous les problèmes de même espèce.

Reprenons, en effet, le problème précédent, et désignons par a la somme des deux nombres, par b leur différence ; nous aurons, en répétant sur ces lettres les raisonnements que nous avons faits plus haut,

$$x + x + b = a,$$

ou

$$2x + b = a ;$$

retranchant b de chacun des deux membres de cette

égalité, et prenant la moitié des deux restés, nous trouvons

$$x = \frac{a - b}{2},$$

résultat qui nous apprend que, quels que soient d'ailleurs a et b, nous obtiendrons le plus petit des deux nombres cherchés en prenant la moitié de la différence $a - b$.

Voilà donc une règle générale pour résoudre tous les problèmes de cette espèce, c'est-à-dire, tous ceux dont l'énoncé ne différera que par les valeurs numériques des données.

11. FORMULES ALGÉBRIQUES. Les expressions, telles que $x = \frac{a - b}{2}$, qui indiquent la série des opérations à effectuer pour résoudre une question, lorsque les nombres sont représentés par des lettres, se nomment *formules*.

12. CLASSIFICATION DES FORMULES. On appelle *expression*, ou *quantité algébrique*, un ensemble de lettres et de nombres réunis par quelques-uns des signes des opérations. Les expressions algébriques peuvent comprendre l'indication des six opérations : *addition, soustraction, multiplication, division, puissances et racines*. Ainsi

$$\frac{15\,a^2 b\,(x+3)}{a - \sqrt{b}}$$

est une expression algébrique.

Une expression est dite *rationnelle*, quand elle ne renferme pas le signe $\sqrt{\ }$; elle est *irrationnelle*, dans le cas contraire.

Une expression rationnelle, qui ne contient l'indication d'aucune division, est dite *entière ;* dans le cas contraire, elle est *fractionnaire.*

13. TERME. Lorsqu'une expression algébrique est composée de plusieurs quantités simples ou combinées,

telles que a, $3ab$, $\dfrac{a}{b}\sqrt{a+b}$. . . . liées entre elles par les

signes $+$ ou $-$, chacune de ces quantités s'appelle *terme* de l'expression.

Il y a, dans un terme, quatre éléments à considérer, le signe, le coefficient, les lettres et leurs exposants : un terme qui n'est précédé d'aucun signe, est censé avoir le signe $+$.

On nomme *monôme* une expression algébrique qui n'a qu'un seul terme ; telle est $+ 5a^2b^3c$ (prononcez : cinq a deux, b trois, c).

Un *binôme* est une expression algébrique de deux termes ; et, s'il y a trois termes, l'expression prend le nom de *trinôme.* Ainsi, $a + b$ est un binôme, $a^2 + 2ab + b^2$ un trinôme.

En général, toute expression algébrique, qui a plusieurs termes, porte le nom *polynôme.*

14. VALEUR NUMÉRIQUE D'UN POLYNÔME. Si, dans un monôme, on substitue aux lettres les nombres qu'elles représentent, le résultat obtenu est la *valeur numérique* du monôme. Ainsi pour $a=2$, $b=4$, $c=5$, le mo-

nôme $\dfrac{3a^2c}{4b}$ vaut $\dfrac{15}{4}.$

La valeur numérique d'un polynôme sera la différence entre la somme des valeurs numériques des termes précédés du signe $+$ et la somme des valeurs numériques des termes précédés du signe $-$; d'où il suit *qu'on ne change pas la valeur d'un polynôme en intervertissant l'ordre de ses termes.*

15. QUANTITÉS NÉGATIVES. Lorsque, pour des valeurs particulières attribuées aux lettres d'un polynôme, la somme des termes précédés du signe $+$ est inférieure à la somme des termes précédés du signe $-$, la soustraction est imposible. On est convenu alors de retrancher la plus petite somme de la plus grande, et de placer le signe $-$ devant le reste.

Un tel résultat est dit *négatif*; et, en général, on appelle *négatives* les quantités isolées ainsi précédées du signe $-$. Par opposition, celles qui ne sont pas précédées de ce signe sont dites *positives*.

Supposons que, d'une quantité fixe a, nous ayons à retrancher une quantité b qui peut croître indéfiniment à partir de zéro ; nous obtiendrons d'abord des résultats décroissants ; et, quand b sera égal à a, la différence $a-b$ sera zéro. Si nous continuons de faire croître b, nous trouverons des quantités négatives pour différence ; et, plus b sera grand, plus ces quantités négatives, considérées dans leur valeur absolue, seront grandes. Par exemple, prenons $a=3$ et faisons successivement $b=0, 1, 2, 3$, les valeurs de $a-b$ seront 3, 2, 1, 0. Mais, si b continue de croître et prend les valeurs 4, 5, 6....., nous aurons pour résultat $-1, -2, -3.....$

Or, parce que ces valeurs négatives viennent à la suite des nombres positifs décroissants 3, 2, 1, 0, on convient de les regarder comme plus petites que zéro; et, parce que les quantités négatives qui ont une valeur absolue plus considérable, viennent après celles qui ont une valeur absolue moindre, on les regarde aussi comme plus petites que ces dernières. Ainsi, d'après ces conventions, -1 est plus petit que zéro, -2 est plus petit que -1, etc.

Quoique les quantités négatives n'aient aucun sens par elles-mêmes, on les introduit en algèbre dans un but de généralisation.

16. DEGRÉ D'UN POLYNÔME. On nomme *degré* d'un monôme entier par rapport à une lettre, l'exposant de cette lettre; son degré par rapport à plusieurs lettres est la somme des exposants de toutes ces lettres. Ainsi, le monôme $7a^3b^2c$ est du troisième degré par rapport à a, du deuxième par rapport à b, et du premier par rapport à c. Il est du sixième degré par rapport aux trois lettres a, b, c.

Le degré d'un polynôme par rapport à une lettre est le degré du terme où cette lettre est affectée du plus fort exposant. Le polynôme

$$7a^5 - 2a^3 - 4a + 6 .$$

est du cinquième degré par rapport à a.

17. POLYNÔME HOMOGÈNE. Un polynôme est dit *homogène* lorsque tous ses termes sont du même degré; tel est le polynôme

$$3a^4 - 2a^3b - 5a^2b^2 + 7ab^3 - b^4$$

dont tous les termes sont du quatrième degré.

Lorsque, dans un polynôme homogène, un terme

ne contient pas une lettre qui se trouve dans les autres, il est regardé comme étant du degré zéro par rapport à cette lettre: dans l'exemple précédent, le terme $3a^4$ est du degré zéro par rapport à b; de même le terme b^4 est du degré zéro par rapport à a. Nous verrons plus tard (46) que toute lettre, affectée de l'exposant zéro, est regardée comme représentant l'unité.

18. POLYNÔME ORDONNÉ. On dit qu'un polynôme est *ordonné* par rapport à l'une des lettres qu'il renferme, lorsque ses différents termes sont écrits dans un ordre tel que les exposants de cette lettre aillent toujours en augmentant ou toujours en diminuant. La lettre qu'on choisit pour guide s'appelle *lettre ordonnatrice*. Le polynôme

$$3a^4 - 2a^3b - 5a^2b^2 + 7ab^3$$

est ordonné par rapport aux puissances décroissantes de a, et par rapport aux puissances croissantes de b.

Il est évident que, lorsqu'un polynôme renfermant deux lettres est homogène, si on l'ordonne par rapport aux puissances décroissantes de l'une d'elles, il sera en même temps ordonné par rapport aux puissances croissantes de l'autre.

19. TERMES SEMBLABLES. On dit que des termes sont *semblables*, dans un polynôme, lorsqu'ils sont composés des mêmes lettres et que ces lettres sont affectées des mêmes exposants: tels sont les termes :

$$+5a^2b, \ -\frac{2}{3}a^2b, +8a^2b.$$

Deux termes semblables ne peuvent différer que par le coefficient et par le signe.

20. RÉDUCTION DES TERMES SEMBLABLES. On peut toujours réduire en un seul plusieurs termes semblables. En effet, si nous rencontrons dans un polynôme deux termes semblables positifs, par exemple $+7a^2b+9a^2b$, nous pouvons évidemment les remplacer par le terme unique $+16a^2b$ Si les deux termes sont négatifs, comme $-7a^2b-9a^2b$, nous pouvons leur substituer le terme $-16a^2b$. S'ils sont de signes contraires, comme $+9a^2b-7a^2b$, cette différence équivaut à $+2a^2b$. S'il s'agit de l'expression $+7a^2b-9a^2b$, il est évident que nous pouvons la remplacer par le terme $-2a^2b$.

Ainsi, dans tous les cas, *pour réduire plusieurs termes semblables en un seul, on fait la somme des coefficients des termes précédés du signe $+$, puis la somme des coefficients des termes précédés du signe $-$; on retranche ensuite la plus petite somme de la plus grande, et l'on met devant le reste le signe de cette dernière somme. Enfin, on fait suivre le coefficient de la partie littérale commune à tous les termes.*

Le polynôme

$$7ab^3 - 11a^3b + 8a^3b + 10ab^3 - 2a^3b - 5ab^3$$

se réduit à

$$12ab^3 - 5a^3b.$$

CHAPITRE II

OPÉRATIONS ALGÉBRIQUES

21. Toute quantité algébrique devant être considérée comme un nombre, les opérations de l'algèbre se définissent comme celles de l'arithmétique dont elles portent le nom; mais elles en diffèrent en ce que, se faisant sur des lettres, elles ne peuvent s'effectuer jusqu'au bout et qu'on se borne à les indiquer. Ces opérations se réduisent, en général, à transformer les expressions algébriques, qui résultent de leur indication immédiate, en expressions plus simples et équivalentes.

Par *expressions équivalentes*, on entend des expressions qui, pour des valeurs particulières, mais arbitraires, des lettres qu'elles renferment, prennent des valeurs toujours égales entre elles.

1° ADDITION

22. DÉFINITION. L'addition algébrique *a pour but de réunir en une seule plusieurs expressions algébriques données.*

Nous distinguerons deux cas, suivant que les expressions algébriques à additionner seront des monômes ou des polynômes.

23. ADDITION DES MONÔMES. Soit d'abord le monôme

positif $+b$ à ajouter au monôme a; nous aurons évidemment

$$a+b$$

Soit maintenant à ajouter au même monôme a le monôme négatif $-b$. Il est évident que, si nous avions zéro à ajouter à a, le résultat serait a; mais (15) la quantité négative $-b$ est plus petite que zéro de sa valeur absolue b; le résultat sera donc lui-même plus petit que a de la valeur absolue de b, ou

$$a-b;$$

donc, *pour additionner plusieurs monômes, on les écrit les uns à la suite des autres avec leurs signes.* On forme ainsi un polynôme qui est la somme cherchée; s'il renferme des termes semblables, on les réduit en un seul (20).

24. Addition des polynômes. Soit proposé d'ajouter $c-d$ à $a-b$: ajoutons d'abord c, nous aurons

$$a-b+c.$$

Mais la quantité que nous avons ajoutée étant trop grande de d, le résultat est lui-même trop grand de d; nous devons donc le diminuer de cette quantité; nous avons, par conséquent,

$$a-b+c-d.$$

Si le polynôme à ajouter à $a-b$ était $c-d+e$, en ajoutant d'abord $c-d$, nous trouverions

$$a-b+c-d$$

résultat trop petit de la quantité e; en l'augmentant de cette même quantité, nous aurons pour la somme cherchée

$$a-b+c-d+e.$$

De ces deux exemples nous pouvons déduire la règle suivante : *Pour ajouter deux polynômes, on les écrit l'un à la suite de l'autre, en conservant aux termes de chacun les signes dont ils sont affectés.*

Cette règle s'applique au cas où le nombre de polynômes à additionner surpasse deux, comme on s'en assurerait en faisant d'abord la somme des deux premiers, puis en ajoutant à cette somme le troisième polynôme, et ainsi de suite jusqu'au dernier.

25. Si dans les polynômes considérés il y a des termes semblables, on les réduit. Pour faciliter cette réduction on écrit ordinairement les polynômes les uns au-dessous des autres, plaçant les termes semblables dans une même colonne verticale ; voici des exemples :

$$
\begin{aligned}
5a-\ b\ +2c, \qquad & 5a \qquad\ -3c+4d,\\
2a-3b+4c, \qquad & \quad\ 5b+2c-6d,\\
a+2b-3c; \qquad & 2a+\ 7b-5c;\\
\hline
8a-2b+3c. \qquad & 7a+12b-6c-2d.
\end{aligned}
$$

2° SOUSTRACTION

26. DÉFINITION. *La soustraction a pour but de trouver l'expression la plus simple de la différence de deux expressions algébriques données.*

Comme dans l'addition, nous distinguerons deux cas, suivant que les expressions algébriques à retrancher l'une de l'autre seront des monômes ou des polynômes,

27. SOUSTRACTION DES MONÔMES. Soit d'abord le monôme positif$+b$ à retrancher du monôme a, nous aurons évidemment

$$a-b.$$

Soit maintenant à retrancher du même monôme a, le monôme négatif$-b$; si nous avions zéro à retrancher de a, le reste serait a; mais (15) la quantité négative$-b$ est plus petite que zéro de sa valeur absolue b; le reste doit donc être augmenté de b, et nous avons

$$a+b;$$

donc, *pour retrancher deux monômes l'un de l'autre, on écrit le second à la suite du premier, en changeant son signe.*

28. SOUSTRACTION DES POLYNÔMES. Soit $c-d$ à soustraire de $a-b$; si nous retranchons d'abord c, au lieu de $c-d$, nous retranchons d de trop et le reste

$$a-b-c$$

sera trop petit de d; il faut donc ajouter d à ce reste ou l'écrire à la suite avec le signe$+$; nous avons, par conséquent,

$$a-b-c+d.$$

Si le polynôme à soustraire de $a-b$ était $c-d+e$, en retranchant seulement $c-d$, le reste serait trop fort de e; il faudra donc en retrancher cette quantité ou l'écrire à la suite avec le signe —; le reste sera alors

$$a-b-c+d-e.$$

Des deux exemples qui précèdent nous pouvons déduire la règle suivante : *Pour soustraire un polynôme d'un autre, on l'écrit à la suite de cet autre en changeant les signes de tous ses termes.*

Le reste une fois obtenu, on fait, s'il y a lieu, la réduction des termes semblables (20).

29. Lorsque les deux polynômes donnés renferment des termes semblables, au lieu d'écrire le second à la suite du premier, on l'écrit au-dessous, en plaçant les termes semblables dans une même colonne verticale, et en ayant soin de changer les signes de tous ses termes. Ainsi, pour soustraire le polynôme $7a+3b-5c$ du polynôme $9a-4b-8c$, on écrit :

$$9a-4b-8c,$$
$$-7a-3b+5c;$$
$$\overline{}$$
$$2a-7b-3c.$$

Cette disposition facilite la réduction des termes semblables.

REMARQUES RELATIVES A L'ADDITION ET A LA SOUS-
TRACTION

30. REMARQUE I. Lorsqu'on veut seulement indiquer qu'un polynôme doit être ajouté ou retranché, on le renferme entre deux parenthèses, que l'on fait précéder du signe + dans le premier cas, du signe — dans le second.

On fait encore usage des parenthèses pour grouper plusieurs termes d'un polynôme ; mais, afin d'avoir égard aux règles que nous venons de donner pour l'addition et la soustraction des polynômes, on conserve ou l'on change le signe des termes groupés, suivant qu'on fait précéder la parenthèse du signe + ou du signe —. Ainsi le polynôme

$$a+b-c+d-e+g-h$$

peut s'écrire :

$$a+b-c+(d-e+g-h),$$

ou bien

$$a+b-(c-d+e-g+h);$$

car, en supprimant les parenthèses, c'est-à-dire, en faisant l'addition indiquée dans le premier cas, et la soustraction indiquée dans le second, nous retrouvons bien le polynôme proposé.

31. REMARQUE II. En algèbre, les mots *additionner* et *soustraire* n'entraînent pas respectivement l'idée d'augmentation et de diminution. Si la quantité ajoutée ou retranchée est positive, il y a en réalité augmentation ou diminution ; le contraire a lieu si la quantité à ajouter ou à retrancher est négative. Ainsi, ajouter —7, c'est, en réalité, retrancher 7 ; et retrancher —7, c'est, en réalité, ajouter 7.

C'est pour cela que l'on nomme *somme* ou *différence algébrique* de plusieurs quantités, le résultat obtenu en additionnant ou en retranchant ces quantités eu égard à

leurs signes, et que l'on conserve le nom de *somme*
ou de *différence arithmétique* au résultat de l'addition
ou de la soustraction de leurs valeurs absolues.

EXERCICES SUR L'ADDITION ET SUR LA SOUSTRACTION

1. Additionner les polynômes

$$4ab-6ac+15bc+7,$$

$$3ab-5ac-7bc+3,$$

$$-5ab+8ac-3bc-10.$$

Réponse : $2ab-3ac+5bc$.

2. Ajouter les polynômes

$$8a^2-\frac{3}{2}ab-2b^2-\frac{3}{4},$$

$$-a^2+\frac{1}{4}ab+7c^2+2,$$

$$ab+2b^2+4c^2+\frac{1}{2}.$$

Réponse : $7a^2-\frac{1}{4}ab+11c^2+\frac{7}{4}.$

3. Du polynôme $3a^2-\frac{3}{5}a+4$, retrancher $a^2-\frac{4}{5}a+\frac{1}{3}$.

Réponse : Il reste $2a^2+\frac{1}{5}a+\frac{11}{3}.$

4. Du polynôme $2ab - 6ac + 4bc - \dfrac{1}{4}$, retrancher la somme des polynômes suivants :

$$ab - 10ac + 5bc - \dfrac{1}{4},$$

$$3ab - 7ac + 4bc + 1,$$

$$4ab + 14ac - 3bc + \dfrac{2}{3}.$$

Réponse : $-6ab - 3ac - 2bc - \dfrac{5}{3}.$

5. A quoi se réduit l'expression

$$13a^4 + 3a^3b - 7a^2b^2 + b^4 - (7a^4 + 12a^3b - 6a^2b^2 + 8ab^3 - 5b^4)?$$

Réponse : $6a^4 - 9a^3b - a^2b^2 - 8ab^3 + 6b^4.$

6 Trois joueurs se mettent au jeu, le premier avec a fr., le second avec b fr., le troisième avec c fr., et conviennent, qu'à chaque partie, le perdant doublera la somme que possède chacun des deux autres. Après trois parties perdues successivement par le premier joueur, par le second et par le troisième, combien chacun d'eux possède-t-il ?

Réponse : Le premier possède $4a - 4b - 4c$; le second $6b - 2c - 2a$; le troisième $7c - b - a$.

3° MULTIPLICATION

32. DÉFINITION. La multiplication algébrique peut se définir : *une opération qui a pour objet de trouver* *une quantité, nommée produit, qui soit composée en grandeur et en signe avec le multiplicande, comme le multiplicateur est composé avec l'unité positive.*

La multiplication algébrique comprend trois cas : 1° La multiplication d'un monôme par un monôme ; 2° la multiplication d'un polynôme par un monôme ; 3° la multiplication d'un polynôme par un polynôme.

33. PREMIER CAS. *Multiplication de deux monômes entiers.* Soit d'abord à multiplier l'une par l'autre deux puissances d'une même quantité a, par exemple, a^4 par a^3. Nous savons que

$$a^4 = a \times a \times a \times a \text{ et que } a^3 = a \times a \times a ;$$

donc,

$$a^4 \times a^3 = a \times a \times a \times a \times a \times a \times a = a^7.$$

or l'exposant 7 est la somme des exposants 4 et 3 du multiplicande et du multiplicateur ; donc *le produit deux puissances d'une même quantité est une puissance de cette quantité ayant pour exposant la somme des exposants de ces deux facteurs.*

Soit maintenant à multiplier l'un par l'autre deux monômes entiers, par exemple, $3a^2 b^5 c^3$ par $5a^4 b^3$. Chacun d'eux exprime un produit de plusieurs facteurs ; or, on démontre en arithmétique que, pour multiplier le premier par le second, il suffit de multiplier ce premier successivement par chacun des facteurs du second ; ce qui donne, en rétablissant le signe $\times$,

$$3 \times a^2 \times b^5 \times c^3 \times 5 \times a^4 \times b^3 ;$$

Mais, dans un produit de plusieurs facteurs, on peut,

sans changer la valeur de ce produit, intervertir l'ordre des facteurs et les grouper à volonté ; nous pouvons donc écrire

$$3 \times 5 \times (a^2 \times a^4)(b^5 \times b^3) \times c^3.$$

Chaque parenthèse renfermant le produit de deux puissances d'une même quantité, nous aurons, en effectuant ces produits

$$15a^6 \times b^8 \times c^3,$$

ou, en supprimant le signe $\times$,

$$15a^6 \, b^8 \, c^3.$$

De ce qui précède nous pouvons donc conclure que, *pour multiplier l'un par l'autre deux monômes entiers:* 1° *on fait le produit de leurs coefficients ;* 2° *on écrit à la suite, une fois chacune, les lettres que renferment les facteurs ;* 3° *on donne à chaque lettre un exposant égal à la somme de ceux dont elle est affectée dans les deux facteurs. Si une lettre n'entre que dans l'un des facteurs, on l'écrit au produit avec son exposant.*

Cette règle s'applique évidemment à la multiplication d'un nombre quelconque de monômes. Nous multiplierons, en effet, le premier monôme par le second, puis le produit, qui est un monôme, par le troisième, puis ce nouveau produit par le quatrième, et ainsi de suite. D'où nous pouvons conclure que *la puissance* $n^{\text{ième}}$ *d'un monôme s'obtient en élevant son coefficient à cette puissance et en multipliant par* n *l'exposant de toutes les lettres qu'il renferme.* Ainsi,

$$(5\,a^2 b^4 c)^n = 5^n\, a^{2n}\, b^{4n}\, c^n.$$

31. RÈGLE DES SIGNES. Il résulte immédiatement de

la définition de la multiplication que, si le multiplicateur
a le signe $+$ comme l'unité positive, le produit devra
prendre le signe du multiplicande; et, si le multiplicateur a le signe $-$, c'est-à-dire, le signe opposé à celui
de l'unité positive, le produit sera affecté du signe contraire à celui du multiplicande; nous pourrons donc
former le tableau suivant :

Multiplicande	*Multiplicateur*	*Produit*
$+$	$+$	$+$
$-$	$+$	$-$
$+$	$-$	$-$
$-$	$-$	$+$

Ainsi, dans le premier et le quatrième cas où les
facteurs ont des signes semblables, le produit est positif, tandis qu'il est négatif dans le second et le troisième
cas où ces facteurs ont des signes contraires; de là
cette règle générale :

*On donne au produit le signe $+$ ou le signe $-$, selon
que le multiplicande et le multiplicateur ont des signes
semblables ou des signes contraires.*

35. Il suit de la règle des signes que le produit de
plusieurs facteurs négatifs est positif ou négatif, suivant que ces facteurs sont en nombre pair ou en nombre impair. En effet, si le nombre des facteurs négatifs
est pair, nous pourrons d'abord les multiplier deux à
deux, c'est-à-dire, le premier par le second, le troisième
par le quatrième, etc.; puis multiplier entre eux ces
produits partiels, ce qui donnera un produit final positif, puisque chacun d'eux a le signe $+$.

Si, au contraire, le nombre des facteurs négatifs est
impair, nous pourrons faire le produit de tous, à l'ex-

ception du dernier : ce produit sera positif ; en le multipliant par le dernier facteur négatif, le résultat sera lui-même négatif.

36. DEUXIÈME CAS. *Multiplication d'un polynôme par un monôme entier.* Proposons-nous de multiplier d'abord le polynôme $a - b + c - d$ par le monôme entier et positif m. Il s'agit de multiplier m fois le polynôme multiplicande, c'est-à-dire, de faire la somme de m polynômes égaux au multiplicande. Or, si nous faisons cette somme, chaque terme du multiplicande sera répété m fois avec son signe ; nous aurons donc, après réduction,

$$am - bm + cm - dm.$$

Si le multiplicateur était un monôme entier négatif $- m$, d'après la définition de la multiplication et la règle des signes que nous en avons déduite, les termes du produit précédent ne feraient que changer de signe. Donc,

Pour multiplier un polynôme par un monôme entier, il faut multiplier successivement chacun des termes du multiplicande par le multiplicateur, en donnant à chacun des termes du produit le signe $+$ ou le signe $-$, suivant que le multiplicateur et le terme correspondant du multiplicande ont des signes semblables ou des signes contraires.

37. TROISIÈME CAS. *Multiplication d'un polynôme par un polynôme.* Considérons enfin le cas où le multiplicande et le multiplicateur sont des polynômes, et soit, par exemple, le polynôme $a - b + c$ à multiplier par le polynôme $d - e$; le produit cherché sera donc la somme de d quantités égales à $a - b + c$, et de e quantités égales à $a - b + c$, ces dernières devant être prises avec des signes contraires, puisque le monôme — e est négatif ; nous aurons donc, après réduction,

$$ad - bd + cd - ae + be - ce.$$

Donc, *pour multiplier deux polynômes l'un par l'aure, on multiplie tous les termes du multiplicande successivement par chaque terme du multiplicateur. On met le signe $+$ devant les termes du produit provenant de deux termes de même signe dans les deux facteurs, et le signe $-$ devant ceux qui proviennent de deux termes de signes contraires.*

38. Dans la pratique, on ordonne les deux polynômes par rapport aux puissances croissantes ou décroissantes d'une même lettre (18); puis, après avoir écrit le multiplicateur au-dessous du multiplicande, on multiplie tous les termes de celui-ci successivement par tous les termes du multiplicateur, en allant de la gauche vers la droite, et on écrit les produits partiels sur des lignes horizontales, de manière que les termes semblables se trouvent placés les uns au-dessous des autres. On fait ensuite la réduction que cette disposition facilite beaucoup.

Exemple. Soit $a^3 + 4a^2b - 7ab^2 - 8b^3$ à multiplier par $7a^2 - 8ab + 4b^2$.

Multiplicande $\quad a^3 + 4a^2b - 7ab^2 - 8b^3$
Multiplicateur $\quad 7a^2 - 8ab + 4b^2$

$$
\begin{aligned}
\text{Produits partiels} \;\Bigg\{ \;\;
&7a^5 + 28a^4b - 49a^3b^2 - 56a^2b^3 \\
&\quad - 8a^4b - 32a^3b^2 + 56a^2b^3 + 64ab^4 \\
&\quad\quad + 4a^3b^2 + 16a^2b^3 - 28ab^4 - 32b^5
\end{aligned}
$$

Produit total $\quad 7a^5 + 20a^4b - 77a^3b^2 + 16a^2b^3 + 36ab^4 - 32b^5$

1.

39. Lorsque les polynômes proposés ne sont pas complets, on laisse des intervalles vides dans les produits partiels, afin de pouvoir placer les termes semblables les uns au-dessous des autres.

Exemple. Soit $4x^4 - 5ax^3 + 3a^2x^2 + 2a^4$ à multiplier par $3a^2x^3 - 5a^3x^2 - 3a^5$.

Multiplicande $4x^4 - 5ax^3 + 3a^2x^2 - 2a^4$

Multiplicateur $3a^2x^3 - 5a^3x^2 - 3a^5$

Produits partiels :

$$12a^2x^7 - 15a^3x^6 + 9a^4x^5 \qquad\qquad -6a^6x^3$$
$$-20a^3x^6 + 25a^4x^5 - 15a^5x^4 \qquad\qquad +10a^7x^2$$
$$-12a^5x^4 + 15a^6x^3 - 9a^7x^2 + 6a^9$$

Prod. tot. $12a^2x^7 - 35a^3x^6 + 34a^4x^5 - 27a^5x^4 + 9a^6x^3 + a^7x^2 + 6a^9$

40. Remarque I. Il y a toujours, dans le produit, deux termes qui ne se réduisent avec aucun autre et qui, par conséquent, se conservent intacts au résultat ; c'est le produit du premier terme du multiplicande par le premier terme du multiplicateur, et aussi le produit du dernier terme du multiplicande par le dernier terme du multiplicateur. En effet, l'exposant de la lettre ordonnatrice, dans un terme quelconque du produit, est la somme des exposants de cette même lettre dans les deux termes qui l'ont fourni. Or, si les deux polynômes ont été ordonnés par rapport aux puissances décroissantes, il est clair que, dans le terme du produit provenant de la multiplication du premier terme du multiplicande par le premier terme du multiplicateur, l'exposant de la lettre ordonnatrice, étant la somme de ses deux plus forts exposants au multiplicande et au multiplicateur, sera plus grand que dans tout autre terme du produit.

De même, dans le terme du produit provenant de la multiplication du dernier terme du multiplicande par le dernier terme du multiplicateur, l'exposant de la lettre ordonnatrice, étant la somme de ses deux plus faibles exposants au multiplicande et au multiplicateur, sera plus petit que dans tout autre terme du produit, et ce terme sera aussi irréductible.

Ainsi, le premier terme du produit de deux polynômes ordonnés provient sans réduction de la multiplication du premier terme du multiplicande par le premier terme du multiplicateur, et le dernier terme du produit provient également sans réduction de la multiplication du dernier terme du multiplicande par le dernier terme du multiplicateur. Cette remarque nous sera.très-utile pour effectuer la division de deux polynômes.

41. REMARQUE II. Dans les deux exemples précédents, le multiplicande et le multiplicateur sont des polynômes homogènes (17); le produit est également homogène, car chacun de ses termes s'obtenant en multipliant un terme du multiplicande par un terme du multiplicateur, le degré de ce terme du produit est la somme des degrés des deux termes qui l'ont fourni, c'est-à-dire, la somme des degrés du multiplicande et du multiplicateur. Il résulte de cette remarque que, si on trouvait que le produit de deux polynômes homogènes n'est pas homogène, ce serait un signe certain que ce produit est fautif.

42. METTRE UNE QUANTITÉ EN FACTEUR COMMUN. Lorsque, dans le multiplicande et dans le multiplicateur, il y a plusieurs termes où la lettre ordonnatrice entre à la même puissance, on commence par mettre chaque puissance de cette lettre en *facteur commun* des quantités qu'elle multiplie, c'est-à-dire, on met entre parenthèses les quantités qu'elle multiplie et on l'écrit elle-même en dehors de ces parenthèses. Ainsi le polynôme

$$a^3 + a^2 x + ax^2 - b^3 + b^2 x - bx^2 - c^2 x$$

peut s'écrire :

$$(a-b)x^2 + (a^2 + b^2 - c^2)x + a^3 - b^3 \,;$$

les facteurs algébriques $(a-b)$, $(a^2 + b^2 - c^2)$, que l'on a soin d'ordonner par rapport à l'une des lettres qui y entrent, sont considérés comme les coefficients des différentes puissances de la lettre principale.

Quelquefois, au lieu d'écrire les coefficients polynômes entre parenthèses, on les dispose de la manière suivante :

$$\left.\begin{array}{r} a \\ -b \end{array}\right|\; \begin{array}{r} x^2 + a^2 \\ + b^2 \\ - c^2 \end{array}\; \left|\; \begin{array}{r} x + a^3 \\ - b^3 \end{array}\right.$$

C'est de cette dernière disposition que nous ferons usage dans la multiplication suivante :

Exemple. Multiplier le polynôme $ax^2 + a^2 x + a^3 + bx^2 + 2abx + b^2 x + 3a^2 b + 3ab^2 + b^3$ par $ax + a^2 - bx - 2ab + b^2$

Après avoir ordonné, par rapport à x, le multiplicande et le multiplicateur, nous multiplierons tous les termes du multiplicande par chacun des termes du multiplicateur. On dispose les calculs de la manière suivante :

Multiplicande	a $+ b$	$x^2+ a^2$ $+2ab$ $+ b^2$	$x + a^3$ $+3a^2b$ $+3ab^2$ $+ b^3$	
Multiplicateur	a $- b$	$x+ a^2$ $- 2ab$ $+ b^2$		
Produit du multiplicande par $(a-b)x.$	a^2 $+ ab$ $- ab$ $- b^2$	$x^3+ a^3$ $+2a^2b$ $+ ab^2$ $- a^2b$ $-2ab^2$ $- b^3$	$x^2+ a^4$ $+3a^3b$ $+3a^2b^2$ $+ a b^3$ $- a^3b$ $-3a^2b^2$ $-3ab^3$ $- b^4$	x
Produit du multiplicande par $a^2-2ab+b^2.$		a^3 $-2a^2b$ $+ ab^2$ $+ a^2b$ $-2ab^2$ $+ b^3$	$x^2+ a^4$ $+2a^3b$ $+ a^2b^2$ $-2a^3b$ $-4a^2b^2$ $-2a b^3$ $+ a^2b^2$ $+2 ab^3$ $+ b^4$	$x+ a^5$ $+3a^4b$ $+3a^3b^2$ $+ a^2b^3$ $-2a^4b$ $-6a^3b^2$ $-6a^2b^3$ $-2ab^4$ $+ a^3b^2$ $+3a^2b^3$ $+3ab^4$ $+ b^5$
Produit total simplifié.	a^2 $- b^2$	x^3+2a^3 $-2ab^2$	x^2+2a^4 $+2a^3b$ $-2a^2b^2$ $-2a b^3$	$x+ a^5$ $+ a^4b$ $-2a^3b^2$ $-2a^2b^3$ $+ a b^4$ $+ b^5$

43. CONSÉQUENCES DE LA MULTIPLICATION. Lorsqu'en arithmétique on multiplie deux nombres l'un par l'autre, le produit ne conserve aucune trace des facteurs d'où il provient ; il n'en est pas de même en algèbre ; le produit se compose toujours d'une certaine manière à l'aide des quantités qui en font partie ; c'est ce qu'on appelle *la loi du produit*. Cette loi du produit ne change pas quand on fait varier les quantités qui entrent dans ce dernier. Effectuons les multiplications suivantes :

$$
\begin{array}{lll}
a + b & a - b & a + b \\
a + b & a - b & a - b \\
\hline
a^2 + ab & a^2 - ab & a^2 + ab \\
\quad + ab + b^2 & \quad - ab + b^2 & \quad - ab - b^2 \\
\hline
a^2 + 2ab + b^2 & a^2 - 2ab + b^2 & a^2 - \quad b^2
\end{array}
$$

La loi de ces différents produits est facile à saisir ; le premier nous montre que le *carré de la somme de deux quantités se compose du carré de la première, plus du double produit de la première par la seconde, plus du carré de la seconde.*

Pareillement, le second produit prouve que *le carré de la différence de deux quantités est égal au carré de la première, moins le double produit de la première par la seconde, plus le carré de la seconde.*

Enfin, le troisième nous apprend que *le produit de la somme de deux quantités par leur différence est égal à la différence des carrés de ces quantités.*

44. Réciproquement, *la différence des carrés de deux quantités peut toujours être considérée comme provenant du produit de leur somme par leur différence.*

Ainsi,

$$m^2 - n^2 = (m + n)(m - n).$$

Cette décomposition de la différence des carrés de deux quantités en un produit de leur somme par leur différence permet souvent de simplifier une expression algébrique; nous en ferons usage plus tard.

EXERCICES

1 Trouver les produits suivants :

$$(17a^3 - 8a^2b + 15ab^2 - 23b^3)(13a^2 - 28ab + 15b^2).$$

Réponse. $221a^5 - 580a^4b + 674a^3b^2 - 839a^2b^3$
$$+ 869ab^4 - 345b^5.$$

$$(5a^2b - 2ab^3 + 8a^2c)(2a^3b - ab^3 + 3a^2c^2).$$

Réponse. $10a^5b^3 + 16a^3bc - 4a^4b^4 + 15a^4bc^2 + 24a^4c^3$
$$- 5a^3b^4 - 8a^3b^3c - 6a^3b^3c^2 + 2a^2b^6.$$

$$(a^3x + a^2x^2 - b^4 - abx^2 - 2a^2bx - a^2b^2 + b^3x)(a^2x^2$$
$$- a^2bx + b^4 + b^2x^2 - ab^2x).$$

Réponse. $(a^4 - a^3b + a^2b^2 - ab^3)x^4 + (a^5 - 3a^4b + a^3b^2$
$+ b^5)x^3 - (a^5b - 2a^3b^3 + 2a^2b^4 + 2ab^5 + b^6)x^2 + (a^4b^3$
$+ 2a^3b^4 - a^2b^5 + ab^6 + b^7)x - (a^2b^6 + b^8).$

2. Vérifier les égalités suivantes :

$$(a + b)^2 - (a - b)^2 = 4\,ab\,;$$

$$(a^2 + c^2 - b^2)^2 - 4a^2c^2 = (a + b + c)(a + b - c)$$
$$(a + c - b)(a - b - c).$$

$$(a^2 + b^2 + c^2)(a'^2 + b'^2 + c'^2) - (aa' + bb' + cc')^2$$
$$= (ab' - ba')^2 + (ac' - ca')^2 + (bc' - cb')^2.$$

$$(a + b + c)(a + b - c)(a + c - b)(b + c - a) = 2a^2b^2$$
$$+ 2a^2c^2 + 2b^2c^2 - a^4 - b^4 - c^4.$$

4° DIVISION

45. DÉFINITION. *La division algébrique a pour but, étant données deux expressions algébriques, l'une appelée dividende et l'autre diviseur, d'en chercher une troisième appelée quotient, qui multipliée par le diviseur reproduise le dividende.*

La division algébrique présente trois cas : 1° division d'un monôme par un monôme ; 2° division d'un polynôme par un monôme ; 3° division d'un polynôme par un polynôme.

46. PREMIER CAS. *Division de deux monômes entiers.* Soit d'abord à diviser l'une par l'autre deux puissances d'une même quantité, a, par exemple a^8 par a^5. Le quotient cherché multiplié par le diviseur a^5, devant reproduire le dividende a^8, contiendra la lettre a avec un exposant tel, qu'ajouté à 5, la somme soit égale à 8 : ce quotient sera donc a^3.

Donc, *pour diviser l'une par l'autre deux puissances d'une même quantité, on retranche l'exposant du diviseur de celui du dividende.*

Lorsque l'exposant du diviseur est égal à celui du dividende, l'application de la règle précédente conduit au symbole a^0 ; car on a, dans ce cas,

$$\frac{a^m}{a^m} = a^{m-m} = a^0.$$

Le symbole a^0 exprimant le quotient de deux quantités égales, on est convenu que *toute lettre affectée de l'exposant zéro serait regardée comme représentant l'unité..*

Il résulte de cette convention que nous pouvons

écrire ou supprimer dans un monôme une lettre affectée de l'exposant zéro ; cela revient à le multiplier ou à le diviser par l'unité.

Soit maintenant à diviser $36a^4b^3c$ par $12\,a^2b$. Puisque le coefficient du quotient, multiplié par celui du diviseur, doit reproduire le coefficient du dividende, il sera égal au quotient de 36 par 12, c'est-à-dire, égal à 3.

La lettre a doit avoir dans le quotient un exposant tel qu'ajouté à celui de la même lettre dans le diviseur, la somme soit égale à l'exposant de a dans le dividende. L'exposant de cette lettre dans le quotient sera donc la différence entre 4 et 2 ou 2 ; le même raisonnement s'applique à la lettre b.

La lettre c, qui n'entre qu'au dividende, devra nécessairement se trouver dans le quotient avec le même exposant ; car, sans cela, le quotient multiplié par le diviseur ne reproduirait pas le dividende.

Donc, *pour diviser l'un par l'autre deux monômes entiers, on divise le coefficient du dividende par celui du diviseur et on a le coefficient du quotient. On écrit à la suite de ce coefficient toutes les lettres qui ont dans le dividende un exposant plus grand que dans le diviseur, ainsi que celles qui n'entrent pas dans le diviseur, en donnant aux premières un exposant égal à la différence de ceux qu'elles ont dans le dividende et dans le diviseur et en conservant aux secondes leurs propres exposants. Quant aux lettres qui ont le même exposant au dividende et au diviseur, on ne les écrit pas au quotient.*

Nous avons ainsi

$$\frac{36a^4b^3c}{12a^2b} = 3a^2b^2c.$$

47. RÈGLE DES SIGNES. Le dividende étant le produit du diviseur par le quotient, il est évident que, s'il est positif, le diviseur et le quotient auront des signes semblables (34); donc, si le diviseur est positif, le quotient aura le signe $+$, et le signe $-$ si le diviseur est négatif. Mais si le dividende est négatif, le diviseur et le quotient auront des signes contraires ; de sorte que si le diviseur est positif, le quotient aura le signe $-$, et le signe $+$ si le diviseur est négatif. De là cette règle :

On donne au quotient le signe $+$ ou le signe $-$, suivant que le dividende et le diviseur auront des signes semblables ou des signes contraires.

48. CONDITIONS DE POSSIBILITÉ. Il résulte de la règle du n° 46 que, pour qu'un monôme soit exactement divisible par un autre, il faut : 1° que le coefficient du dividende soit divisible par celui du diviseur ; 2° que le diviseur ne contienne aucune lettre étrangère au dividende ; 3° que l'exposant, dont une lettre est affectée au dividende, ne soit pas inférieur à celui qu'elle a dans le diviseur. Lorsque toutes ces conditions ne sont pas remplies, on se contente d'indiquer la division.

49. DEUXIÈME CAS. *Division d'un polynôme par un monôme.* Soit à diviser le polynôme $6a^5b^3 - 12a^5b^4 + 18a^4b^5$ par le monôme $6a^2b^3$.

Le quotient sera certainement un polynôme ; car le produit de deux monômes ne saurait être un polynôme. De plus, d'après les règles de la multiplication d'un polynôme par un monôme (36), chaque terme du dividende est le produit d'un terme du quotient par le diviseur ; donc, *pour diviser le polynôme entier par un monôme entier, on divise chaque terme du dividende par le diviseur. Les termes du quotient sont affectés du signe + ou du signe —, selon que le dividende ou le diviseur ont des signes semblables ou des signes contraires.*

En appliquant cette règle, nous trouvons :

$$\frac{6a^6b^3 - 12a^5b^4 + 18a^4b^5}{6a^2b^3} = a^4 - 2a^3b + 3a^2b^2.$$

50. CONDITIONS DE POSSIBILITÉ. Il suit de cette règle que, pour que la division soit possible, il faut que chaque terme du dividende, pris isolément, soit divisible par le diviseur.

51. TROISIÈME CAS. *Division de deux polynômes.* Supposons les deux polynômes ordonnés par rapport aux puissances croissantes d'une même lettre. D'après la règle (37) de la multiplication de deux polynômes ordonnés, le premier terme du dividende est sans réduction le produit du premier terme du diviseur par le premier terme du quotient ; par conséquent, en divisant le premier terme du dividende par le premier terme du diviseur, nous obtiendrons le premier terme du quotient.

Mais le dividende est égal à la somme des produits partiels du diviseur par chacun des termes du quotient ; donc, si du dividende nous retranchons le produit du diviseur par le premier terme du quotient, le reste sera le produit du diviseur par les autres termes du quotient, et nous nous trouverons ainsi dans les mêmes circonstances qu'en commençant, c'est-à-dire qu'en divisant le premier terme du reste par le premier terme du diviseur, nous obtiendrons le second terme du quotient. Nous voyons aisément par là ce qu'il faudra faire pour trouver les autres termes du quotient, et nous pouvons conclure que :

Pour diviser l'un par l'autre deux polynômes entiers, on les ordonne d'abord par rapport aux puissances croissantes ou décroissantes d'une même lettre, puis on divise le premier terme du dividende par le premier terme du diviseur, ce qui donne le premier terme du quotient. Du dividende on retranche le produit du diviseur par le premier terme du quotient ; on divise ensuite le premier terme du reste obtenu par le premier terme du diviseur, ce qui donne le second terme du quotient. Du premier reste on retranche le produit du diviseur par le second terme du quotient et on obtient un second reste sur lequel on opère comme sur le précédent ; on continue ainsi jusqu'à ce qu'on arrive au dernier terme du quotient.

Quant au signe de chaque terme du quotient, il est $+$ ou $-$, selon que le premier terme de chaque dividende partiel et le premier terme du diviseur ont des signes semblables ou des signes contraires.

Comme application de la règle précédente, proposons-nous de diviser le polynôme $7a^5 + 20a^4b - 77a^3b^2 + 16a^2b^3 + 36ab^4 - 32b^5$ par le polynôme $a^3 + 4a^2b - 7a^3b^2 - 8b^3$.

$$
\begin{array}{ll}
\text{Dividende} & \text{Diviseur} \\[4pt]
7a^5 + 20a^4b - 77a^3b^2 + 16a^2b^3 + 36ab^4 - 32b^5 & \;\big|\; a^3 + 4a^2b - 7ab^2 - 8b^3 \\
-7a^5 - 28a^4b + 49a^3b^2 + 56a^2b^3 & \\[2pt]
\hline
1^{\text{er}}\,\text{reste} \;\; -8a^4b - 28a^3b^2 + 72a^2b^3 + 36ab^4 - 32b^5 & \;\big|\; \quad 7a^2 - 8ab + 4b^2 \\
\qquad\quad +8a^4b + 32a^3b^2 - 56a^2b^3 - 64ab^4 & \qquad \text{Quotient} \\[2pt]
\hline
2^{\text{e}}\,\text{reste} \qquad\quad +4a^3b^2 + 16a^2b^3 - 28ab^4 - 32b^5 & \\
\qquad\qquad\qquad -4a^3b^2 - 16a^2b^3 + 28ab^4 + 32b^5 & \\[2pt]
\hline
3^{\text{e}}\,\text{reste} \qquad\qquad\qquad 0 &
\end{array}
$$

En divisant le premier terme $7\,a^5$ du dividende par le premier terme $+\,a^3$ du diviseur, nous avons obtenu le premier terme $+\,7a^2$ du quotient qui, multiplié par le diviseur, a donné

$$7a^5 + 28a^4b - 49a^3b^2 - 56a^2b^3$$

Mais, comme ce produit devait être retranché du dividende, nous avons écrit, avec des signes contraires, chacun de ses termes au-dessous du terme semblable du dividende, et, après réduction, nous avons trouvé pour premier reste

$$-8a^4b - 28a^3b^2 + 72a^2b^3 + 36ab^4 - 32b^5.$$

Le premier terme $-8a^4b$ de ce premier reste, divisé par le premier terme du diviseur $+\,a^3$, a donné le second terme du quotient $-8ab$, et le produit de ce second terme du quotient par le diviseur a été

$$-8a^4b^2 - 32a^3b^2 + 56a^2b^3 + 64ab^3$$

Nous avons écrit chacun des termes de ce produit, en en changeant les signes, au-dessous du terme semblable du premier reste, et, après réduction, nous avons obtenu

$$+4a^3b^2 + 16a^2b^3 - 28ab^4 - 32b^5$$

Le premier terme $+\,4a^3b^2$ de ce second reste, divisé par $+\,a^3$, a fourni le terme $+\,4b^2$ du quotient; le produit de $4b^2$ par le diviseur, écrit avec des signes contraires au-dessous des termes semblables du second reste, a donné, après réduction, *zéro* pour dernier reste.

52. Soit encore à diviser $4x^4 - 9x^2 + 6x - 1$, par $2x^2 - 3x + 1$.

Le polynôme dividende n'étant pas complet, nous laisserons des espaces vides afin de pouvoir placer les termes semblables les uns au-dessous des autres.

$$
\begin{array}{ll}
 & \textit{Dividende.} \qquad\qquad \textit{Diviseur.} \\[4pt]
 & 4x^4 \qquad\quad -9x^2+6x-1 \;\big|\; 2x^2-3x+1 \\
 & -4x^4+6x^3-2x^2 \\
 & \overline{} \qquad\qquad \overline{2x^2+3x-1} \\
\text{1}^{\text{er}}\ \textit{reste} & +6x^3-11x^2+6x-1 \qquad \textit{Quotient.} \\
 & -6x^3+9x^2-3x \\
 & \overline{} \\
\text{2}^{\text{e}}\ \textit{reste} & \qquad\quad -2x^2+3x-1 \\
 & \qquad\quad +2x^2-3x+1 \\
 & \qquad\quad \overline{} \\
\text{3}^{\text{e}}\ \textit{reste} & \qquad\qquad\quad 0
\end{array}
$$

53. La règle du n° 51 ne suppose nullement que les puissances de la lettre ordonnatrice aient des coefficients monômes ou numériques, comme dans les deux exemples qui précèdent. Ces coefficients peuvent être des polynômes, sans qu'il y ait rien à changer aux raisonnements et à la manière de procéder. Mais, comme le coefficient du premier terme de chaque dividende partiel et celui du premier terme du diviseur sont des polynômes, on effectue à part leur division.

Soit, par exemple, à diviser $(a^2-b^2)\,x^3+(2a^3-2ab^2)\,x^2+(2a^4+2a^3b-2a^2b^2-2ab^3)\,x+(a^5+a^4b-2a^3b^2-2a^2b^3+ab^4+b^5)$ par $(a+b)\,x^2+(a^2+2ab+b^2)\,x+(a^3+3a^2b+3ab^2+b^3)$.

Les calculs se disposent de la manière suivante :

Dividende.

$$\begin{array}{l|l|l|l}
a^{2}\,x^{3} & 2a^{3}\,x^{2} & 2a^{4}\,x & a^{5} \\
-\,b^{2} & -\,2ab^{2} & +\,2a^{3}b & +\,a^{4}b \\
 & & -\,2a^{2}b^{2} & -\,2a^{3}b^{2} \\
 & & -\,2ab^{3} & -\,2a^{2}b^{3} \\
 & & & +\,ab^{4} \\
 & & & +\,b^{5}
\end{array}$$

Diviseur.

$$\begin{array}{l|l|l}
a\,x^{2} & a^{2}\,x & a^{3} \\
+\,b & +\,2ab & +\,3a^{2}b \\
 & +\,b^{2} & +\,3ab^{2} \\
 & & +\,b^{3}
\end{array}$$

Quotient.

$$\begin{array}{l|l}
a\,x & a^{2} \\
-\,b & -\,2ab \\
 & +\,b^{2}
\end{array}$$

Produit du diviseur par $(a-b)x$, changé de signe.

$$\begin{array}{l|l|l}
-a^{2}\,x^{3} & -a^{3}\,x^{2} & -a^{4}\,x \\
+\,b^{2} & -\,2a^{2}b & -\,3a^{3}b \\
 & -\,ab^{2} & -\,3a^{2}b^{2} \\
 & +\,a^{2}b & -\,ab^{3} \\
 & +\,2ab^{2} & +\,a^{3}b \\
 & +\,b^{3} & +\,3a^{2}b^{2} \\
 & & +\,3ab^{3} \\
 & & +\,b^{4}
\end{array}$$

Premier reste.

$$\begin{array}{l|l|l}
a^{3}\,x^{2} & a^{4}\,x & a^{5} \\
-\,a^{2}b & -\,2a^{2}b^{2} & +\,a^{4}b \\
-\,ab^{2} & +\,b^{4} & -\,2a^{3}b^{2} \\
+\,b^{3} & & -\,2a^{2}b^{3} \\
 & & +\,ab^{4} \\
 & & +\,b^{5}
\end{array}$$

Produit du diviseur par $(a^{2}-2ab+b^{2})$ changé de signe.

$$\begin{array}{l|l|l}
-a^{3}\,x^{2} & -a^{4}\,x & -a^{5} \\
+\,2a^{2}b & -\,2a^{3}b & -\,3a^{4}b \\
-\,ab^{2} & -\,a^{2}b^{2} & -\,3a^{3}b^{2} \\
-\,a^{2}b & +\,2a^{3}b & -\,a^{2}b^{3} \\
+\,2ab^{2} & +\,4a^{2}b^{2} & +\,2a^{4}b \\
-\,b^{3} & +\,2ab^{3} & +\,6a^{3}b^{2} \\
 & -\,a^{2}b^{2} & +\,6a^{2}b^{3} \\
 & -\,2ab^{3} & +\,2ab^{4} \\
 & -\,b^{4} & -\,a^{3}b^{2} \\
 & & -\,3a^{2}b^{3} \\
 & & -\,3ab^{4} \\
 & & -\,b^{5}
\end{array}$$

2ᵉ reste. 0

Première division partielle.   *Deuxième division partielle.*

$$
\begin{array}{c|c}
a^2 \qquad\quad -b^2 & a+b \\
-a^2-ab & \overline{a-b} \\
\hline
\quad -ab-b^2 & \\
\quad +ab+b^2 & \\
\hline
\qquad 0 &
\end{array}
\qquad
\begin{array}{c|c}
a^3-a^2b-ab^2+b^3 & a+b \\
-a^3-a^2b & \overline{a^2-2ab+b^2} \\
\hline
-2a^2b-ab^2+b^3 & \\
+2a^2b+2ab^2 & \\
\hline
\qquad +ab^2+b^3 & \\
\qquad -ab^2-b^3 & \\
\hline
\qquad\quad 0 &
\end{array}
$$

Le coefficient a^2-b^2 du premier terme de dividende, divisé par le coefficient $a+b$ du premier terme du diviseur, a donné le coefficient $a-b$ du premier terme du quotient. La lettre ordonnatrice, ayant l'exposant 3 dans le premier terme du dividende et l'exposant 2 dans le premier terme du diviseur, aura l'exposant 1 dans le premier terme du quotient.

Le premier terme du quotient obtenu, nous l'avons multiplié par le diviseur, et nous avons écrit, avec des signes contraires, les différents termes du produit au-dessous du dividende et dans les colonnes verticales convenables. La réduction des termes semblables a donné le premier reste.

Le coefficient $(a^3-a^2b-ab^2+b^3)$ du premier terme de ce reste, divisé par le coefficient $(a+b)$ du premier terme du diviseur, a donné le coefficient $(a^2-2ab+b^2)$ du second terme du quotient; l'exposant de la lettre ordonnatrice étant le même dans le dividende et dans le. diviseur, nous n'avons pas écrit cette lettre au quotient.

Le second terme du quotient obtenu, nous l'avons

multiplié par le diviseur et nous l'avons écrit, avec des signes contraires, les différents termes de ce produit au-dessous du premier reste et dans les colonnes verticales convenables ; après réduction, nous avons trouvé zéro pour second reste.

54. CONDITIONS DE POSSIBILITÉ. Le s raisonnements qui nous ont conduits au procédé de division, supposent essentiellement que le dividende est le produit du diviseur par un polynôme entier. Or, lorsqu'on a un polynôme à diviser par un autre, on ignore le plus souvent si cette condition est remplie. Il existe des caractères auxquels on reconnaît immédiatement qu'elle ne l'est pas et que, par conséquent, la division ne peut s'effectuer d'une manière exacte ; ces caractères sont : 1° *lorsque le plus haut exposant d'une lettre au diviseur surpasse son plus haut exposant au dividende ;* 2° *lorsque le diviseur contient une lettre qui n'entre pas au dividende ;* 3° *lorsque les polynômes étant ordonnés par rapport aux puissances croissantes ou décroissantes d'une même lettre, chacun des termes extrêmes du dividende n'est pas divisible par le terme de même rang dans le diviseur.*

Dans tous les autres cas, il n'est pas possible de reconnaître *a priori* que les polynômes proposés ne sont pas divisibles l'un par l'autre ; il faut, en général, les ordonner et leur appliquer la règle du n° 51. L'impossibilité se manifeste dès qu'on arrive à un reste dont le premier terme n'est pas divisible par le premier terme de diviseur.

Soit, par exemple, $x^6 - 3x^5 + 5x^4 + 2x^3$ à diviser par $x^3 - 2x^2 + x$; en opérant comme précédemment, nous trouvons.

$$
\begin{array}{c|l}
\begin{aligned}
& x^6 - 3x^5 + 5x^4 + 2x^3 \\
& -x^6 + 2x^5 - x^4
\end{aligned} & \begin{aligned}
& x^3 - 2x^2 + x \\ \hline
& x^3 - x^2 + 2x + 7
\end{aligned}
\end{array}
$$

1er reste
$$
\begin{aligned}
& -x^5 + 4x^4 + 2x^3 \\
& +x^5 - 2x^4 + x^3
\end{aligned}
$$

2e reste
$$
\begin{aligned}
& +2x^4 + 3x^3 \\
& -2x^4 + 4x^3 - 2x^2
\end{aligned}
$$

3e reste
$$
\begin{aligned}
& +7x^3 - 2x^2 \\
& -7x^3 + 14x^2 - 7x
\end{aligned}
$$

4e reste
$$
+12x^2 - 7x.
$$

Le premier terme $+12x^2$ du 4e reste contenant la lettre x avec un exposant inférieur à celui qu'elle a dans le premier terme du diviseur, la division de $+12x^2$ par x^3 n'est pas possible ; par conséquent, les polynômes proposés ne sont pas divisibles l'un par l'autre.

55. Si les deux polynômes étaient ordonnés par rapport aux puissances croissantes d'une même lettre, il pourrait arriver que le premier terme de chaque reste fût toujours divisible par le premier terme du diviseur sans que pour cela le dividende fût exactement divisible par le diviseur. Cette division ne pourrait donc se terminer. On reconnaîtra qu'il en est ainsi lorsqu'on sera amené à un terme du quotient, dans lequel l'exposant de la lettre ordonnatrice surpassera la différence des exposants de cette lettre dans le dernier terme du dividende et le dernier terme du diviseur. Car si les polynômes proposés admettaient pour quotient un polynôme entier, le dernier terme du dividende devant être le produit du dernier terme du diviseur par le dernier terme du quotient (40), l'exposant de la lettre ordonnatrice dans le dernier terme du quotient ne pourrait qu'égaler, et non point surpasser, la différence des exposants de cette lettre dans le dernier terme du dividende et le dernier terme du diviseur.

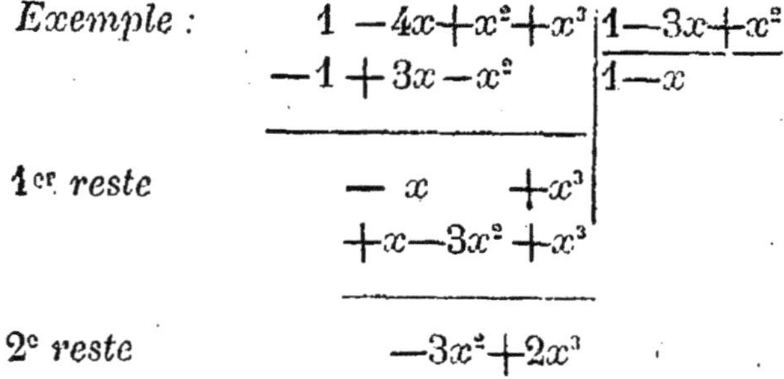

Nous nous arrêtons à ce second reste, parce que $-3x^2$ divisé par 1 donnerait au quotient un terme dans lequel l'exposant de x surpasserait la différence $3-2$ des exposants de cette lettre dans le dernier terme x^3 du dividende et dans le dernier terme x^2 du diviseur.

Nous ne pousserons pas plus loin ces remarques sur la division; nous nous contenterons, pour terminer, de démontrer un théorème d'une application fréquente en algèbre.

56. THÉORÈME. *Si un polynôme entier, en* x, *est ordonné par rapport aux puissances décroissantes de cette lettre, le reste de la division de ce polynôme par le binôme* (x — a) *est égal à la valeur que prend le polynôme, lorsqu'on y remplace* x *par* a.

Soit :

$$Ax^4 + Bx^3 + Cx^2 + Dx + E$$

le polynôme proposé ; représentons par Q la partie
entière du quotient et par R le reste. Il est d'abord évident que ce reste ne contient pas x, puisque le diviseur
$(x-a)$ étant du premier degré, nous pouvons pousser
la division jusqu'à ce que nous obtenions un reste de
degré moindre, c'est-à-dire, indépendant de x. Ceci
posé, l'égalité

$$Ax^4+Bx^3+Cx^2+Dx+E = (x-a)\times Q+R$$

doit avoir lieu pour toute valeur attribuée à x, puisque
son premier membre n'est que le résultat des opérations indiquées dans le second. Or, pour $x = a$, cette
égalité devient

$$Aa^4+Ba^3+Ca^2+Da+E = (a-a)\times Q+R.$$

Le terme $(a-a)\times Q$ étant nul, nous avons

$$Aa^4+Ba^3+Ca^2+Da+E=R.$$

Ce qu'il fallait démontrer.

57. COROLLAIRE I. *Si un polynôme entier en* x *devient nul lorsqu'on y remplace* x *par* a, *il est divisible
par* (x—a); car, ce polynôme étant nul par hypothèse,
le reste R de la division est nul aussi.

58. COROLLAIRE II. *Si un polynôme entier en* x *est
divisible par* (x—a), *ce polynôme est réduit à zéro,
quand on y remplace* x *par* a; car le reste R étant nul
par hypothèse, il en est de même du polynôme en a.

59. Cette dernière proposition est d'une grande im-
portance : bornons-nous à en signaler quelques conséquences.

1° *La différence* $x^m - a^m$ *des mêmes puissances de deux quantités est divisible par la différence* $x - a$ *de ces quantités.* Car le polynôme $x^m - a^m$ s'annule quand on y remplace x par a. Si nous effectuons la division, nous trouvons

$$\frac{x^m - a^m}{x - a} = x^{m-1} + ax^{m-2} + a^2 x^{m-3} + \ldots + a^{m-3} x^2$$
$$+ a^{m-2} x + a^{m-1}.$$

La loi de ce quotient est remarquable : *Son premier terme est le premier terme du dividende dont on a diminué l'exposant d'une unité. L'exposant de* x *décroît d'une unité d'un terme au suivant, jusqu'au dernier, où il est zéro : l'exposant de* a *augmente, au contraire, d'une unité à partir du premier terme où il est zéro, jusqu'au dernier où il est égal à celui de* x *dans le premier. Tous les termes sont d'ailleurs positifs.*

2° *La différence* $x^m - a^m$ *des mêmes puissances paires de deux quantités est divisible par la somme de ces quantités.* Nous avons, en effet, l'égalité évidente

$$x + a = x - (-a).$$

Il faut donc, pour avoir le reste de la division, substituer $(-a)$ à x. Le dividende devient alors $(-a)^m - a^m$. Or, m étant pair, nous avons (35) $(-a)^m = a^m$; donc le reste est nul. En effectuant la division, nous trouvons

$$\frac{x^m - a^m}{x + a} = x^{m-1} - ax^{m-2} + a^2 x^{m-3} - \ldots + a^{m-2} x - a^{m-1}.$$

La loi du quotient est la même que dans l'exemple précédent, mais les termes sont alternativement positifs et négatifs.

3° *La somme* $x^m + a^m$ *des mêmes puissances impaires
de deux quantités est divisible par la somme* $x + a$ *de
ces quantités ;* car en substituant encore $(-a)$ à x, le
dividende devient $(-a)^m + a^m$. Or, m étant impair, nous
avons $(-a)^m = -a^m$ (35); donc le reste de la division
est nul. En effectuant l'opération, nous trouvons

$$\frac{x^m + a^m}{x + a} = x^{m-1} - ax^{m-2} + a^2 x^{m-3} - \ldots - a^{m-2}x + a^{m-1}$$

EXERCICES SUR LA DIVISION

1. Effectuer les divisions suivantes :.

$15a^8 - 9a^7b - 25a^6b^2 + 19a^5b^3 - 6a^4b^4 + 13a^3b^5 - 4a^2b^6$
$\quad - 5ab^7 + 2b^8$, par $3a^3 - 5ab^2 + 2b^3$.

Réponse. $\qquad 5a^5 - 3a^4b - 2a^2b^3 + b^5$..

$a^7 - 10a^6b + 34a^5b^2 - 81a^4b^3 + 112a^3b^4 - 149a^2b^5 + 93ab^6$
$\qquad - 72b^7$, par $a^3 - 7a^2b + 6ab^2 - 9b^3$

Réponse. $\quad a^4 - 3a^3b + 7a^2b^2 - 5ab^3 + 8b^4$

$(a^4 - b^4)x^4 - (2a^3b - 4a^2b^2 + 2ab^3)x^3 - (a^4 - 3a^3b + 2a^2b^2$
$\quad + ab^3 + b^4)x^2 - (a^3b - 3ab^3 + 2b^4)x - (ab^3 - b^4)$, par $(a^2$
$\quad + b^2)x^2 - (a^2 - b^2)x - b^2$.

Réponse. $\quad (a^2 - b^2)x^2 + (a^2 - 2ab + b^2)x + ab - b^2$.

$(6a^4 - 5a^2b^2 - 6b^4)x^4 - (3a^3b^2 + 7a^2b^3 - 24ab^4 - 4b^5)x^3$
$+ (5a^6 - a^4b^2 - 20a^2b^4 - 8b^6)x^2 - (3a^5b^2 + 3a^4b^3 - 18ab^6$
$- 2b^7)x + (a^8 - 4b^8)$, par $(2a^2 - 3b^2)x^2 + (3ab^2 - b^3)x + (a^4$
$- 2b^4)$.

Réponse. $\quad (3a^2 + 2b^2)x^2 - (6ab^2 + 2b^3)x + (a^4 + 2b^4)$.

2. Quel est le quotient de x^5-a^5 par $x-a$?

Réponse.　　　$x^4+ax^3+a^2x^2+a^3x+a^4$.

3. Quel est le quotient de x^6+a^6 par $x+a$?

Réponse.　$x^5-ax^4+a^2x^3-a^3x^2+a^4x-a^5+\dfrac{2a^6}{x+a}$.

4. Quelle valeur faut-il donner à la lettre a pour que le polynôme $x^5+6x^4-8x^3-26x^2+39x-a$ soit divisible par x^2+6x-3 ?

Réponse.　　　Il faut que $a = 12$.

CHAPITRE III

FRACTIONS ALGÉBRIQUES. — EXPOSANTS NÉGATIFS

1° FRACTIONS ALGÉBRIQUES

60. DÉFINITIONS. Lorsqu'une expression A n'est pas divisible par une expression B, on indique le quotient par la forme $\dfrac{A}{B}$. Cette expression porte le nom de *fraction algébrique*. Le dividende A est le *numérateur*, le diviseur B le *dénominateur*, A et B sont les *termes* de la fraction.

Une fraction algébrique est plus générale qu'une fraction arithmétique; car les deux termes de la première ne sont pas, comme ceux de la seconde, assujettis à être des nombres entiers. Mais nous allons montrer que les règles de calcul sont communes aux deux genres de fractions.

61. PRINCIPE FONDAMENTAL. *On n'altère pas la valeur d'une fraction algébrique en multipliant ou en divisant ses deux termes par une même quantité.*

Soit, en effet, la fraction $\dfrac{a}{b}$; en désignant sa valeur par q, nous avons

$$\frac{a}{b} = q\,;$$

d'où nous tirons, en multipliant les deux membres de l'égalité par b,

$$a = bq.$$

Nous pouvons, sans troubler cette dernière, multiplier ses deux membres par la même quantité m; elle devient ainsi

$$am = bqm\,;$$

ou, en intervertissant l'ordre des facteurs dans le second membre,

$$am = bm \times q$$

en divisant les deux membres de celle-ci par bm, nous vo ns enfin,

$$\frac{am}{bm} = q = \frac{a}{b}$$

Réciproquement, en divisant les deux termes de la fraction $\dfrac{a}{b}$ par la même quantité m, on obtient une fraction équivalente $\dfrac{a}{m} : \dfrac{b}{m}$; car, en multipliant les deux termes de celle-ci par m, nous reproduisons la fraction proposée $\dfrac{a}{b}$.

62. Corollaire. *On n'altère pas la valeur d'une fraction en changeant les signes de ses deux termes ;* car cela revient à les multiplier l'un et l'autre par — 1.

63. Simplification des fractions. *Simplifier une fraction*, c'est chercher une fraction équivalente à la proposée et dont les deux termes soient des expressions algébriques plus simples.

Pour y parvenir, il suffit, d'après le principe précédent, de supprimer les facteurs communs aux deux termes de la fraction proposée. Soit à simplifier la fraction

$$\frac{4a^2c - 4abc + 4ac^2}{5a^2 - 5ab + 5ac},$$

nous reconnaissons immédiatement que $4ac$ est facteur commun au numérateur et $5a$ facteur commun au dénominateur ; la fraction peut donc s'écrire

$$\frac{4ac(a - b + c)}{5a(a - b + c)}$$

forme sous laquelle nous voyons que a et $(a - b + c)$ sont facteurs communs au numérateur et au dénominateur : en les supprimant, la fraction est réduite à $\dfrac{4}{5}c$.

Soit encore la fraction

$$\frac{a^2 - 4b^2}{2a + 4b},$$

son numérateur $a^2 - 4b^2 = (a+2b)(a-2b)$ (43), et son dénominateur $2a + 4b = 2(a + 2b)$; elle peut donc s'écrire

$$\frac{(a + 2b)(a - 2b)}{2(a + 2b)}:$$

en supprimant le facteur $(a+2b)$ commun au numérateur et au dénominateur, elle devient $\dfrac{a - 2b}{2}$.

64. RÉDUCTION DES FRACTIONS AU MÊME DÉNOMINATEUR. *Réduire des fractions au même dénominateur*, c'est chercher des fractions équivalentes aux proposées et ayant le même dénominateur.

Or, d'après le principe fondamental, nous effectuerons cette réduction, en multipliant les deux termes de chacune d'elles par le produit effectué des dénominateurs de toutes les autres. Soient donc les fractions

$$\frac{a}{b}, \ \frac{c}{d}, \ \frac{e}{f}, \ \frac{g}{h};$$

par cette transformation elles deviennent

$$\frac{adfh}{bdfh}, \ \frac{cbfh}{bdfh}, \ \frac{ebdh}{bdfh}, \ \frac{gbdf}{bdfh}.$$

On peut quelquefois obtenir un dénominateur plus simple que ce produit; car il suffit de choisir, comme en arithmétique, une expression divisible par chacun des dénominateurs particuliers. Lorsque les dénominateurs sont des monômes, ce multiple commun est égal au produit du plus petit multiple des coefficients par les facteurs littéraux pris chacun avec leur plus fort exposant. Soient, par exemple, les fractions

$$\frac{m}{15a^2b^3c}, \quad \frac{n}{27a^3b^2}, \quad \frac{p}{18abc^2};$$

le plus petit multiple commun des dénominateurs est $270\,a^3b^3c^2$; les quotients de ce monôme par chacun des dénominateurs sont respectivement $18\,ac, 10\,bc^2, 15\,a^2b^2$: les fractions équivalentes sont donc

$$\frac{m \times 18ac}{270\,a^3b^3c^2}, \quad \frac{n \times 10bc^2}{270\,a^3b^3c^2}, \quad \frac{p \times 15a^2b^2}{270\,a^3b^3c^2}.$$

Lorsque les dénominateurs des différentes fractions sont des polynômes, la recherche d'un multiple commun plus simple que leur produit ne peut s'exécuter, en général, qu'à l'aide des théories de l'algèbre supérieure.

Quelquefois cependant, des considérations particulières en fournissent l'expression. Soient, par exemple, les fractions

$$\frac{a^2}{4b^2}, \quad \frac{a-b}{3(a+b)}, \quad \frac{a+b}{2(a-b)}, \quad \frac{a^2+b^2}{6(a^2-b^2)},$$

le dénominateur $6\,(a^2-b^2)$ de la dernière pouvant s'écrire $2 \times 3\,(a+b)\,(a-b)$, nous voyons aisément que le plus petit multiple commun des dénominateurs est $12b^2\,(a^2-b^2)$. Les quotients de la division de ce plus petit multiple par chacun des dénominateurs étant respectivement 3 (a^2-b^2), $4b^2(a-b)$, $6b^2$ $(a+b)$, $2b^2$, les fractions équivalentes sont :

$$\frac{3a^2(a^2-b^2)}{12b^2(a^2-b^2)}, \ \frac{4b^2(a-b)^2}{12b^2(a^2-b^2)}, \ \frac{6b^2(a+b)^2}{12b^2(a^2-b^2)}, \ \frac{2b^2(a^2+b^2)}{12b^2(a^2-b^2)}.$$

65. OPÉRATIONS SUR LES FRACTIONS. — ADDITION. Lorsque les fractions à additionner ont le même dénominateur, on fait la somme des numérateurs et on donne à cette somme le dénominateur commun. Mais si les fractions proposées n'ont pas le même dénominateur, on commence par les y réduire. Ainsi,

$$\frac{a}{b}+\frac{m}{n}+\frac{x}{y}=\frac{any+bmy+bmx}{bny}.$$

66. SOUSTRACTION. Si les fractions à soustraire l'une de l'autre ont le même dénominateur, on fait la différence des numérateurs et on donne à cette différence le dénominateur commun. Mais si les fractions n'ont pas le même dénominateur, on les y réduit d'abord. Ainsi,

$$\frac{a+b}{a-b}-\frac{a-b}{a+b}=\frac{(a+b)^2}{a^2-b^2}-\frac{(a-b)^2}{a^2-b^2}=\frac{4ab}{a^2-b^2}.$$

67. MULTIPLICATION. *On multiplie deux fractions l'une par l'autre en multipliant les numérateurs entre eux et les dénominateurs entre eux, puis en divisant le premier produit par le second.*

Soit, en effet, la fraction $\frac{a}{b}$ à multiplier par la fraction $\frac{m}{n}$. Si nous représentons la valeur de la première par q et par q' la valeur de la seconde, nous avons :

$$\frac{a}{b} = q, \quad \frac{m}{n} = q';$$

d'où nous tirons

$$a = bq, \quad m = nq';$$

mais les deux quantités a et m étant respectivement égales aux deux quantités bq et nq', le produit des deux premières doit égaler le produit des deux dernières; par conséquent,

$$a \times m = bq \times nq',$$

ou, en intervertissant l'ordre des facteurs dans le second membre,

$$a \times m = bn \times qq'$$

et, en divisant par bn les deux membres de cette dernière égalité,

$$\frac{am}{bn} = qq' = \frac{a}{b} \times \frac{m}{n}.$$

Ce qui démontre la règle énoncée.

68. DIVISION. *On divise une fraction par une autre, en multipliant la fraction dividende par la fraction diviseur renversée.*

Soit encore la fraction $\frac{a}{b}$ à diviser par la fraction $\frac{m}{n}$.

Si nous désignons par q le quotient de la division, nous aurons

$$\frac{a}{b} : \frac{m}{n} = q;$$

d'où nous tirons

$$\frac{a}{b} = \frac{m}{n} \times q;$$

et, en réduisant les deux membres au même dénominateur,

$$\frac{an}{bn} = \frac{bm}{bn} \times q.$$

Si nous multiplions les deux membres de cette dernière par bn, il vient

$$an = bm \times q;$$

puis, divisant tout par bm

$$\frac{an}{bm} = q,$$

ce qui peut s'écrire

$$\frac{a}{b} \times \frac{n}{m} = q.$$

69. THÉORÈME. *Si plusieurs fractions* $\dfrac{a}{b}, \dfrac{c}{d}, \dfrac{e}{f} \cdots$ *sont égales, on obtient une fraction égale à chacune d'elles en divisant la somme des numérateurs par la somme des dénominateurs.*

Représentons par q la valeur commune de ces fractions, nous avons

$$a = bq, \; c = dq, \; e = fq \ldots$$

ajoutant membre à membre ces différentes égalités et mettant q en facteur commun dans l'égalité résultante, il vient

$$a + c + e + \ldots = (b + d + f + \ldots)q,$$

d'où, en divisant de part et d'autre par $b + d + f + \ldots$,

$$\frac{a + c + e + \ldots}{b + d + f + \ldots} = q = \frac{a}{b} = \frac{c}{d} = \frac{e}{f} = \ldots$$

70. CORROLLAIRE I. *Si plusieurs fractions $\dfrac{a}{b}, \dfrac{c}{d}, \dfrac{e}{f}, \ldots$ sont égales et qu'on multiplie les deux termes de chacune d'elles par une même quantité, en divisant la somme des numérateurs des nouvelles fractions par la somme de leurs dénominateurs, on obtient une fraction égale à chacune des proposées.*

En effet, puisque $\dfrac{a}{b} = \dfrac{c}{d} = \dfrac{e}{f} = \ldots$, nous avons aussi (61)

$$\frac{ma}{mb} = \frac{m'c}{m'd} = \frac{m''e}{m''f} = \ldots$$

et, par suite (69)

$$\frac{ma + m'c + m''e + \ldots}{mb + m'd + m''f + \ldots} = \frac{ma}{mb} = \frac{m'c}{m'd} \ldots = \frac{a}{b} = \ldots$$

71. COROLAIRE II. *Si plusieurs fractions* $\dfrac{a}{b}, \dfrac{c}{d}, \dfrac{e}{f} \dots$
sont égales, on obtient une fraction égale à chacune d'elles en divisant la racine carrée de la somme des carrés des numérateurs par la racine carrée de la somme des carrés des dénominateurs.

En effet, les fractions $\dfrac{a}{b}, \dfrac{c}{d}, \dfrac{e}{f} \dots$ étant égales, leurs carrés sont aussi égaux, et nous avons

$$\frac{a^2+c^2+e^2+\dots}{b^2+d^2+f^2+\dots} = \frac{a^2}{b^2} = \frac{c^2}{d^2} = \dots$$

Et, en extrayant la racine carrée des divers membres de ces inégalités,

$$\frac{\sqrt{a^2+c^2+e^2+\dots}}{\sqrt{b^2+d^2+f^2+\dots}} = \frac{a}{b} = \frac{c}{d} = \dots$$

EXERCICES

1. Réduire les fractions

$$\frac{4a^5b^2-4a^3b^4}{3a^4b^3-6a^3b^4+3a^2b^5} \qquad \frac{a^3-b^3}{a^3-b^3-2ab\,(a-b)}$$

à leur plus simple expression.

Réponse. $\dfrac{4a(a+b)}{3b(a-b)}$ et $\dfrac{a^2+ab+b^2}{a^2-ab+b^2}.$

2. Faire la somme des fractions

$$\frac{a}{a+b}, \quad \frac{a}{a-b}, \quad \frac{c^2-2a}{a^2-b^2}.$$

Réponse. $\dfrac{2a^2-2a+c^2}{a^2-b^2}.$

3. Effectuer la différence $\dfrac{(a+b)^2}{a^3-b^3} - \dfrac{a-b}{a^2+ab+b^2}.$

Réponse. $\dfrac{4ab}{a^3-b^3}.$

4. Effectuer et simplifier le produit $\dfrac{a^2-b^2}{5a} \times \dfrac{2b}{a-b}.$

Réponse. $\dfrac{2b(a+b)}{5a}.$

5. Diviser $\dfrac{4a+2}{3}$ par $\dfrac{2a+1}{5a}$; et $\dfrac{6a^2}{7a-7}$ par $\dfrac{2a}{a-1}.$

Réponse. Les quotients simplifiés sont $\dfrac{10a}{3}$ et $\dfrac{3a}{7}.$

6. Simplifier l'expression $\dfrac{4(a+b)}{c+5d}\left(\dfrac{c+d}{4} - \dfrac{c-d}{6}\right).$

Réponse. $\dfrac{a+b}{3}.$

7. Simplifier l'expression $\dfrac{a - \dfrac{ac(1-b)}{c+a^2b}}{1 + \dfrac{a^2(1-b)}{c-a^2b}}.$

Réponse. $ab.$

8. Vérifier les égalités

$$\frac{\left(1-\dfrac{a}{b}+\dfrac{b}{a}\right)\left(\dfrac{a+b}{2a}+\dfrac{a-b}{2b}\right)}{\left(a-2b+\dfrac{b^2}{a}\right)\left(\dfrac{a}{a+b}+\dfrac{b}{a-b}\right)}=\frac{(ab-a^2+b^2)(a+b)}{2ab^2(a-b)}.$$

$$\frac{a^3+3a^2b+3ab^2+b^3}{a^3-3a^2b+3ab^2-b^3}\times\frac{a^2-2ab+b^2}{a^2+2ab+b^2}=\frac{a+b}{a-b}.$$

2º EXPOSANTS NÉGATIFS.

72. Nous avons vu (46) que lorsqu'on divise l'une par l'autre deux puissances d'une même quantité, telles que a^m et a^n, la règle des exposants donne

$$\frac{a^m}{a^n}=a^{m-n}:$$

Cette règle, appliquée au cas où $m=n$, nous a conduits au symbole a^0. Supposons maintenant $m<n$ et posons, pour fixer les idées, $n=m+p$; la même règle donnera

$$\frac{a^m}{a^{m+p}}=a^{m-m-p}=a^{-p}.$$

D'un autre côté, ce quotient peut se représenter par

la fraction $\dfrac{a^m}{a^{m+p}}$. Or, si nous remarquons que (63)

$$\frac{a^m}{a^{m+p}} = \frac{a^m}{a^m a^p} = \frac{1}{a^p}$$

nous sommes naturellement conduits à regarder l'expression a^{-p} comme équivalent à $\dfrac{1}{a^p}$, c'est-à-dire, que *toute lettre affectée d'un exposant négatif représente une fraction ayant l'unité pour numérateur, et pour dénominateur la même lettre affectée du même exposant pris positivement.*

73. Les exposants négatifs sont soumis dans les calculs aux mêmes règles que les exposants positifs ; nous avons, par exemple

$$a^{-m} \times a^n = \frac{1}{a^m} \times a^n = \frac{a^n}{a^m} = a^{-m+n},$$

$$a^{-m} \times a^{-n} = \frac{1}{a^m} \times \frac{1}{a^n} = \frac{1}{a^{m+n}} = a^{-m-n};$$

Dans chacun de ces produits, l'exposant de a est la somme des exposants des facteurs. Ainsi, *dans la multiplication des puissances d'une même quantité, l'exposant du produit est toujours égal à la somme des exposants des facteurs. Par suite, dans la division, l'exposant du quotient est égal à la différence des exposants du dividende et du diviseur.*

CHAPITRE IV

RADICAUX. — EXPOSANTS FRACTIONNAIRES

1° RADICAUX

74. DÉFINITIONS. Nous avons vu (33) que pour élever un monôme entier à la puissance n, il faut élever son coefficient à cette puissance et multiplier par n l'exposant de chacune des lettres qu'il renferme ; d'où il suit que, *pour extraire la racine* n *d'un monôme, il faut extraire la racine* n *de son coefficient et diviser tous les exposants par* n. Ainsi,

$$\sqrt[n]{5^n a^{2n} b^{4n} c^n} = 5a^2 b^4 c.$$

Lorsque le coefficient d'un monôme n'est pas une puissance parfaite de l'ordre marqué par l'indice de la racine à extraire, ou que l'exposant de chaque lettre n'est pas divisible par cet indice, la racine ne peut être obtenue exactement. On se contente alors d'indiquer l'opération à l'aide d'un signe. On désigne par $\sqrt[n]{A}$ la quantité dont la puissance n est égale à A : cette quantité se nomme *radical ;* le même nom se donne aussi au signe seul $\sqrt[n]{\ }$.

Puisque, d'après la définition que nous venons de

donner, $\left(\sqrt[n]{A}\right)^{n}$ doit égaler A, il en résulte que, *pour élever un radical à la puissance marquée par son indice, il suffit de supprimer le signe $\sqrt[n]{}$*.

75. VALEUR ARITHMÉTIQUE D'UN RADICAL. On démontre qu'un radical a toujours autant de valeurs distinctes qu'il y a d'unités dans son indice. Mais, si A est un nombre positif quelconque et n un nombre entier positif, $\sqrt[n]{A}$ n'a qu'une seule valeur *positive,* attendu qu'en élevant à la même puissance deux nombres positifs différents, on obtient des résultats différents, Cette valeur positive *unique* du radical $\sqrt[n]{A}$ est ce que l'on nomme la *valeur arithmétique* de ce radical.

Dans ce qui suit, nous ne considérerons que les *valeurs arithmétiques* des radicaux.

76. CALCUL DES RADICAUX. Le grand nombre de cas dans lesquels on ne peut extraire exactement les racines, et la longueur de l'opération nécessaire pour les obtenir par approximation, ont conduit les algébristes à transformer les opérations indiquées sur les radicaux en d'autres opérations telles que l'extraction de la racine fût rejetée à la fin du calcul, pour n'avoir à l'effectuer que sur les expressions les plus simples possibles. Ces transformations font l'objet du calcul des radicaux qui repose sur les deux principes suivants :

77. THÉORÈME I. *La racine* n *d'un produit de plusieurs facteurs est égale au produit des racines* $n^{\text{ièmes}}$ *de chaque facteur.*

2.

Soit abc un produit quelconque, nous aurons

$$\sqrt[n]{abc} = \sqrt[n]{a} \cdot \sqrt[n]{b} \cdot \sqrt[n]{c}.$$

En effet, si nous élevons à la puissance n les deux membres de cette égalité, elle devient

$$abc = abc.$$

Or, cette dernière étant vraie, la première l'est pareillement; donc.....

78. CorollAire. *Lorsqu'un radical est multiplié par un facteur, on peut faire passer ce facteur sous le signe, pourvu qu'on l'élève à la puissance marquée par l'indice; et réciproquement, on peut faire sortir un facteur de sous le signe, pourvu qu'on divise son exposant par l'indice.*

En effet, les deux expressions

$$a\sqrt[n]{b}, \quad \sqrt[n]{a^n b}$$

sont équivalentes comme représentant l'une et l'autre le produit de $\sqrt[n]{a^n}$ par $\sqrt[n]{b}$. Or, pour passer de la première à la seconde, nous avons fait entrer le facteur a sous le signe; et pour revenir de la seconde à la première, nous avons fait sortir le facteur a de sous le signe. Dans le premier cas, nous avons multiplié l'exposant de a par n; et, dans le second cas, nous avons divisé l'exposant de a par n.

De là résulte un moyen de simplifier une expression radicale. Pour cela, on la décompose en deux facteurs dont l'un soit la plus grande puissance possible de même degré que le radical, puis on le fait sortir facteur de sous le signe. Ainsi

$$\sqrt[3]{40a^7b^5}=\sqrt[3]{8\times5a^6ab^3b^2}=\sqrt[3]{8a^6b^3\times5ab^2}=2a^2b\sqrt[3]{5ab^2}.$$

79. THÉORÈME II. *On peut, sans altérer la valeur d'un radical, multiplier son indice par un nombre quelconque, pourvu qu'on élève la quantité qu'il affecte à la puissance dont l'exposant est égal à ce nombre.*

Nous avons, en effet, par définition

$$\left(\sqrt[n]{a}\right)^n = a;$$

si nous élevons les deux membres de cette égalité à la puissance m, il vient

$$\left(\sqrt[n]{a}\right)^{mn} = a^m;$$

ce qui exprime que l'expression $\sqrt[n]{a}$ est la racine du degré mn de a^m; donc

$$\sqrt[n]{a} = \sqrt[mn]{a^m}.$$

Cette égalité démontre le principe énoncé et nous apprend, en outre, qu'*on peut, sans altérer la valeur d'un radical, diviser son indice par un nombre quelconque, pourvu qu'on extraie de la quantité qu'il affecte une racine dont l'indice est égal à ce nombre.*

80. RÉDUCTION DES RADICAUX AU MÊME INDICE. Le principe que nous venons de démontrer permet de réduire au même indice des radicaux quelconques. Soient, en effet, les deux radicaux

$$\sqrt[m]{a} \text{ et } \sqrt[n]{b}$$

le premier peut s'écrire sous la forme $\sqrt[mn]{a^n}$, et le second est égal à $\sqrt[mn]{b^m}$; donc, *pour réduire deux radicaux au même indice, on multiplie l'indice du premier par l'indice du second et on élève la quantité qu'il affecte à la puissance dont l'exposant est égal à l'indice du second et réciproquement.*

Cette règle ayant beaucoup d'analogie avec celle au moyen de laquelle on réduit les fractions au même dénominateur, on déduira facilement, de ce que nous venons de dire, le moyen de réduire au même indice un nombre quelconque de radicaux.

81. OPÉRATIONS SUR LES RADICAUX. — ADDITION, SOUSTRACTION. Lorsque les radicaux ont le même indice et que les quantités qu'ils affectent sont les mêmes, on fait l'addition ou la soustraction des quantités qui multiplient le radical, et ce dernier se met en facteur commun. Ainsi,

$$7b\sqrt{a} + 3c\sqrt{a} - 4b\sqrt{a} = 3(b+c)\sqrt{a}.$$

Mais si les quantités soumises aux radicaux ne sont pas les mêmes, l'addition et la soustraction ne peuvent pas s'indiquer par les signes $+$ et $-$.

82. MULTIPLICATION. *Pour multiplier l'un par l'autre deux radicaux de même indice, on multiplie l'une par* *l'autre les quantités qu'ils affectent, et on soumet le produit au radical commun.*

Nous avons, en effet (77)

$$\sqrt[n]{ab} = \sqrt[n]{a}.\sqrt[n]{b}.$$

83. Division. *Pour diviser l'un par l'autre deux radicaux de même indice, on divise l'une par l'autre les quantités qu'ils affectent et on soumet le quotient au radical commun.*

Soit, en effet,

$$\frac{\sqrt[n]{a}}{\sqrt[n]{b}} = q\,;$$

Si nous multiplions les deux membres de cette égalité par $\sqrt[n]{b}$, il vient

$$\sqrt[n]{a} = q.\sqrt[n]{b},$$

et, en élevant à la puissance n les deux membres de cette dernière,

$$a = q^n.\,b\,;$$

d'où nous tirons

$$\frac{a}{b} = q^n,$$

ou, en extrayant de part et d'autre la racine n,

$$\sqrt[n]{\frac{a}{b}} = q :$$

Mais les deux quantités $\dfrac{\sqrt[n]{a}}{\sqrt[n]{b}}$ et $\sqrt[n]{\dfrac{a}{b}}$ étant égales à la même troisième q, sont aussi égales entre elles ; donc

$$\frac{\sqrt[n]{a}}{\sqrt[n]{b}} = \sqrt[n]{\frac{a}{b}}.$$

Ce qu'il fallait démontrer.

84. PUISSANCES. *Pour élever un radical à une certaine puissance, il suffit d'élever à cette puissance la quantité qu'il affecte.*

Nous avons, en effet,

$$\left(\sqrt[n]{a}\right)^m = \sqrt[n]{a} . \sqrt[n]{a} . \sqrt[n]{a}\ldots$$

le nombre des facteurs du second membre étant m ; mais (82),

$$\sqrt[n]{a} . \sqrt[n]{a} . \sqrt[n]{a}\ldots = \sqrt[n]{a.a.a\ldots} = \sqrt[n]{a^m}.$$

85. RACINES. *Pour extraire une racine d'un radical, il suffit de multiplier l'indice de ce radical par l'indice de la racine à extraire.*

Soit, en effet,

$$\sqrt[m]{\sqrt[n]{a}} = r :$$

élevons les deux membres de cette égalité à la puissance m; il suffira pour y élever le premier membre de supprimer le premier radical : nous aurons donc

$$\sqrt[n]{a} = r^m\,;$$

élevons encore à la puissance n les deux membres de cette dernière, il viendra

$$a = r^{mn}\,;$$

si maintenant nous extrayons de part et d'autre la racine mn, nous trouvons

$$\sqrt[mn]{a} = r.$$

Or, les deux expressions $\sqrt[m]{\sqrt[n]{a}}$ et $\sqrt[mn]{a}$ étant égales à la même quantité r, sont aussi égales entre elles ; donc

$$\sqrt[m]{\sqrt[n]{a}} = \sqrt[nm]{a},$$

ce qui démontre le principe énoncé.

2° EXPOSANTS FRACTIONNAIRES.

86. Nous avons vu (74) que pour extraire la racine n d'un monôme, il faut diviser par n l'exposant de chacune des lettres qu'il renferme. Ainsi, $\sqrt[n]{a^m}$ peut s'écrire $a^{\frac{m}{n}}$, toutes les fois que la division de m par n peut s'effectuer, puisque $\dfrac{m}{n}$ représente le quotient de m par n.

L'analogie conduit à adopter la même notation, lors même que la division de m par n n'est plus possible et à poser, en conséquence, quels que soient les nombres entiers m et n,

$$\sqrt[n]{a^m} = a^{\frac{m}{n}},$$

c'est-à-dire qu'*un exposant fractionnaire signifie qu'il faut élever la quantité qu'il affecte à la puissance dont l'exposant est égal à son numérateur, et extraire du résultat la racine dont l'indice est égal à son dénominateur. Ainsi,*

$$a^{\frac{1}{2}} = \sqrt{a}, \; a^{\frac{3}{2}} = \sqrt{a^3}, \; a^{\frac{1}{3}} = \sqrt[3]{a}, \; a^{\frac{2}{3}} = \sqrt[3]{a^2}.$$

L'avantage de cette notation est de simplifier sur-le-champ le calcul des radicaux ; car les règles établies pour les exposants entiers subsistent pour les exposants fractionnaires. C'est ce que nous allons démontrer.

Soit d'abord à multiplier $a^{\frac{m}{n}}$ par $a^{\frac{p}{q}}$; nous aurons

$$a^{\frac{m}{n}} \times a^{\frac{p}{q}} = a^{\frac{m}{n} + \frac{p}{q}}.$$

En effet, d'après la définition des exposants fractionnaires

$$a^{\frac{m}{n}} = \sqrt[n]{a^m} \text{ et } a^{\frac{p}{q}} = \sqrt[q]{a^p};$$

donc,

$$a^{\frac{m}{n}} \times a^{\frac{p}{q}} = \sqrt[n]{a^m} \times \sqrt[q]{a^p} = \sqrt[nq]{a^{mq + np}},$$

ou, en revenant aux exposants fractionnaires,

$$a^{\frac{m}{n}} \times a^{\frac{p}{q}} = a^{\frac{mq + np}{nq}} = a^{\frac{m}{n} + \frac{p}{q}}.$$

Nous démontrerions de la même manière que

$$\frac{a^{\frac{m}{n}}}{a^{\frac{p}{q}}} = a^{\frac{m}{n} - \frac{p}{q}}.$$

Soit maintenant $a^{\frac{m}{n}}$ à élever à la puissance $\frac{p}{q}$. Cela revient à élever ce monôme à la puissance p et à extraire du résultat la racine dont l'indice est q; nous aurons donc

$$\left(a^{\frac{m}{n}}\right)^{\frac{p}{q}} = \sqrt[q]{\left(\sqrt[n]{a^m}\right)^p} = \sqrt[nq]{a^{mp}},$$

ou, en revenant aux exposants fractionnaires,

$$\left(a^{\frac{m}{n}}\right)^{\frac{p}{q}} = a^{\frac{mp}{nq}}$$

APPLICATION DU CALCUL DES RADICAUX

87. On a souvent besoin de transformer une fraction dont le dénominateur contient des radicaux en une fraction équivalente dont le dénominateur soit rationnel. Voici quelques exemples de semblables transformations fréquemment usitées en algèbre.

Exemple I. Soit à rendre rationnel le dénominateur de la fraction

$$\frac{m}{\sqrt{a}};$$

en multipliant ses deux termes par $\sqrt{a}$, il vient

$$\frac{m}{\sqrt{a}} = \frac{m\sqrt{a}}{a}.$$

Exemple II. Soit l'expression

$$\frac{m}{\sqrt{a}+\sqrt{b}};$$

si nous multiplions le numérateur et le dénominateur par $\sqrt{a}-\sqrt{b}$, le dénominateur étant le produit de la somme de deux quantités par leur différence, égale la différence $a-b$ de leurs carrés et devient rationnel; donc

$$\frac{m}{\sqrt{a}+\sqrt{b}} = \frac{m\left(\sqrt{a}-\sqrt{b}\right)}{a-b}.$$

Nous avons de même

$$\frac{m}{\sqrt{a}-\sqrt{b}} = \frac{m\left(\sqrt{a}+\sqrt{b}\right)}{a-b},$$

en multipliant les deux termes par $\sqrt{a}+\sqrt{b}$. Ainsi,

$$\frac{2\sqrt{7}}{2\sqrt{5}-3\sqrt{2}} = \frac{2\sqrt{7}\left(2\sqrt{5}+3\sqrt{2}\right)}{2}$$

$$= 2\sqrt{35}+3\sqrt{14}.$$

Exemple III. Soit l'expression

$$\frac{m}{\sqrt{a}+\sqrt{b}+\sqrt{c}}.$$

Si nous multiplions le numérateur et le dénominateur

par la différence $(\sqrt{a}+\sqrt{b})-\sqrt{c}$, en considérant $\sqrt{a}+\sqrt{b}$ comme ne formant qu'un seul terme, il vient

$$\frac{m}{\sqrt{a}+\sqrt{b}+\sqrt{c}}=\frac{m\,(\sqrt{a}+\sqrt{b}-\sqrt{c})}{(\sqrt{a}+\sqrt{b})^2-c}.$$

$$=\frac{m\,(\sqrt{a}+\sqrt{b}-\sqrt{c})}{a+b-c+2\sqrt{ab}}.$$

Cette dernière expression ne renferme plus qu'un seul terme irrationnel à son dénominateur; nous considèrerons $a+b-c$ comme ne formant qu'un seul terme, et nous multiplierons par la différence $(a+b-c)-2\sqrt{ab}$; l'expression deviendra ainsi :

$$\frac{m\,(\sqrt{a}+\sqrt{b}-\sqrt{c})\,(a+b-c-2\sqrt{ab})}{(a+b-c)^2-4\,ab};$$

le dénominateur est rationnel.

Exemple IV. Soit encore l'expression

$$\frac{m}{\sqrt[3]{a}+\sqrt[3]{b}}.$$

Nous savons $(59-3^\circ)$ que $(a+b)(a^2-ab+b^2)=a^3+b^3$. Si donc nous multiplions le numérateur et le dénominateur par $\sqrt[3]{a^2}-\sqrt[3]{ab}+\sqrt[3]{b^2}$, nous aurons

$$\frac{m}{\sqrt[3]{a}+\sqrt[3]{b}}=\frac{m\left(\sqrt[3]{a^2}-\sqrt[3]{ab}+\sqrt[3]{b^2}\right)}{a+b}.$$

Nous trouverions de même, en remarquant que

$(a-b)(a^2+ab+b^2) = a^3-b^3 (59-1^{\circ})$ et en multipliant le numérateur et le dénominateur par $\sqrt[3]{a^3}+\sqrt[3]{ab}+\sqrt[3]{b^2}$,

$$\frac{m}{\sqrt[3]{a}-\sqrt[3]{b}} = \frac{m\left(\sqrt[3]{a^2}+\sqrt[3]{ab}+\sqrt[3]{b^2}\right)}{a-b}.$$

CHAPITRE V

DES ÉQUATIONS DU PREMIER DEGRÉ

88. DÉFINITIONS. On nomme *identité* toute égalité qui a lieu entre deux nombres ou entre deux expressions algébriques qui se réduisent à des nombres égaux, quelle que soit la valeur attribuée aux lettres qu'elles renferment. Ainsi :

$$9 = 4 + 5,$$
$$(a+b)\,a-b) = a^2 - b^2$$

sont des identités.

89. EQUATIONS. On distingue plus spécialement sous le nom d'*équation* une égalité qui n'a lieu que pour certaines valeurs particulières des lettres qu'elle renferme et qui peut, par suite, servir à la détermination de ces valeurs. Ainsi, l'égalité

$$3x - 13 = 15 - x$$

qui n'a lieu que pour la valeur particulière $x = 7$, est une équation.

Comme toute égalité, une équation a deux *membres;* ce sont les deux expressions séparées par le signe $=$. Le *premier* membre est à gauche, le *second* est à droite.

Les lettres, dont les valeurs particulières transforment l'équation en identité, se nomment les *inconnues* de l'équation, et ces valeurs particulières sont les *solutions* ou les *racines* de l'équation. On représente ordinairement les inconnues par les dernières lettres $x, y, z...$ de l'alphabet.

Résoudre une équation, c'est déterminer ses racines. On dit que les racines d'une équation *vérifient* cette équation, *satisfont* à cette équation, parce qu'elles la transforment en identité.

90. EQUATIONS ÉQUIVALENTES. Deux équations sont *équivalentes,* lorsqu'elles renferment les mêmes inconnues et admettent les mêmes racines. On peut toujours substituer à une équation une équation équivalente.

91. EQUATION A UNE OU A PLUSIEURS INCONNUES. On distingue les équations d'après le nombre d'inconnues qu'elles renferment. Ainsi, on a des équations à une inconnue x; à deux inconnues x et y; à trois inconnues x, y, z et ainsi de suite.

92. DEGRÉ D'UNE ÉQUATION. Les équations se distinguent par le *degré*. On nomme ainsi le plus fort exposant de l'inconnue, quand il n'y en a qu'une; ou, quand il y en a plusieurs, la somme des exposants de toutes les inconnues, dans le terme où cette somme est la plus grande. Les équations

$$3x - 5 = x + 7,$$
$$ax + b = cx + d$$

sont du premier degré à une inconnue x : les suivantes :

$$4x^2 - 7x = 15,$$
$$6x - 3y + 2xy - 3$$

sont du second degré, la première à une seule inconnue x, la seconde à deux inconnues x, y.

Avant d'évaluer le degré d'une équation, il faut avoir soin de rendre ses deux membres des expressions rationnelles et entières par rapport aux inconnues.

1° PRINCIPES GÉNÉRAUX

La résolution des équations, quel qu'en soit le degré et quel que soit le nombre des inconnues qu'elles contiennent, dépend de principes généraux que nous allons d'abord établir.

93. THÉORÈME I. *En ajoutant ou en retranchant une même quantité aux deux membres d'une équation, on obtient une nouvelle équation équivalente à la première.*

Appelons A et B les deux membres de l'équation, qui sera ainsi représentée par

$$A = B, \qquad (1)$$

et ajoutons à ses deux membres la même quantité m : nous aurons

$$A + m = B + m. \qquad (2)$$

Toute solution de l'équation (1) rendant ses deux membres égaux, rend évidemment égaux les résultats obtenus en augmentant chacun d'eux de la même quantité m ; en d'autres termes, elle satisfait à l'équation (2).

Réciproquement, toute solution de l'équation (2) vérifie l'équation (1) ; car, si des quantités égales $A + m$ et $B + m$, nous retranchons la même quantité m, les restes sont évidemment égaux ; or, ces restes sont les deux membres de l'équation (1). Donc, les équations (1) et (2) admettant les mêmes solutions sont équivalentes.

Nous démontrerions, de la même manière, qu'en retranchant des deux membres de l'équation (1) une même quantité m, l'équation résultante serait équivalente à la proposée.

94. CﾞOROLLAIRE I. — TRANSPOSITION DES TERMES. *On peut toujours faire passer un terme quelconque d'une équation d'un membre dans l'autre, pourvu qu'on change son signe.*

Soit, en effet, l'équation

$$3x - 5 = x + 7 ;$$

supprimons le terme $- 5$ dans le premier membre et écrivons-le dans le second avec un signe contraire ; cette équation devient

$$3x = x + 7 + 5 ;$$

et nous n'avons fait qu'augmenter ses deux membres de 5.

L'opération par laquelle on fait passer un terme d'un membre dans l'autre s'appelle *transposition des termes.*

95. COROLLAIRE II. *On peut changer simultanément les signes de tous les termes d'une équation ;* car cela revient à transposer tous les termes du premier membre dans le second, et tous les termes du second dans le premier.

96. THÉORÈME II. *En multipliant ou en divisant les deux membres d'une équation par une même quantité, dont la valeur numérique n'est pas nulle, on obtient une équation équivalente à la première.*

Soit l'équation

$$A = B ; \qquad (1)$$

si nous multiplions ses deux membres par la même quantité m, dont la valeur numérique n'est pas nulle, nous obtenons l'équation équivalente

$$Am = Bm. \qquad (2)$$

En effet, toute solution de l'équation (1) rendant ses deux membres égaux, rend aussi égaux leurs produits par la même quantité m, ou vérifie l'équation (2). Réciproquemment, toute solution de l'équation (2) vérifie l'équation (1) ; car si les produits Am, Bm sont égaux, les quotiens, obtenus en divisant chacun d'eux par m, le sont pareillement. Les équations (1) et (2) admettant les mêmes solutions sont donc équivalentes.

Un raisonnement analogue démontrerait qu'en divisant les deux membres de l'équation (1) par une même quantité m, dont la valeur numérique n'est pas nulle, l'équation résultante est équivalente.

97. REMARQUE. Le principe que nous venons d'établir suppose essentiellement le multiplicateur m différent de zéro : les équations (1) et (2) ne sont équivalentes qu'à cette condition. Et, en effet, si nous transposons tous les termes dans le premier membre, l'équation (2) peut se mettre sous la forme

$$(A - B)\, m = 0. \qquad (3)$$

Toute solution de l'équation (1) rendant A égal à B, ou A — B égal à zéro, vérifie encore l'équation (3) ; mais la réciproque n'est plus vraie si m peut être nul ; car l'équation pourra être vérifiée sans que A devienne égal à B.

Soit l'équation

$$2x = 4 ;$$

multiplions ses deux termes par $(x - 1)$; nous obtenons la nouvelle équation

$$2x\,(x - 1) = 4\,(x - 1).$$

La solution $x = 2$ qui vérifie la première vérifie évidemment la seconde ; mais la valeur $x = 1$, qui annule le multiplicateur $x - 1$, satisfait à la seconde, puisqu'elle rend nuls ses deux membres, et cependant elle ne vérifie pas la première.

L'exemple qui précède montre que *la multiplication des deux membres d'une équation, par un facteur contenant les inconnues, peut introduire des solutions étrangères. Ces solutions introduites sont celles de l'équation obtenue en égalant le multiplicateur à zéro.* Lorsque nous aurons été obligés de multiplier, par un pareil facteur, les deux membres d'une équation, nous devrons, après avoir résolu l'équation résultante, étudier les solutions obtenues et rejeter comme étrangères celles qui annuleraient le facteur sans vérifier l'équation proposée.

Nous avons dit : *peut introduire*, parce que, si le facteur par lequel on multiplie une équation est le dénominateur commun à tous ses termes, la multiplication alors n'introduit pas nécessairement des solutions étrangères.

Il résulte de là que la division des deux membres d'une équation, par une expression contenant les inconnues, peut supprimer une ou plusieurs solutions ; mais les solutions ainsi supprimées sont celles de l'équation obtenue en égalant le divisieur à zéro. Nous devrons donc, lorsque nous aurons été conduits à diviser, par une pareille expression, les deux membres d'une équation, résoudre non-seulement l'équation résultante, mais encore l'équation auxiliaire obtenue en égalant le diviseur à zéro, et étudier les solutions de de cette équation, pour les rétablir, si elles ont été réellement supprimées.

Si le multiplicateur ou le diviseur m, sans contenir les inconnues, est une expression littérale, la transformation est permise ; mais, dans la suite des raisonnements, il faudra éviter les hypothèses qui rendraient cette expression égale à zéro (*)

98. CorOLLAIRE I. — ÉVANOUISSEMENT DES DÉNOMINATEURS. — *Lorsqu'une équation a des termes fraction-*

(*) Ce numéro et le numéro 100 sont empruntés au *Traité d'algèbre* de M. Bertrand, revu par H. Garcet.

naires, on peut la transformer en une autre dont les termes sont entiers.

Soit l'équation

$$\frac{2}{3}x - 8 = \frac{x}{4} + \frac{2}{5};$$

en réduisant tous ses termes au même dénominateur, elle devient

$$\frac{40x}{60} - \frac{480}{60} = \frac{15x}{60} + \frac{24}{60}$$

ou, en supprimant ce dénominateur commun, c'est-à-dire, en multiplant les deux membres de cette dernière par 60,

$$40x - 480 = 15x + 24.$$

L'opération, qui a pour but de ramener à la forme entière une équation qui a des termes fractionnaires, s'appelle *évanouissement des dénominateurs*. On dit encore *chasser les dénominateurs*.

Remarquons que lorsque les différents dénominateurs ont des facteurs communs, il faut toujours prendre leur plus petit multiple pour dénominateur commun à tous les termes.

99. COROLLAIRE II. *Lorsque tous les termes d'une équation ont un facteur commun, on peut le supprimer;* car cela revient à diviser par un même nombre les deux membres de l'équation.

100. THÉORÈME III. *Lorsqu'on élève à une même puissance les deux membres d'une équation, on introduit, en général, des solutions étrangères.*

Soit, en effet, l'équation

$$A = B \qquad (1)$$

Si nous élevons ses deux membres au carré, nous avons

$$A^2 = B^2. \qquad (2)$$

Nous voyons que toute solution de la première est solution de la seconde. Mais cette dernière pouvant s'écrire sous la forme

$$A^2 - B^2 = 0,$$

ou (44)

$$(A + B)(A - B) = 0,$$

admet à la fois les solutions des équations

$$A + B = 0, \text{ et } A - B = 0 ;$$

elle est donc plus générale que l'équation (1).

De même l'équation

$$A^m = B^m$$

peut s'écrire

$$A^m - B^m = 0,$$

ou (59-1°)

$$(A - B)(A^{m-1} + A^{m-2}B + A^{m-3}B^2 + \ldots + B^{m-1}) = 0 ;$$

elle admet donc, outre les solutions de l'équation (1) qui annulent le premier facteur, celles de l'équation

$$A^{m-1} + A^{m-2}B + A^{m-3}B^2 + \ldots + B^{m-1} = 0$$

qui annulent ce second facteur.

Lors donc qu'on est obligé, pour résoudre une équation, d'élever ses deux membres à la même puissance, il faut, après avoir résolu l'équation résultante, étudier les solutions obtenues et rejeter comme *étrangères* celles qui ne vérifieraient pas l'équation proposée.

Soit l'équation

$$\sqrt{9-x} = x - 9. \qquad (1)$$

Si, pour la résoudre, nous élevons ses deux membres au carré, nous avons

$$9 - x = x^2 - 18x + 81. \qquad (2)$$

Or, nous pouvons reconnaître que cette dernière est vérifiée par $x = 9$ et $x = 8$. Mais si la valeur $x = 9$ convient à l'équation proposée, la valeur $x = 8$ ne lui convient pas et doit être rejetée.

Nous nous rendrons compte de ce résultat en remarquant que l'équation (2) n'est pas seulement le carré de l'équation (1); elle est aussi le carré de l'équation

$$-\sqrt{9-x} = x - 9$$

laquelle admet pour solution $x = 8$.

2° RÉSOLUTION DES ÉQUATIONS DU PREMIER DEGRÉ A UNE SEULE INCONNUE

101. Les principes que nous venons d'exposer une fois bien compris, la résolution des équations du premier degré à une seule inconnue ne présente aucune difficulté : elle se résume dans les quatre opérations suivantes :

1° *On chasse les dénominateurs, s'il y en a ;*

2° *On transpose dans un seul membre tous les termes qui contiennent l'inconnue et, dans l'autre membre, les termes qui sont indépendants de l'inconnue ;*

3° *On réduit dans chaque membre les termes semblables ;*

4° *On divise par le coefficient de l'inconnue le terme tout connu.*

Appliquons cette règle à quelques exemples.

Exemple I. Soit, d'abord, l'équation très-simple

$$3x - 5 = x + 7 ; \qquad (1)$$

transposons le terme $+ x$ du second membre dans le premier et le terme $- 5$ du premier dans le second, en ayant soin de changer leurs signes, nous aurons

$$3x - x = 7 + 5,$$

ou, en réduisant les termes semblables,

$$2x = 12 ;$$

et, en divisant par le coefficient de x le terme tout connu,

$$x = \frac{12}{2} = 6.$$

L'équation (1) ne peut être vérifiée que par la seule valeur de x, que nous venons de trouver ; car toute valeur de x qui y satisfait doit satisfaire aussi à toutes les équations équivalentes que nous en avons déduites et, par conséquent, à la dernière $x = 6$; mais celle-ci n'admet évidemment que la solution $x = 6$.

VÉRIFICATION. L'équation une fois résolue, il est bon de s'assurer qu'on ne s'est pas trompé dans les calculs. Pour cela, on substitue à l'inconnue la valeur trouvée, et l'on voit si les deux membres de l'équation deviennent égaux. Or, en mettant 6 à la place de x dans l'équation (1), nous trouvons

$$18 - 5 = 6 + 7,$$

ou

$$13 = 13.$$

$x = 6$ est donc bien racine de la proposée.

Exemple II. Soit encore l'équation

$$\frac{x}{3} + 7 = \frac{3x}{4} - \frac{1}{2} + \frac{5x}{6}.$$

Réduisons d'abord tous les termes au même dénominateur; le plus petit multiple de tous les dénominateurs étant 12, l'équation se ramène à la forme

$$\frac{4x}{12} + \frac{84}{12} = \frac{9x}{12} - \frac{6}{12} + \frac{10x}{12},$$

ou, en supprimant ce dénominateur, c'est-à-dire, en multipliant les deux membres par 12,

$$4x + 84 = 9x - 6 + 10x.$$

Si maintenant nous transposons dans le premier

membre les termes en x et dans le second les termes tout connus, nous aurons

$$4x - 9x - 10x = -6 - 84,$$

et, en réduisant les termes semblables,

$$-15x = -90.$$

Nous pouvons changer les signes des deux membres (95), et il vient

$$15x = 90.$$

d'où nous tirons, en divisant par le coefficient de x le terme tout connu,

$$x = \frac{90}{15} = 6.$$

La substitution du nombre 6 à la place de x dans l'équation proposée, donne

$$\frac{6}{3} + 7 = \frac{18}{4} - \frac{1}{2} + \frac{30}{6},$$

c'est-à-dire $9 = 9$, comme il est facile de s'en assurer en réduisant tout au même dénominateur ; $x = 6$ est donc la solution cherchée.

Exemple III. Considérons, enfin, l'équation

$$\frac{cx - a}{a + b} + \frac{x + a}{b} = d$$

dont les coefficients sont algébriques. En réduisant tous ses termes au même dénominateur, elle devient

$$\frac{b(cx - a)}{b(a + b)} + \frac{(a + b)(x + a)}{b(a + b)} = \frac{bd(a + b)}{b(a + b)}$$

ou, en supprimant ce dénominateur commun et effectuant les opérations indiquées,

$$bcx - ab + ax + bx + a^2 + ab = abd + b^2d.$$

Si maintenant nous transposons dans le premier membre tous les termes en x, et dans le second les termes indépendants de cette inconnue, il vient, après réduction,

$$ax + bx + bcx = abd + b^2d - a^2,$$

ou, en mettant x en facteur commun,

$$(a + b + bc)\, x = abd + b^2d - a^2,$$

et, enfin, en divisant le second membre par le coefficient de l'inconnue

$$x = \frac{abd + b^2d - a^2}{a + b + bc}.$$

En portant cette valeur de x dans l'équation proposée et faisant les simplifications et les réductions convenables, nous verrions aisément qu'elle en rend les deux membres identiques.

102. CAS OU L'ÉQUATION CONTIENT DES RADICAUX. Nous avons supposé jusqu'ici qu'il n'entrait que des expressions rationnelles dans les équations ; elles peuvent cependant quelquefois contenir des radicaux. Nous allons montrer, par des exemples, comment, dans certains cas, la détermination de l'inconnue se ramène à la résolution d'une équation du premier degré.

Exemple I. Soit l'équation

$$3 + \sqrt{x - 2} = 7 : \qquad (1)$$

Isolons le radical dans le premier membre, nous aurons d'abord

$$\sqrt{x-2}=7-3,$$

ou bien,

$$\sqrt{x-2}=4; \qquad (2)$$

élevons maintenant les deux membres au carré, il vient

$$x-2=16; \qquad (3)$$

d'où nous tirons

$$x=18. \qquad (4)$$

Comme toute solution de l'équation (1) vérifie les suivantes qui en sont des conséquences et que l'équation (4) n'admet que la solution $x=18$, il est évident que l'équation (1) ne saurait en admettre d'autre. Mais il n'est pas certain que cette solution satisfait effectivement à l'équation (1); car nous avons élevé les deux membres de l'équation au carré, opération qui peut introduire des solutions étrangères. Il est donc nécessaire de vérifier la solution trouvée par une substitution directe. Or, en remplaçant x par 18, l'équation (1) devient

$$3+\sqrt{16}=7,$$

ou bien

$$3+4=7.$$

La vérification réussit donc; mais elle était indispensable.

Exemple II. Soit encore l'équation

$$\sqrt{x-3}+\sqrt{x}=3:$$

Isolons d'abord l'un des radicaux, le premier, par exemple; il vient

$$\sqrt{x-3}=3-\sqrt{x};$$

en élevant les deux membres de cette dernière au carré, nous trouvons,

$$x-3=9-6\sqrt{x}+x,$$

ou, en simplifiant et changeant les signes.

$$6\sqrt{x}=12;$$

d'où nous tirons

$$\sqrt{x}=2,$$

et, en élevant de nouveau les deux membres au carré,

$$x=4.$$

Il est facile de reconnaître que cette valeur $x=4$ vérifie l'équation proposée.

EXERCICES.

Résoudre les équations suivantes :

1. $5x+1=8-2x.$ *Réponse.* $x=1.$

— 2. $7x+4=40-5x.$ » $x=3.$

— 3. $3x-10=\dfrac{x+20}{5}.$ » $x=5.$

— 4. $5x+9=8x-\dfrac{x}{3}-7.$ » $x=6.$

5. $\dfrac{ax}{b} = \dfrac{x}{c} - d.$ Réponse. $x = \dfrac{bcd}{b-ac}.$

6. $\dfrac{x}{4} + 3 = \dfrac{3x}{5} + 2 - \dfrac{x}{3}.$ » $x = 60.$

7. $4 - \dfrac{x+3}{6} = 2 + \dfrac{9-2x}{3}.$ » $x = 3.$

8. $2x - \dfrac{3}{4} + \dfrac{x}{2} = \dfrac{2}{3} + \dfrac{3x}{8}.$ » $x = \dfrac{2}{3}.$

9. $\dfrac{ab}{x} - \dfrac{1}{x} = bc + d.$ » $x = \dfrac{ab-1}{bc+d}.$

10. $\dfrac{5ax}{2b} - \dfrac{(a+b)\,x}{b} = \dfrac{ac}{b}.$ » $x = \dfrac{2ac}{3a-2b}.$

11. $\dfrac{3x-11}{16} + 21 = \dfrac{5x-5}{8} + \dfrac{97-7x}{2}.$ » $x = 9.$

12. $x - \dfrac{3x-3}{3} + 6 = \dfrac{20-x}{2} - \dfrac{6x-8}{7} + \dfrac{4x-4}{5}.$ » $x = 6.$

13. $x - \dfrac{1}{100} - \dfrac{7x}{15} = \dfrac{7x}{20} - \dfrac{1}{540} + \dfrac{8x}{45}.$ » $x = \dfrac{22}{15}.$

14. $3x + \dfrac{a}{b} + cx = \dfrac{a+x}{3} - \dfrac{b-x}{a}.$ » $x = \dfrac{a^2b - 3a^2 - 3b^2}{8ab + 3abc - 3b}.$

15. $\sqrt{4+x} = 4 - \sqrt{x}.$ » $x = \dfrac{9}{4},$

16. $\sqrt{4x+8} - 2\sqrt{x} = 2.$ » $x = \dfrac{1}{4}.$

3° ÉQUATIONS DU PREMIER DEGRÉ A DEUX INCONNUES

103. DÉFINITIONS. On nomme *système d'équations* l'ensemble de deux ou plusieurs équations qui doivent être satisfaites à la fois, et *solutions* du système, tout système de valeurs qui mises à la place des inconnnes, transforment les équations en identités.

Deux systèmes, qui renferment les mêmes inconnues, sont dits *équivalents* et, par suite, peuvent se substituer l'un à l'autre, quand les solutions du premier conviennent au second et réciproquement.

104. Une équation du premier degré à deux inconnues x et y peut toujours, quelle que soit sa forme, être ramenée à n'avoir que trois termes, l'un en x, l'autre en y et un troisième terme tout connu. Il suffira pour cela, après avoir rendu ses deux membres entiers et rationnels, de transposer dans l'un tous les termes qui contiennent les inconnues, et dans l'autre ceux qui en sont indépendants, puis de réduire les termes semblables.

Ceci posé, démontrons d'abord qu'une seule équation à deux inconnues ne suffit pas pour déterminer les valeurs de ces inconnues, mais qu'elle admet une infinité de solutions. Soit, en effet, l'équation à deux inconnues

$$2x + 3y = 20.$$

Si, regardant y comme connue, nous résolvons l'équation proposée par rapport à x, nous trouvons

$$x = \frac{20 - 3y}{2}.$$

La valeur de x dépend ainsi de l'inconnue y ; et cette dernière n'étant déterminée par aucune condition, nous pourrons lui donner toutes les valeurs qu'il nous plaira ; mais à chacune d'elles correspondra une valeur particulière pour x. L'équation proposée admettra donc une infinité de valeurs pour x et pour y ; en d'autres termes, elle sera *indéterminée*.

L'*indétermination* disparaîtra, si nous assujettissons les deux inconnues à satisfaire à une autre condition, par exemple, à une seconde équation qui ne soit pas une conséquence de la première ; c'est le cas que nous allons traiter.

105. Supposons d'abord que l'une des équations contienne une seule inconnue, et soit à résoudre le système

$$2x + 3y = 20,$$
$$4y = 8.$$

Une solution d'un pareil système se compose de deux nombres qui, mis simultanément dans les équations, l'un à la place de x, l'autre à la place de y rendent égaux les deux membres de chacune d'elles. Or, de la seconde nous tirons

$$y = 2 ;$$

et, si nous substituons cette valeur à x dans la première, elle devient

$$x = 7.$$

106. Cet exemple nous montre quelle marche il faut suivre pour résoudre deux équations contenant à la fois les deux inconnues. Nous devons chercher à ramener ce cas au précédent ; c'est-à-dire, remplacer le système des équations proposées par un autre qui lui soit équivalent, et dont l'une des équations ne contienne qu'une seule inconnue. C'est ce qu'on appelle *éliminer* une inconnue de l'une des équations proposées.

L'*élimination* peut s'effectuer par quatre procédés que nous exposerons successivement et qui sont connus sous les noms de méthode d'élimination par *substitution*, par *comparaison*, par *réduction* et par les *facteurs indéterminés*.

107. MÉTHODE D'ÉLIMINATION PAR SUBSTITUTION. Cette méthode, qui a l'avantage de pouvoir être généralisée et appliquée à des équations d'un degré quelconque, lorsque l'une des équations peut se résoudre par rapport à l'une des inconnues, consiste *à prendre la valeur de l'une des inconnues dans l'une des équations et à la substituer dans l'autre ; puis à résoudre cette dernière par rapport à la seule inconnue qu'elle contient alors.*

Soit donc à résoudre les deux équations

$$3x + 4y = 48, \qquad (1)$$
$$5x - 3y = 22. \qquad (2)$$

Si, regardant y comme connue, nous tirons la valeur de x de l'équation (1), nous avons

$$x = \frac{48 - 4y}{3}; \qquad (3)$$

en substituant cette valeur de x dans l'équation (2), x s'élimine et nous trouvons

$$5 \times \frac{48 - 4y}{3} - 3y = 22; \qquad (4)$$

Mais le système des équations (1) et (2) peut être

remplacé par le système des équations (3) et (4). En effet, toute solution des équations (1) et (2) satisfait à l'équation (3), qui n'est que l'équation (1) transformée ; elle satisfait aussi à l'équation (4), qui ne diffère de l'équation (2) qu'en ce que x a été remplacée par la quantité égale $\dfrac{48 - 4y}{3}$.

Réciproquement, toute solution des équations (3) et (4) satisfait à l'équation (1) transformée de l'équation (3) ; elle satisfait aussi à l'équation (2), qui ne diffère de l'équation (4) que par la substitution de x à la quantité égale $\dfrac{48 - 4y}{3}$.

Les deux systèmes admettant les mêmes solutions sont équivalents ; par conséquent, au lieu de résoudre le premier, nous pouvons résoudre le second. Or, l'équation (4) ne contenant que l'inconnue y peut se résoudre d'après la règle du n° 101, et elle donne

$$y = 6 ;$$

substituant cette valeur à y dans l'équation (3), nous en déduisons

$$x = 8.$$

L'équation (4) ne donnant qu'une seule valeur pour y, l'équation (3) ne fournit par cela même qu'une seule valeur pour x, et nous sommes autorisés à conclure que *tout système de deux équations du premier degré à deux inconnues, dont les deux membres sont rationnels et entiers, n'admet qu'une solution ; c'est-à-dire que chaque inconnue n'a qu'une seule valeur.*

108. MÉTHODE D'ÉLIMINATION PAR COMPARAISON. La méthode d'élimination par comparaison consiste *à tirer de l'une et l'autre équation la valeur d'une même inconnue et à égaler les deux valeurs trouvées. On obtient ainsi une seule équation à une seule inconnue.*

Reprenons les deux équations

$$3x + 4y = 48, \qquad (1)$$
$$5x - 3y = 22, \qquad (2)$$

et proposons-nous d'éliminer x. Si nous regardons y comme connue, nous tirons de l'équation (1)

$$x = \frac{48 - 4y}{3},$$

et de l'équation (2)

$$x = \frac{22 + 3y}{5}. \qquad (3)$$

Or, ces deux valeurs de x doivent être égales, puisque les mêmes valeurs de x et y doivent satisfaire à la fois aux deux équations proposées; donc

$$\frac{48 - 4y}{3} = \frac{22 + 3y}{5}. \qquad (4)$$

Un raisonnement analogue à celui que nous avons fait au n° 107 prouverait que nous pouvons remplacer le système des équations (1) et (2) par le système équivalent de l'une des équations (3) jointe à l'équation (4). Or, cette dernière ne renfermant plus qu'une seule inconnue peut se résoudre par la règle énoncée plus haut (101), et elle donne

$$y = 6;$$

portant cette valeur de y dans l'une des équations (3), nous en déduisons

$$x = 8.$$

109. Méthode d'élimination par réduction. Les deux méthodes que nous venons d'employer ont l'inconvénient d'introduire des dénominateurs qu'il faut ensuite faire disparaître ; il n'en est pas de même de la méthode d'élimination par réduction, connue encore sous le nom de méthode d'élimination par *addition* ou par *soustraction*. Voici en quoi elle consiste : *Si l'inconnue à éliminer a des coefficients égaux dans les deux équations, on ajoute ou on retranche ces équations membre à membre, suivant que les termes renfermant l'inconnue à éliminer sont de signes contraires ou de mêmes signes. Lorsque les coefficients de l'inconnue ne sont pas égaux, on multiplie tous les termes de la première équation, par le coefficient de cette même inconnue dans la seconde, et tous les termes de celle-ci, par le coefficient de l'inconnue dans la première ; puis on ajoute ou on retranche membre à membre les deux équations résultantes, suivant que les termes à éliminer sont de signes contraires ou de signes semblables.*

Reprenons encore les deux équations

$$3x + 4y = 48,$$
$$5x - 3y = 22;$$

et soit x l'inconnue à éliminer. Comme elle n'a pas le

même coefficient dans les deux équations, nous multiplierons tous les termes de la première par 5, et tous les termes de la seconde par 3, ce qui est d'ailleurs permis (96); nous obtenons ainsi les équations équivalentes.

$$15x + 20y = 240,$$
$$15x - 9y = 66.$$

L'inconnue x ayant, dans ces dernières, des coefficients égaux et de même signe, nous les retranchons membre à membre et nous trouvons

$$20y + 9y = 240 - 66,$$

équation qui ne renferme qu'une seule inconnue et d'où nous tirons

$$y = 6.$$

En faisant $y = 6$ dans l'une des proposées, nous en déduisons

$$x = 8.$$

110. Lorsque les coefficients de l'inconnue à éliminer ont des facteurs communs, il suffit de multiplier les termes de chaque équation par les facteurs non communs du coefficient de l'inconnue dans l'autre. Prenons, pour exemple, les deux équations

$$5x + 6y = 75,$$
$$7x - 8y = 23,$$

et éliminons y. Les coefficients de cette inconnue ont 2 pour facteur commun; leurs facteurs non communs sont 3 et 4. Si nous multiplions tous les termes de la première équation par 4 et tous ceux de la seconde par 3, nous obtenons le système équivalent.

$$20x + 24y = 300.$$
$$21x - 24y = 69;$$

et, en ajoutant ces dernières membre à membre, puisque les coefficients de y sont de signes contraires,

$$41x = 369;$$

d'où nous tirons

$$x = 9.$$

En faisant $x = 9$ dans l'une des proposées, nous en déduisons

$$y = 5.$$

111. Il nous reste maintenant à justifier la méthode d'élimination par réduction, c'est-à-dire, à démontrer que l'équation, obtenue par cette élimination, jointe à l'une des proposées, forme un système équivalent à celui de ces dernières. Mais nous pouvons démontrer plus généralement que si nous multiplions la première équation par un nombre quelconque m et la seconde par un nombre quelconque m', et si nous les ajoutons ou retranchons membre à membre, l'équation résultante, jointe à l'une des proposées, forme un système équivalent à celui des deux proposées. Soient donc les deux équations

$$A = 0, \qquad (1)$$
$$B = 0, \qquad (2)$$

que nous pouvons toujours ramener à cette forme en
faisant passer tous les termes dans le premier membre.
Multiplions la première par m et la seconde par m'; nous
obtenons les équations équivalentes

$$\left.\begin{array}{l} Am = 0, \\ Bm' = 0. \end{array}\right\} \qquad (3)$$

Ajoutons membre à membre ces dernières et le système

$$\begin{array}{ll} A = 0, & (1) \\ Am + Bm' = 0. & (4) \end{array}$$

sera équivalent à celui des proposées. En effet, toute
solution des équations (1) et (2) satisfait aux équations (3) et, par suite, aux équations (4); puisque A et B
devenant nuls, leurs produits par m et m' et la somme
de ces derniers le deviennent aussi.

Réciproquement, toute solution des équations (1)
et (4) satisfait à l'équation (2); car la somme $Am + Bm'$
étant nulle par hypothèse, ainsi que la première partie Am de cette somme, la seconde partie Bm' l'est nécessairement, mais alors les équations (3) et, par suite,
l'équation (2) sont satisfaites.

Les deux systèmes (1) et (2), (1) et (4) admettant les
mêmes solutions sont donc équivalents.

Nous démontrerions de même que le système

$$\begin{array}{l} A = 0, \\ Am - Bm' = 0 \end{array}$$

est aussi équivalent au système proposé.

112. Méthode d'élimination par les facteurs

3.

INDÉTERMINÉS. Reprenons pour une dernière fois les deux équations

$$3x + 4y = 48, \qquad (1)$$
$$5x - 3y = 22; \qquad (2)$$

et multiplions l'une d'elles, la première, par exemple, par le facteur indéterminé m. Ceci fait, ajoutons l'équation résultante membre à membre avec l'équation (2); nous aurons, en mettant x et y en facteur commun,

$$(3m + 5)\,x + (4m - 3)\,y = 48m + 22. \qquad (3)$$

Cette dernière, jointe à l'une des proposées, forme un système équivalent à celui des proposées (111). Mais le facteur m étant indéterminé, nous pouvons en disposer de manière à annuler le coefficient de l'inconnue que nous voulons éliminer; de sorte que si x est cette inconnue, nous poserons

$$3m + 5 = 0,$$

d'où nous tirons

$$m = -\frac{5}{3}.$$

Cette valeur de m portée dans l'équation (3) la réduit à

$$-\frac{20}{3}\,y - 3y = -\frac{240}{3} + 22,$$

équation qui ne renferne qu'une seule inconnue y et qui, résolue d'après les règles ordinaires, donne

$$y = 6.$$

En substituant cette valeur de y dans l'une des proposées, nous en déduisons

$$x = 8.$$

La méthode des facteurs indéterminés, due à *Bezout*, offre, comme les méthodes par substitution et par comparaison, l'inconvénient d'introduire des dénominateurs dans les calculs, mais on peut s'en servir de manière à tirer à volonté, d'une seule et même équation, soit la valeur de x, soit la valeur de y.

4° ÉQUATIONS DU PREMIER DEGRÉ A UN NOMBRE QUELCONQUE D'INCONNUES.

113. Considérons d'abord une équation du premier degré à trois inconnues. Quelle que soit sa forme, elle peut toujours être ramenée à n'avoir que quatre termes, dont l'un tout connu; et, en raisonnant comme au numéro 104, nous démontrerions que, pour déterminer les trois inconnues, il faut un nombre égal d'équations qui ne soient pas la conséquence les unes des autres.

Ceci posé, soit à résoudre les trois équations

$$\begin{aligned}
4x - 3y + 2z &= 9, && (1) \\
5x + 6y - 3z &= 13, && (2) \\
7x + 8y - 6z &= 8. && (3)
\end{aligned}$$

En employant l'une des méthodes d'élimination connues, par exemple, la méthode d'élimination par substitution, nous éliminerons l'inconnue z entre la première

équation et chacune des deux autres. De l'équation (1),
nous tirons

$$z = \frac{9 - 4x + 3y}{2}. \qquad (4)$$

Cette valeur, mise à la place de z dans les équations (2)
et (3), donne

$$5x + 6y - 3 \times \frac{9 - 4x + 3y}{2} = 13, \qquad (5)$$

$$7x + 8y - 6 \times \frac{9 - 4x + 3y}{2} = 8; \qquad (6)$$

ou, en chassant les dénominateurs, transposant et
faisant la réduction des termes semblables

$$22x + 3y = 53,$$
$$38x - 2y = 70.$$

La question est ainsi ramenée à la résolution de deux
équations à deux inconnues ; nous tirons de la première

$$y = \frac{53 - 22x}{3}, \qquad (7)$$

et, substituant cette valeur à la place de y dans la seconde, il vient

$$38x - 2 \times \frac{53 - 22x}{3} = 70, \qquad (8)$$

ou, en chassant le dénominateur et simplifiant,

$$158x = 316;$$

d'où nous tirons

$$x = 2.$$

Portant cette valeur de x dans l'équation (7), nous en déduisons

$$y = 3;$$

et faisant $x = 2$, $y = 3$ dans l'équation (4), nous trouvons

$$z = 5.$$

114. Il est facile de démontrer que la méthode dont nous venons de faire usage transforme le système des trois équations proposées en un système équivalent des trois équations (4), (5), (6). En effet, l'équation (4) n'est que l'équation (1) transformée, et les équations (5) et (6) se déduisent des équations (2) et (3) en y remplaçant z par la quantité égale $\dfrac{9 - 4x + 3y}{2}$, et réciproquement.

Mais le système des équations (5) et (6) peut, à son tour, être remplacé par le système équivalent des deux équations (7) et (8), et cette dernière résolue devient $x = 2$.

Ainsi, le système des équations proposées est transformé en un système équivalent des trois équations.

$$z = \frac{9 - 4x + 3y}{2},$$

$$y = \frac{53 - 22x}{3},$$

$$x = 2.$$

La dernière de ces équations ne donnant qu'une seule valeur pour x, il est évident que la seconde ne donnera pareillement qu'une seule valeur pour y et la première qu'une seule valeur pour z.

115. En généralisant le procédé que nous avons suivi pour la résolution de trois équations à trois inconnues, nous pouvons établir la règle suivante :

RÈGLE. *Pour résoudre plusieurs équations du premier degré en nombre égal aux inconnues, on élimine une inconnue successivement entre l'une de ces équations et chacune des autres ; on obtient ainsi de nouvelles équations qui contiennent une inconnue de moins et sont en nombre égal à celui des inconnues qui restent. On opère sur ces équations comme sur les proposées, c'est-à-dire on élimine encore une inconnue successivement entre l'une d'elles et chacune des autres, ce qui donne d'autres équations renfermant une nouvelle inconnue de moins et dont le nombre est égal à celui des inconnues qui restent. En continuant ainsi, on arrive à n'avoir plus que trois équations à trois inconnues, puis deux équations à deux inconnues, et, enfin, une seule équotion à une seule inconnue. On résout cette dernière et on substitue la valeur trouvée pour son inconnue dans l'une des deux équations à deux inconnues, ce qui fait connaître la valeur d'une autre inconnue ; substituant les deux valeurs trouvées dans l'une des trois équations à trois inconnues, on obtient la valeur d'une troisième inconnue ; puis on déduit de la même manière la valeur d'une quatrième inconnue, et ainsi de suite.*

Appliquons cette règle à la résolution des quatre équations

$$x + 2y + 4z - 3u = 5,$$
$$2x - 2y - 3z + 5u = 9,$$
$$3x + 5y - 2z - u = 3,$$
$$4x - 2y + 6z - 3u = 6.$$

Tirons de la première la valeur de x, il vient

$$x = 5 - 2y - 4z + 3u ; \qquad (1)$$

substituant cette valeur dans chacune des trois autres, nous trouvons, après réduction,

$$6y + 11z - 11u = 1,$$
$$y + 14z - 8u = 12,$$
$$10y + 10z - 9u = 14.$$

La seconde de ces nouvelles équations donne pour y

$$y = 12 - 14z + 8u ; \qquad (2)$$

substituant cette valeur de y dans les deux autres, il vient, après réduction,

$$73z - 37u = 71,$$
$$130z - 71u = 106.$$

De la première de ces deux dernières, nous tirons

$$u = \frac{73z - 71}{37} ; \qquad (3)$$

cette valeur, mise à la place de u dans la seconde, donne

$$373z = 1119 ;$$

d'où, enfin,

$$z = 3.$$

En portant cette valeur de z dans l'équation (3), nous en tirons

$$u = 4 ;$$

remplaçant z par 3 et u par 4 dans l'équation (2), nous en déduisons

$$y = 2;$$

faisant, enfin, $z = 3$, $y = 2$, $u = 4$ dans l'équation (1), nous trouvons

$$x = 1.$$

Les valeurs $x = 1$, $y = 2$, $u = 4$, $z = 3$ sont donc solutions des équations proposées.

SIMPLIFICATIONS. — PROCÉDÉS PARTICULIERS.

116. Il importe, pour la simplicité des calculs, de choisir convenablement les inconnues à éliminer et de simplifier autant que possible les équations obtenues en transformant les proposées.

Lorsque l'une des inconnues a l'unité pour coefficient dans une des équations proposées, on l'élimine de préférence, parce qu'on évite ainsi les dénominateurs; c'est ce que nous avons fait dans l'exemple précédent.

117. Si tous les termes d'une équation ont des facteurs communs, on a soin de les supprimer. Soit à résoudre les équations

$$10x - 20y + 30z = 60,$$
$$8x + 12y - 16z = 80,$$
$$27x - 18y + 45z = 234.$$

Tous les termes de la première sont divisibles par 10, tous ceux de la seconde par 4 et tous ceux de la troisième par 9. Le système proposé peut donc être remplacé par le système équivalent (99)

$$x - 2y + 3z = 6,$$
$$2x + 3y - 4z = 20,$$
$$3x - 2y + 5z = 26.$$

L'élimination de x entre la première et les deux autres donne, après réduction,

$$7y - 10z = 8,$$
$$4y - 4z = 8.$$

où, en divisant par 4 tous les termes de la dernière

$$7y - 10z = 8,$$
$$y - z = 2.$$

L'élimination de y entre celle-ci conduit à l'équation

$$3z = 6,$$

qui donne $z = 2$ et, par suite, $y = 4$, $x = 8$.

118. Quelquefois, toutes les inconnues n'entrent pas dans chacune des équations; la méthode à suivre ne change pas pour cela. Mais, pour avoir moins de substitutions à faire, on élimine d'abord l'inconnue qui se trouve dans le plus petit nombre d'équations. Prenons, comme exemple, les cinq équations

$$3x + 2z - u = 4, \qquad (1)$$
$$5y + 4z + t = 26,$$
$$y - 3z + 2u = 3,$$
$$6y - 3u + 2t = 5,$$
$$z + 3u = 18.$$

La première, contenant seule l'inconnue x, servira à

calculer cette inconnue, lorsque les valeurs des autres auront été trouvées. La question est donc ramenée à résoudre les quatre dernières équations. Comme il n'y en a que deux qui contiennent t, nous éliminons de préférence cette inconnue entre la première et la troisième, et le système des quatre équations est remplacé par le suivant

$$t = 26 - 5y - 4z, \qquad (2)$$
$$4y + 8z + 3u = 47,$$
$$y - 3z + 2u = 3,$$
$$z + 3u = 18.$$

En éliminant y entre les trois dernières de celles-ci, dont deux seulement contiennent cette inconnue, nous trouvons

$$y = 3 + 3z - 2u, \qquad (3)$$
$$4z - u = 7,$$
$$z + 3u = 18.$$

De la dernière de ces équations nous tirons

$$z = 18 - 3u; \qquad (4)$$

portant cette valeur dans la précédente, nous en déduisons $u = 5$; puis les équations (4), (3), (2) et (1) donnent successivement $z = 3, y = 2, t = 4$ et $x = 1$.

119. Dans certains cas, on laisse entièrement de côté la marche générale. L'inspection des équations suggère des procédés plus simples qui mènent droit au but, et que l'habitude du calcul permet seule d'apercevoir. Soit à résoudre le système

$$y + z + u = a,$$
$$z + u + x = b,$$
$$u + x + y = c,$$
$$x + y + z = d;$$

en ajoutant ces équations membre à membre, nous trouvons

$$3x+3y+3z+3u=a+b+c+d,$$

d'où, en divisant les deux membres par 3,

$$x+y+z+u=\frac{a+b+c+d}{3}.$$

Si de cette dernière nous retranchons chacune des proposées, nous obtenons immédiatement les valeurs des inconnues.

$$x=\frac{a+b+c+d}{3}-a,$$

$$y=\frac{a+b+c+d}{3}-b,$$

$$z=\frac{a+b+c+d}{3}-c,$$

$$u=\frac{a+b+c+d}{3}-d.$$

Soit encore le système

$$\frac{x}{a}=\frac{y}{b}=\frac{z}{c}=\frac{v}{d},$$

$$mx+ny+pz+qv=k.$$

Nous avons vu (70) que

$$\frac{x}{a}=\frac{y}{b}=\frac{z}{c}=\frac{v}{d}=\frac{mx+ny+pz+qv}{ma+nb+pc+qd};$$

or, le numérateur du dernier rapport est k; nous avons donc

$$\frac{x}{a} = \frac{k}{ma + nb + pc + qd},$$

d'où

$$x = \frac{ak}{ma + nb + pc + qd}.$$

Nous avons de même

$$y = \frac{bk}{ma + nb + pc + qd}.$$

$$z = \frac{ck}{ma + nb + pc + qd},$$

$$v = \frac{dk}{ma + nb + pc + qd}.$$

120. Enfin, l'emploi d'inconnues auxiliaires fait éviter les difficultés qui pourraient se présenter et abrége les calculs. Proposons-nous de résoudre les trois équations

$$\frac{1}{x} + \frac{1}{y} = a,$$

$$\frac{1}{y} + \frac{1}{z} = b,$$

$$\frac{1}{z} + \frac{1}{x} = c.$$

Si nous posons

$$\frac{1}{x} = x', \quad \frac{1}{y} = y', \quad \frac{1}{z} = z',$$

les équations proposées deviennent

$$x' + y' = a,$$
$$y' + z' = b,$$
$$z' + x' = c.$$

En suivant, pour résoudre ces dernières, la marche que nous avons suivie dans le précédent numéro, nous trouvons

$$x' = \frac{a + c - b}{2},$$
$$y' = \frac{a + b - c}{2},$$
$$z' = \frac{b + c - a}{2};$$

d'où enfin,

$$x = \frac{2}{a + c - b},$$
$$y = \frac{2}{a + b - c},$$
$$z = \frac{2}{b + c - a}.$$

EXERCICES.

Résoudre les systèmes suivants :

1. $\begin{cases} 2x + 3y = 22, \\ 5x - 6y = 46. \end{cases}$

Réponse. $\qquad x = 10, \ y = \frac{2}{3}.$

$$2. \begin{cases} (x+5)(y+7)=(x+1)(y-9)+112, \\ 2x+10=3y+1. \end{cases}$$

Réponse. $\qquad x=3,\ y=5.$

$$3. \begin{cases} \dfrac{3x}{10}-\dfrac{y}{15}-\dfrac{4}{9}=\dfrac{x}{12}-\dfrac{y}{18}, \\[2ex] 2x-\dfrac{8}{3}=\dfrac{x}{12}-\dfrac{y}{15}+\dfrac{11}{10}. \end{cases}$$

Réponse. $\qquad x=2,\ y=-1.$

$$4. \begin{cases} 4x-3y+2z=9, \\ 2x+5y-3z=4, \\ 5x+6y-2z=18. \end{cases}$$

Réponse. $\qquad x=2,\ y=3,\ z=5.$

$$5. \begin{cases} \dfrac{4x-3y-7}{5}=\dfrac{3x}{10}-\dfrac{2y}{15}-\dfrac{5}{6}, \\[2ex] \dfrac{y-1}{3}+\dfrac{x}{2}-\dfrac{3y}{20}-1=\dfrac{y-x}{15}+\dfrac{x}{6}+\dfrac{1}{10}. \end{cases}$$

Réponse. $\qquad x=3,\ y=2.$

$$6. \begin{cases} \dfrac{x}{2}+\dfrac{y}{3}+\dfrac{z}{4}=41; \\[2ex] \dfrac{x}{3}+\dfrac{y}{4}+\dfrac{z}{5}=31; \\[2ex] \dfrac{x}{4}+\dfrac{y}{5}+\dfrac{z}{6}=25. \end{cases}$$

Réponse. $\qquad x=12,\ y=60,\ z=60.$

$$7. \quad \begin{cases} \dfrac{3y-1}{4} = \dfrac{6z}{5} - \dfrac{x}{2} + \dfrac{9}{5}, \\[2ex] \dfrac{5x}{4} + \dfrac{4z}{3} = y + \dfrac{5}{6}, \\[2ex] \dfrac{3x+1}{7} - \dfrac{z}{14} + \dfrac{1}{6} = \dfrac{2z}{21} + \dfrac{y}{3}. \end{cases}$$

Réponse. $\qquad x=2,\ y=3,\ z=1.$

$$8. \quad \begin{cases} x+y=25. \\ x+z=30, \\ y+z=35. \end{cases}$$

Réponse. $\qquad x=10,\ y=15,\ z=20.$

$$9. \quad \begin{cases} \dfrac{1}{x} + \dfrac{2}{y} + \dfrac{3}{z} = 11, \\[2ex] \dfrac{3}{x} - \dfrac{4}{y} + \dfrac{5}{z} = 16, \\[2ex] \dfrac{5}{x} + \dfrac{6}{y} - \dfrac{2}{z} = 2. \end{cases}$$

Réponse. $\qquad x=1,\ y=2,\ z=\dfrac{1}{3}.$

$$10. \quad \begin{cases} x + y + z + u = 15, \\ 5x - 2y + 2z - u = 1, \\ 2x - y - z + 5u = 36, \\ 4x + 3y + 2z + u = 26. \end{cases}$$

Réponse. $\qquad x=1,\ y=2,\ z=4,\ u=8.$

$$11. \quad \begin{cases} x + y + z + u = 14, \\ x + 2y - z = 10, \\ 2x - y + 3z = 15, \\ 2z + 5u = 16. \end{cases}$$

Réponse. $\qquad x = 5, \; y = 4, \; z = 3, \; u = 2.$

$$12. \quad \begin{cases} \dfrac{1}{x} + \dfrac{1}{y} + \dfrac{1}{z} = a, \\[2mm] \dfrac{1}{v} + \dfrac{1}{x} + \dfrac{1}{y} = b, \\[2mm] \dfrac{1}{z} + \dfrac{1}{v} + \dfrac{1}{x} = c, \\[2mm] \dfrac{1}{y} + \dfrac{1}{z} + \dfrac{1}{v} = d. \end{cases}$$

Réponse. En posant $\dfrac{1}{3}(a + b + c + d) = s$, on trouve

$$x = \frac{1}{s-d}, \quad y = \frac{1}{s-c}, \quad z = \frac{1}{s-b}, \quad v = \frac{1}{s-a}.$$

$$13. \quad \begin{cases} 3x - 4y + 3z + 3v - 6u = 11, \\ 3x - 5y + 2z - 4u = 11, \\ 10y - 3z + 3u - 2v = 2, \\ 5z + 4u + 3v - 2x = 1, \\ 6u - 3v + 4x - 2y = 6. \end{cases}$$

Réponse. $x = 2, \; y = 1, \; z = 3, \; u = -1, \; v = -2.$

$$14. \begin{cases} x + y + z + t = a, \\ y + z + t + v = b, \\ z + t + v + x = c, \\ t + v + x + y = d, \\ v + x + y + z = e. \end{cases}$$

Réponse. En posant $4(x+y+z+t+v)=s$, on trouve

$$v = \frac{s}{4} - a, \quad x = \frac{s}{4} - b, \quad y = \frac{s}{4} - c, \quad z = \frac{s}{4} - d, \quad t = \frac{s}{4} - e.$$

$$15. \begin{cases} 3x - 2y - 5z = 11, \\ 5x + 3y - 7u = 47, \\ 11u - 2t + 4z = 9, \\ 8t - 5y = 25, \\ 2x - 13u = 5. \end{cases}$$

Réponse. $x = 9, \ y = 3, \ z = 2, \ t = 5, \ u = 1.$

CHAPITRE VI

PROBLÈMES DU PREMIER DEGRÉ

121. La résolution d'un problème comprend trois parties distinctes : 1° *la mise en équation;* 2° *la résolution des équations;* 3° *la discussion de la solution.*

On dit qu'un problème est du *premier degré* lorsqu'on est conduit, pour le résoudre, à des équations du premier degré. Nous avons appris, dans le chapitre précédent, à trouver les solutions dans ces sortes d'équations; nous nous occuperons ici de la mise en équation, nous réservant de traiter la troisième partie dans le chapitre suivant.

122. MISE EN ÉQUATION. La mise en équation d'un problème est *la traduction algébrique des relations que l'énoncé établit entre les données et les inconnues.* Elle ne saurait être restreinte à des règles certaines; il existe cependant une espèce de marche à suivre que nous pouvons formuler ainsi :

Après avoir étudié avec soin l'énoncé du problème, on représente par des lettres les nombres dont la connaissance fournirait la solution; on indique sur ces lettres et sur les données la série des opérations que l'on devrait effectuer, si, après avoir trouvé les valeurs des inconnues on voulait vérifier qu'elles satisfont à toutes les conditions de l'énoncé. Ces calculs de vérification conduisent, en général, à des résultats qui doivent être égaux; en égalant les formules qui représentent ces résultats, on obtient les équations du problème.

L'application de cette règle offre souvent des difficultés et demande une certaine habitude; les exemples suivants en feront mieux comprendre l'esprit et la portée.

PROBLÈMES A UNE INCONNUE.

123. PROBLÈME. *Un chasseur donne 24 fr. pour chaque coup qu'il manque et il reçoit 15 fr. pour chaque coup juste. Il tire 12 coups et gagne 24 fr. à ce marché. On demande le nombre des coups justes et celui des coups manqués.*

Désignons par x le nombre des coups justes; celui des coups manqués sera $12 - x$. Si nous connaissions le nombre x et si nous voulions nous assurer qu'il satisfait aux conditions de l'énoncé, nous dirions: le nombre des coups justes multiplié par 15, moins le nombre des coups manqués multiplié par 24, doit égaler 24 : l'équation du problème est donc

$$15x - 24(12 - x) = 24,$$

ou, plus simplement,

$$39x = 312;$$

d'où nous tirons

$$x = 8.$$

Le nombre des coups justes étant 8, celui des coups manqués est $12 - 8 = 4$; le chasseur a donc gagné $15 \times 8 = 120$ et il a perdu $24 \times 4 = 96$; mais la différence de 120 et de 96 est bien 24.

124. Problème. *Une couronne pesant 300 grammes est formée d'or et d'argent, ou bien d'un alliage de ces deux métaux. On la pèse dans l'eau et l'on trouve qu'elle a perdu 20 grammes de son poids. On demande quelle est la composition de la couronne, sachant que la densité de l'or est 19,5 et celle de l'argent 10,5.*

Soit x le poids en grammes de l'or qui entre dans la composition de la couronne, $300 - x$ sera le poids de l'argent. Ceci posé, rappelons-nous que le volume d'un corps étant égal au quotient de son poids par sa densité, $\dfrac{x}{19,5}$ et $\dfrac{300 - x}{10,5}$ seront les volumes respectifs de l'or et de l'argent.

De plus, le principe d'Archimède nous apprend qu'un corps plongé dans l'eau perd de son poids une partie égale au poids du volume de liquide qu'il déplace ; 20 grammes seront donc le poids d'un volume d'eau égal au volume de la couronne. Mais puisque 1 gramme est le poids d'un centimètre cube d'eau, la couronne a un volume égal à 20 centimètres cubes. Maintenant il est évident que le volume de la couronne est égal à la somme des volumes d'or et d'argent qui la composent ; l'équation du problème sera donc

$$\frac{x}{19,5} + \frac{300 - x}{10,5} = 20 ;$$

en chassant les dénominateurs et en réduisant, elle devient

$$-9x = -1755 ;$$

d'où nous tirons, en changeant les signes des deux membres,

$$x = 195.$$

Le poids de l'or étant 195 grammes, celui de l'argent est 105 grammes.

125. *Un bassin est alimenté par deux fontaines ; la première coulant seule peut le remplir en deux heures et la seconde en trois. On demande dans quel temps ce bassin serait rempli par les deux fontaines coulant ensemble.*

Désignons par x le nombre d'heures qu'il faut aux deux fontaines pour remplir le bassin. La première le remplissant seule en deux heures, en remplit $\frac{1}{2}$ en une heure et $\frac{x}{2}$ en x heures ; dans le même temps la seconde fontaine en remplit $\frac{x}{3}$. Si nous prenons pour *unité* la capicité du bassin, la quantité remplie dans le temps x par les deux fontaines coulant ensemble sera représentée par

$$\frac{x}{2} + \frac{x}{3} ;$$

mais le bassin se trouvant alors entièrement rempli, nous avons pour l'équation du problème

$$\frac{x}{2} + \frac{x}{3} = 1.$$

En chassant les dénominateurs et en réduisant, nous trouvons

$$5x = 6 :$$

d'où nous tirons

$$x = \frac{6}{5} = 1^h 12^m.$$

120. Traitons ce même problème d'une manière générale.

PROBLÈME. *Un bassin est alimenté par deux fontaines. On connaît le temps que chacune d'elles coulant seule met pour le remplir, et on demande le temps qu'elles mettraient pour le remplir si elles coulaient ensemble.*

Représentons par a le nombre d'heures qu'il faut à la

première fontaine coulant seule pour remplir le bassin, par b celui qu'il faut à la seconde et par x celui qu'il faut aux deux fontaines coulant ensemble. En raisonnant comme dans le problème précédent, nous trouverons qu'en une heure la première fontaine en remplit une partie exprimée par $\frac{1}{a}$ et par $\frac{x}{a}$ en x heures. Dans le même temps la seconde fontaine en remplit $\frac{x}{b}$. Or, la somme de ces deux parties devant égaler la capacité du bassin, l'équation du problème sera

$$\frac{x}{a} + \frac{x}{b} = 1;$$

en chassant les dénominateurs et mettant x en facteur commun, elle devient

$$(a+b)\,x = ab;$$

d'où nous tirons

$$x = \frac{ab}{a+b},$$

c'est-à-dire que, *pour avoir le temps que mettent les deux fontaines coulant ensemble pour remplir le bassin, il faut diviser le produit des temps nécessaires à chacune d'elles par la somme de ces mêmes temps.*

127. Le problème suivant offre un utile exemple de mise en équation et de bons exercices de calcul.

Problème. *Un père ordonne par son testament que l'aîné de ses fils prélèvera sur sa succession une somme de a francs et prendra en outre la n^e partie de ce qui* *restera ; que le second prendra ensuite* 2a *francs et la* n*ᵉ partie du reste ; que le troisième prendra* 3a *francs, plus la* nᵉ *partie du reste et ainsi de suite. Il se trouve que de cette manière les enfants reçoivent des parts égales. On demande quel était le bien du père, la part de chaque enfant et le nombre des enfants.*

Si le bien du père était connu, il serait facile de connaître la part du premier enfant et en divisant le bien par cette part, nous aurions le nombre des enfants, puisque toutes les parts sont égales. Ainsi, la véritable inconnue du problème est le bien du père ; représentons-le donc par x. Or, quand l'aîné des enfants aura prélevé a^{frs}, il restera $x - a$; de sorte que sa part sera exprimée par

$$a + \frac{x - a}{n} ;$$

il laissera donc à ses frères

$$x - a - \frac{x - a}{n} = \frac{(n - 1)(x - a)}{n} ;$$

en réduisant l'entier $x - a$ et la fraction qui l'accompagne en une seule fraction, et mettant ensuite $(x - a)$ en facteur commun.

Quand le second enfant aura prélevé $2a$ sur cette somme, il ne restera plus que $\frac{(n - 1)(x - a)}{n} - 2a$; de sorte que la part de ce second enfant aura pour expression

$$2a + \frac{(n - 1)(x - a)}{n^2} - \frac{2a}{n} .$$

Mais cette part devant être égale à celle du premier, nous avons l'équation.

$$a + \frac{x-a}{n} = 2a + \frac{(n-1)(x-a)}{n^2} - \frac{2a}{n};$$

retranchant a aux deux membres de cette équation et chassant les dénominateurs, elle devient

$$n(x-a) = an^2 + (n-1)(x-a) - 2an,$$

ou, après simplifications,

$$x - a = an^2 - 2an\,;$$

d'où nous tirons

$$x = a + an^2 - 2an = a(n-1)^2.$$

Telle est l'expression du bien du père. La valeur de $x-a$ étant $an^2 - 2an$, il en résulte que le premier enfant recevra

$$a + \frac{an^2 - 2an}{n} = a + an - 2a = a(n-1).$$

Mais, puisque toutes les parts doivent être égales, le nombre des enfants est évidemment

$$\frac{a(n-1)^2}{a(n-1)} = n - 1.$$

Il nous reste à vérifier que, si nous partageons la somme $a(n-1)^2$ conformément .aux volontés du testateur, tous les enfants auront des parts égales. Supposons, pour cela, qu'ayant calculé les parts des m premiers enfants, nous les ayons trouvées toutes égales à $a\,(n-1)$ et examinons si la suivante leur est aussi égale. S'il en est ainsi, nous conclurons que, comme les deux premières parts sont certainement égales, il en sera nécessairement de même de la troisième; par suite, que les trois premières parts étant égales, il en sera de même de la quatrième, etc.; de sorte que les parts seront ainsi toutes égales.

Les m premiers enfants ayant reçu chacun $a\,(n-1)$, laissent à leurs frères

$$a(n-1)^2 - ma\,(n-1) = a\,(n-1)\,(n-1-m).$$

Le $(m+1)^e$ enfant prélevant sur cette somme $(m+1)a$ fr. et prenant encore la n^e partie du reste, sa part aura pour expression

$$(m+1)a + \frac{a\,(n-1)\,(n-1-m) - (m+1)a}{n} =$$

$$\frac{a\,(n-1)\,(m+1+n-1-m)}{n} = a(n-1).$$

Donc toutes les parts sont égales.

PROBLÈMES A PLUSIEURS INCONNUES.

128. **Problème.** *Un entrepreneur a payé 68 fr. pour 10 journées de maçon et 9 journées de manœuvre; plus tard, sans que le travail ait changé de prix, il a payé*

90 fr. pour 12 journées de maçon et 15 journées de manœuvre. Quel était le prix d'une journée de maçon et d'une journée de manœuvre?

Représentons par x le prix d'une journée de maçon et par y le prix d'une journée de manœuvre, l'entrepreneur devait, dans le premier cas,

$$10x + 9y,$$

et dans le second,

$$12x + 15y.$$

Nous aurons donc, d'après l'énoncé,

$$10x + 9y = 68$$
$$12x + 15y = 90$$

pour équations du problème. En les retranchant membre à membre, après avoir multiplié la première par 5 et la seconde par 3, nous trouvons

$$x = 5$$

et, par suite,

$$y = 2.$$

129. PROBLÈME. *Trois joueurs conviennent qu'à chaque partie le perdant doublera l'argent des deux autres; ils perdent chacun une partie, puis ils se retirent avec 120 francs chacun. Quelles étaient leurs mises?*

Appelons x, y, z ces trois mises et supposons que le joueur x perde la première partie, le joueur y la seconde et le joueur z la troisième. Il est facile de voir que l'état de fortune de chaque joueur sera, à la fin de la première partie,

$$x - y - z \, ; \ 2y \qquad ; \ 2z \, ;$$

à la fin de la seconde partie,

$$2x - 2y - 2z \, ; \ 3y - z - x \, ; \ 4z \, ;$$

à la fin de la troisième partie,

$$4x - 4y - 4z \, ; \ 6y - 2z - 2x \, ; \ 7z - y - x.$$

En égalant à 120 chacune de ces trois dernières expressions, nous aurons le système suivant

$$\left. \begin{aligned} 4x - 4y - 4z &= 120 \\ 6y - 2z - 2x &= 120 \\ 7z - y - x &= 120 \end{aligned} \right\} \qquad (1)$$

Si nous remarquons que la somme, possédée à chaque instant par les trois joueurs, reste toujours égale à la somme des mises, nous voyons que la somme des premiers membres des équations (1) doit être

$$x + y + z.$$

Nous sommes donc conduits à faire cette somme et à substituer à l'une des équations primitives la relation plus simple

$$x + y + z = 360.$$

Multipliant successivement cette dernière par 4, 2, 1 et

ajoutant l'équation résultante à chacune des équations (1), nous trouvons

$$x = 195\,;\ y = 105\,;\ z = 60.$$

130. PROBLÈME. *La date de l'invention de l'imprimerie par Gutenberg est exprimée par un nombre de 4 chiffres. Le chiffre des unités est double de celui des dizaines; l'excès du chiffre des centaines sur celui des dizaines est égal au chiffre des mille; de plus la somme de ces quatre chiffres est 14; et, si l'on augmente ce nombre de 4905, on trouve pour somme un nombre formé des mêmes chiffres, mais écrits dans un ordre inverse. Quelle est cette date?*

Soient x le chiffre des mille, y celui des centaines, z celui des dizaines et v celui des unités. Le nombre cherché, égalant la somme des valeurs relatives de ses chiffres, a pour expression

$$1000x + 100y + 10z + v,$$

et le nombre composé des mêmes chiffres pris dans un ordre inverse

$$1000v + 100z + 10y + x\,;$$

la première condition du problème

$$v = 2z,$$

la seconde

$$y - z = x,$$

la troisième

$$x + y + z + v = 14,$$

enfin, la quatrième

$$1000x + 100y + 10z + v + 4905 = 1000v + 100z + 10y + x,$$

ou, après réduction et après division par 9 de tous les termes de l'équation résultante

$$111x + 10y - 10z - 111v = 545;$$

par conséquent, en résolvant le système suivant

$$v = 2z$$
$$y - z = x$$
$$x + y + z + v = 14$$
$$111x + 10y - 10z - 111v = 545,$$

nous trouverons $x = 1$, $y = 4$, $z = 3$ et $v = 6$; la date demandée est donc 1436.

PROBLÈMES A RÉSOUDRE

1. On demandait à Pythagore le nombre de ses élèves; il répondit : la moitié apprend les mathématiques, le quart la physique, le septième la chimie, puis il y a trois amateurs. Quel était le nombre des élèves du philosophe?

Réponse. 28.

2. Trouver un nombre tel que sa moitié, augmentée de son tiers, fasse les trois quarts du reste, plus 85.

Réponse. 120.

3. Quatre hommes veulent se partager 3300 francs, de manière que le second ait la moitié de la part du pre-

mier, plus 400 francs; le troisième, le tiers de la part du second, plus 500 francs; le quatrième, le quart de a part du troisième, plus 400 francs. Quelle sera la part de chacun?

Réponse. Le premier aura 1000 francs, le second 900 fr., le troisième 800 fr. et le quatrième 600 fr.

4. Trois fontaines alimentent un bassin; la première le remplit en 3 heures, la seconde en 4 heures, la troisième en 5 heures. En combien de temps le rempliront-elles, si elles coulent ensemble?

Réponse. 1ʰ 16ᵐ 35ˢ.

5. Un train parti de Paris, laisse les $\frac{2}{3}$ des voyageurs à la première station, 12 à la seconde, le tiers du reste à la troisième et le quart du reste à la quatrième; puis 42 voyageurs continuent leur route au-delà de la quatrième station. Combien étaient-ils au départ?

Réponse. 160.

6. Un père interrogé sur l'âge de son fils et sur celui de sa fille, répondit : ma fille a actuellement le triple de l'âge qu'elle avait quand mon fils avait l'âge actuel de ma fille, et, quand elle aura atteint l'âge actuel de mon fils, leurs âges réunis feront 40. On demande l'âge de chacun.

Réponse. En prenant pour inconnue l'âge de la fille à l'époque où l'âge du fils était celui qu'elle a actuellement, on trouve 15 pour l'âge actuel de la fille et 25 pour celui du fils.

7. Deux mines de charbons A et B sont distantes l'une de l'autre de 225 kilomètres; les 100 kilogr. coûtent 3 fr. 75 c. en A et 4 fr. 25 c. en B; le prix de transport est de 0 fr. 8 c. par 1000 kilog. et par kilomètre. Quel

est le point de la ligne où le charbon coûte le même prix, qu'il vienne de A ou de B?

Réponse. 143 kilomètres 75, à partir du point A.

8. Une montre marque 3 heures 20 minutes. A quelle heure les deux aiguilles se rencontreront-elles?

Réponse. $4^h\ 21^m\ \dfrac{9}{11}$ de minute. L'équation s'obtient en cherchant les chemins parcourus par chaque aiguille. Or, l'heure étant prise pour unité de temps et x représentant l'heure inconnue à laquelle la rencontre aura lieu, le temps se comptant à partir de midi, le chemin parcouru par la petite aiguille sera

$$x - 3^h\ 20^m \text{ ou } x - \dfrac{10}{3}$$ et le chemin parcouru par la grande, $x + 8$. Mais cette dernière marchant 12 fois plus vite que la première, nous aurons pour l'équation du problème $x + 8 = 12\left(x - \dfrac{10}{3}\right)$.

9. Un renard poursuivi par un levrier a 60 sauts d'avance. Ce renard fait 9 sauts pendant que le levrier n'en fait que 6; mais 3 sauts du levrier valent 7 sauts du renard. Après combien de sauts le levrier atteindra-t-il le renard?

Réponse. 72 sauts. Pour mettre ce problème en équation, il faut remarquer que, le renard faisant 9 sauts pendant que le levrier en fait 6; pendant que ce dernier en fait 1, le renard fait $\dfrac{9}{6}$ ou $\dfrac{3}{2}$ sauts et $\dfrac{3}{2}\,x$ sauts, pendant que le levrier en fait x. D'un autre côté, 3 sauts du levrier valant 7 sauts du renard, 1 saut du levrier vaut $\dfrac{7}{3}$ sauts du renard et x en valent $\dfrac{7}{3}\,x$. Enfin, le renard ayant 60 sauts d'avance, l'équation sera $\dfrac{7}{3}\,x = 60 + \dfrac{3}{2}x$.

10. Deux trains partent en même temps, l'un de Paris, l'autre de Lyon, et marchent à la rencontre l'un de l'autre ; le premier parcourt 55 kilomètres à l'heure, le second en parcourt 35. La distance de Paris à Lyon, sur la voie ferrée, est de 512 kilomètres. A quelle distance de Paris se fera le croisement des trains ?

Réponse. A 312^{kil},88.

11. Un père laisse à ses enfants un bien qu'ils se partagent de la manière suivante : le premier reçoit 300 fr. et la dixième partie du reste ; le second 600 fr. et la dixième partie du reste ; le troisième 900 fr. et la dixième partie du reste, et ainsi de suite. De cette façon les enfants reçoivent des parts égales. On demande leur nombre, la part de chacun et la valeur de l'héritage.

Réponse. Il y a 9 enfants ; chacun reçoit 2700 fr. et l'héritage vaut 24300 fr. (*Voir, pour la mise en équation, le problème du n*° 127).

12. Une fraction devient égale à $\dfrac{3}{4}$, quand on ajoute 1 à chacun de ses termes et à $\dfrac{2}{3}$, quand on en retranche 1. Quelle est cette fraction ?

Réponse. $\dfrac{5}{7}$.

13. On a deux lingots d'argent, l'un au titre de 0,95 et l'autre au titre de 0,70. Combien faut-il prendre de l'un et de l'autre pour former un troisième lingot au titre de 0,85 et pesant 15 kilog. ?

Réponse. 9 kilogr. du premier lingot et 6 du second.

14. Un père a 25 ans de plus que son fils et, dans 18 ans, l'âge du père sera double de celui du fils. Quel est l'âge de chacun?

Réponse. Le père a 32 ans et le fils en a 7.

15. Deux fontaines, coulant successivement, ont rempli en une heure, un bassin de 276 litres; la première fournit 3 litres par minute, la seconde en fournit 5. Pendant combien de temps l'eau s'est-elle écoulée de chaque fontaine?

Réponse. Pendant 12^m de la première et 48^m de la seconde.

16. Des ouvriers qui travaillent ensemble ont un salaire égal; s'ils étaient 5 de plus et si chacun gagnait 1 fr. 25 de plus par jour, leur salaire total augmenterait de 40 fr. par jour; mais, s'ils étaient 3 de moins, et si chacun gagnait 1 fr. 50 de moins par jour, leur salaire total diminuerait de 27 fr. par jour. Combien y a-t-il d'ouvriers et combien chacun d'eux gagne-t-il par jour?

Réponse. Il y a 15 ouvriers et chacun d'eux gagne 3 fr. par jour.

17. Trois frères ont acheté un bien en commun; le plus jeune le payerait avec son argent et la moitié de celui du second, le second le payerait avec son argent et le tiers de celui de l'aîné; enfin, l'aîné le payerait avec son argent et le quart de celui du plus jeune; le bien valait 2000 fr. Combien avaient-ils chacun?

Réponse. x étant l'argent du plus jeune, y celui du second et z celui de l'aîné, on trouve : $x = 1280$, $y = 1440$, $z = 1680$.

18. Le colonel d'un régiment veut distribuer 8100 fr. aux trois bataillons dont se compose le régiment; s'il donne 6 fr. à chaque homme du premier bataillon, il

reste 2 fr 75 pour chaque homme des deux autres; s'il donne 6 fr. à chaque homme du second bataillon, il reste 3 fr. pour chaque homme des deux autres; enfin, s'il donne 6 fr. à chaque homme du troisième bataillon, il reste 3 fr. 40 pour chaque homme des deux autres. De combien d'hommes se compose chaque bataillon?

Réponse. Le premier de 800 hommes, le second de 700 et le troisième de 500.

19. Une personne place trois sommes différentes montant ensemble à 12000 fr.; la première somme est placée à 5 %, la seconde à 4 %, la troisième à 3 %; la demi-somme des deux derniers capitaux est égale au premier et la rente totale est 490 fr. Quels sont les trois capitaux?

Réponse. 4000, 5000, 3000. Pour mettre le problème en équation, il faut se rappeler que la rente d'un capital s'obtient en le multipliant par le taux et en divisant le produit par 100.

20. Un voiturier fait ce marché: Il payera pour chaque vase de porcelaine qu'il brisera autant qu'il recevra pour chaque vase rendu intact. On lui donne d'abord 2 petits vases, 4 moyens et 9 grands; il casse les moyens, rend les autres en bon état et reçoit 28 fr. A un second voyage, on lui donne 7 petits vases, 3 moyens et 5 grands; il casse les grands, rend les autres intacts et reçoit 3 fr. Enfin, on lui confie 9 petits vases, 10 moyens et 11 grands; il casse encore les grands et reçoit 4 fr. On demande ce que coûte le transport d'un vase de chaque grandeur.

Réponse. Il coûte 2 fr. pour un petit vase, 3 fr. pour un moyen et 4 fr. pour un grand.

CHAPITRE VII.

INTERPRÉTATION DES DIVERS RÉSULTATS AUXQUELS PEUT CONDUIRE LA RÉSOLUTION DES ÉQUATIONS. — DISCUSSION DES PROBLÈMES.

131. Jusqu'ici nous avons laissé de côté certaines particularités remarquables qui peuvent se présenter dans la solution des problèmes du premier degré ; nous les ferons connaître dans ce chapitre et nous parlerons successivement de *l'interprétation des solutions négatives*, des *cas d'impossibilité*, des *cas d'indétermination* et enfin de la *discussion des problèmes*.

1° INTERPRÉTATION DES SOLUTIONS NÉGATIVES.

132. En résolvant une ou plusieurs équations, on obtient parfois des solutions négatives ; il n'y a aucune remarque à faire sur ces solutions, si on les considère seulement par rapport aux équations qui les ont fournies ; car, substituées aux inconnues dans ces équations, elles rendent le premier membre égal au second.

Mais, lorsque les inconnues représentent des nombres à déterminer, il semble que les solutions négatives, n'exprimant aucune grandeur, doivent être regardées comme un symptôme d'impossibilité et, par suite, être rejetées comme inadmissibles. C'est, en effet, ce qui aurait lieu si, dans la mise en équation, on pouvait toujours exprimer d'une manière générale, et pour tous les cas, les conditions du problème proposé ; mais souvent il n'en est pas ainsi, et les solutions négatives peuvent alors recevoir une interprétation.

133. Considérons d'abord l'équation à une seule inconnue

$$3x + 13 = 2x + 9 ; \qquad (1)$$

$x = -4$ étant la solution de cette équation, nous avons l'égalité

$$3 \times (-4) + 13 = 2 \times (-4) + 9$$

qui peut s'écrire

$$13 - 3 \times 4 = 9 - 2 \times 4.$$

Mais, sous cette dernière forme, elle exprime que $x = 4$ satisfait à l'équation

$$13 - 3x = 9 - 2x$$

qui ne diffère de l'équation (1) que par le signe des termes qui contiennent l'inconnue. Ainsi, *toute solution négative d'une équation du premier degré à une inconnue, étant prise positivement, satisfait à l'équation obtenue en changeant, dans la première, le signe des termes où figure l'inconnue.*

134. Soit maintenant le système des deux équations,

$$2x - 5y = 26,$$
$$9x - 7y = 55 ;$$

$x = 3$, $y = -4$ étant les solutions de ce système, nous avons les égalités

$$2 \times 3 - 5 \times (-4) = 26,$$
$$9 \times 3 - 7 \times (-4) = 55,$$

ou, en mettant les signes en évidence,

$$2 \times 3 + 5 \times 4 = 26,$$
$$9 \times 3 + 7 \times 4 = 55;$$

par conséquent, les valeurs $x = 3$, $y = 4$ satisfont au système

$$2x + 5y = 26,$$
$$9x + 7y = 55.$$

Ainsi, *en prenant positivement la solution négative* $y = -4$, *nous satisfaisons à un système qui né diffère du premier que par le changement de signe des termes en* y. Si la valeur de x était négative, nous pourrions également la prendre avec le signe $+$, à la condition de changer le signe de tous les termes en x.

La même démonstration convient pour deux systèmes d'équations du premier degré contenant un nombre quelconque d'inconnues.

Ces principes établis, supposons qu'un problème ait conduit à une équation ou à un système d'équations qui admettent des solutions dont quelques-unes sont négatives; en changeant, dans ces équations, les signes des termes qui renferment les inconnues dont les valeurs sont négatives, nous obtiendrons de nouvelles équations qui admettent les solutions trouvées pour les précédentes, mais prises positivement. Si donc, en réfléchissant sur la mise en équation du problème proposé, nous pouvons modifier son énoncé, de telle sorte que les nouvelles équations en soient la traduction algébrique, nous aurons *utilisé* ou, comme on dit, *interprété* les solutions négatives. Eclaircissons ces généralités par des exemples,

4.

135. PROBLÈME. *Un père a 36 ans et son fils en a 12. A quelle époque l'âge du père sera-t-il quadruple de celui du fils?*

Soit x le nombre d'années qui sépare l'époque inconnue de l'époque actuelle. Dans x années l'âge du père sera $36 + x$ et celui du fils $12 + x$; nous aurons donc, d'après l'énoncé du problème,

$$36 + x = 4\,(12 + x), \qquad (1)$$

équation d'où nous déduisons

$$x = -4.$$

Cette valeur négative de x n'a aucun sens par elle-même. Pour l'interpréter, nous remarquons que, si dans l'équation (1) nous changeons le signe des termes qui contiennent x, nous obtenons la nouvelle équation

$$36 - x = 4\,(12 - x)$$

qui admet la solution positive $x = 4$, et nous voyons aisément quelle est la traduction algébrique du problème suivant :

Un père a 36 ans et son fils en a 12. A quelle époque l'âge du père a-t-il été quadruple de celui du fils?

La solution négative de l'équation (1) indique donc un temps déjà écoulé.

136. PROBLÈME. *Deux courriers partent au même instant de deux villes A et B, situées sur la même route et distantes l'une de l'autre de 20 kilomètres. Ils se di-*

rigent vers un même point C, le premier avec une vitesse de 7 kilomètres par heure, et le second avec une vitesse de 5 kilomètres. De la ville A au point C, il y a 80 kilom. A quelle distance de ce dernier point se rencontreront-ils?

$$\text{A} \qquad \text{B} \qquad \text{R}' \qquad \text{C} \qquad \text{R}$$

Supposons que la rencontre se fasse à un point R, situé à la droite du point C, et appelons x la distance inconnue CR. Puisque les deux courriers partent en même temps des points A et B et arrivent au même instant en R, les temps qu'ils emploient respectivement pour aller des points A et B au point R, doivent être égaux : de sorte que nous mettrons le problème en équation en égalant ces deux temps. Or, le premier courrier, faisant 7 kilom. par heure, parcourra la distance $AR = 80 + x$ en $\dfrac{80 + x}{7}$ heures. De même, le courrier parti de B parcourra la distance $BR = 60 + x$ en $\dfrac{60 + x}{5}$ heures ; nous aurons donc

$$\frac{80 + x}{7} = \frac{60 + x}{5} \qquad (1)$$

équation d'où nous tirons

$$x = -10.$$

Cette valeur négative de x n'a encore aucune signification par elle-même et nous devons conclure que la rencontre n'a pas lieu, comme nous l'avons supposé, en R à la droite du point C. Mais, si dans l'équation (1) nous changeons le signe des termes où figure x, nous obtenons la nouvelle équation

$$\frac{80 - x}{7} = \frac{60 - x}{5} \qquad (2)$$

qui admet la solution positive $x = 10$. Or, l'équation (2) est précisément celle que nous trouvons en supposant le point de rencontre en R' à la gauche du point C. La distance à ce point représentée par la valeur négative de x doit donc être comptée dans un sens contraire à celui que nous avions supposé dans la mise en équation.

137. Lorsque l'inconnue est une grandeur rapportée à une origine fixe et susceptible de deux sens contraires, de part et d'autre de cette origine, une valeur négative indique *le plus souvent* un changement de sens. Ainsi, comme nous l'avons vu dans les exemples qui précèdent, une valeur négative, trouvée pour un temps à venir, indique un temps passé ; une longueur négative doit être comptée, à partir de l'origine, dans une direction inverse de celle qu'on avait supposée lors de la mise en équation. De même, lorsqu'il s'agit de déterminer une température au-dessus de zéro, l'avance d'une montre, l'actif d'un négociant, le gain d'un joueur, etc..., une valeur négative exprime une température au-dessous de zéro, le retard d'une montre, le passif d'un négociant, la perte d'un joueur, etc...

2° DES CAS D'IMPOSSIBILITÉ

138. L'interprétation que nous venons de faire des solutions négatives, pour donner à certains problèmes une signification réelle êt convenable, n'est pas toujours possible. On conçoit, en effet, que, s'il s'agissait de déterminer la distance de deux villes, le rayon d'un cercle, la surface d'un triangle, etc..., une solution négative n'aurait aucun sens et indiquerait l'impossibilité du problème.

Mais cette impossibilité ne se manifeste pas seulement par les valeurs négatives des inconnues ; on la reconnaît encore à d'autres caractères que nous allons examiner en nous appuyant sur des problèmes.

139. 1er *cas*. Un problème est impossible lorsque les valeurs trouvées par les inconnues, quoique positives, se présentent sous forme de fraction et que la nature de la question exige que ces valeurs soient entières. Prenons, pour exemple, le problème suivant :

PROBLÈME. *7 personnes ont dépensé 26 francs à un repas ; les hommes ont payé 5 francs et les femmes 3. Combien y avait-il d'hommes et combien de femmes?*

Soit x le nombre des hommes, celui des femmes sera $7 - x$; et la traduction algébrique de l'énoncé conduit à l'équation

$$5x + 3(7 - x) = 26 ;$$

d'où nous tirons

$$x = \frac{5}{2}.$$

Le nombre des hommes étant $\frac{5}{2}$ celui des femmes sera $\frac{9}{2}$; mais la nature même du problème exigeant pour x une valeur entière, la valeur fractionnaire que nous trouvons indique qu'il est impossible.

140. *2ᵉ cas.* Un problème est impossible lorsque les valeurs des inconnues ne sont pas comprises entre les limites imposées par les conditions de l'énoncé, en voici un exemple :

PROBLÈME. *Trouver un nombre de deux chiffres tels que le quadruple du chiffre des unités surpasse de 1 le triple du chiffre des dizaines et qu'en retranchant de ce nombre le nombre renversé on ait 36 pour reste.*

Représentons par x le chiffre des dizaines et par y celui des unités; nous avons évidemment, d'après l'énoncé du problème,

$$4x - 3y = 1,$$
$$10x + y - 10y - x = 36,$$

équations qui admettent les solutions entières et positives $x = 17$, $y = 13$; mais la nature de la question exigeant que les deux nombres cherchés soient plus petits que 10, ces valeurs de x et de y indiquent une impossibilité.

141. *3ᵉ cas.* Un problème est impossible lorsque les conditions imposées par l'énoncé sont absurdes : c'est ce qui arrive dans le problème suivant :

PROBLÈME. *Trouver un nombre tel que la somme de sa moitié et de son tiers surpasse de 6 unités le quintuple de l'excès du quart de ce nombre sur son douzième.*

Désignons par x le nombre demandé; l'équation du problème est évidemment

$$\frac{x}{2} + \frac{x}{3} = 5\left(\frac{x}{4} - \frac{x}{12}\right) + 6.$$

ou, après simplification,

$$10x = 10x + 72,$$

équation qui exprime une condition évidemment absurde, quelque valeur que l'on donne à x : le problème est donc impossible.

142. *4ᵉ cas.* Un problème est encore impossible lorsque les équations déduites de l'énoncé sont contradictoires ou incompatibles, c'est le cas du problème qui suit :

PROBLÈME. *On demandait à un chasseur combien il avait abattu de pièces de gibier ; il répondit : Il faudrait en ajouter 15 au tiers de celles que j'ai abattues l'an passé pour avoir la moitié de celles que j'ai tuées cette année ; mais si du triple de cette dernière moitié on ôte 5, il reste ce que j'ai tué l'an passé. Quel est le nombre de pièces abattues chaque année?*

Soient x et y les nombres de pièces tuées chaque année, x représentant le nombre de celles tuées cette année, nous aurons les deux équations

$$\frac{x}{2} = \frac{y}{3} + 15.$$

$$y = \frac{3x}{2} - 5 ;$$

En substituant dans la première la valeur de y, donnée par la seconde, nous obtenons, après réduction,

$$0 \times x = 20 ;$$

Or, cette dernière étant évidemment absurde, le problème est impossible; d'ailleurs, l'impossibilité peut être rendue sensible sur les équations elles-mêmes; car en chassant les dénominateurs et transposant, elles deviennent

$$3x - 2y = 30,$$
$$3x - 2y = 10.$$

Les premiers membres étant égaux sans qu'il en soit de même des seconds, ces équations ne peuvent admettre aucune solution commune ou, ce qui est la même chose, les deux conditions du problème ne peuvent avoir lieu en même temps. C'est pourquoi l'on dit que ces conditions, comme les équations qui les expriment, sont *contradictoires* ou *incompatibles*.

143. 5ᵉ *cas*. Enfin, un problème peut être impossible, parce que le nombre des équations auxquelles il conduit surpasse celui des inconnues.

Soit, par exemple, un système de trois équations entre deux inconnues x et y. En résolvant deux de ces équations par l'une des méthodes connues, nous obtiendrons les valeurs de x et de y qui seules peuvent vérifier le système. Mais, pour qu'il en soit ainsi, il faut que ces valeurs satisfassent à la troisième équation; si cette condition n'est pas remplie, le problème est impossible. Ainsi, le système

$$3x + 7y = 17,$$
$$5x - 2y = 1,$$
$$8x + y = 12,$$

est impossible, puisqu'en résolvant les deux premières équations, nous trouvons $x = 1$, $y = 2$, et que ces valeurs substituées dans la dernière, conduisent à l'impossibilité $10 = 12$.

En général, si nous avons $(m + p)$ équations entre m inconnues, nous pourrons résoudre m de ces équations et obtenir ainsi les valeurs qui seules peuvent vérifier le système; mais il faudra que, substituées dans les p équations restantes, ces valeurs les vérifient; sinon le système sera impossible.

3° DES CAS D'INDÉTERMINATION

144. On dit qu'un problème est indéterminé, lorsqu'il admet un nombre illimité de solutions. Ceci peut avoir lieu dans trois cas différents.

1er *cas.* Un problème est indéterminé, lorsqu'il conduit à des équations qui sont des identités. Soit, pour exemple, à résoudre le problème suivant :

PROBLÈME *Trouver un nombre dont le triple plus* 1 *soit égal à l'excès plus* 1 *des* $\dfrac{9}{2}$ *sur les* $\dfrac{9}{6}$ *de ce nombre.*

Appelons x le nombre demandé ; en traduisant algébriquement l'énoncé du problème, nous obtenons l'équation

$$3x + 1 = \frac{9}{2}x - \frac{9}{6}x + 1 ;$$

chassons les dénominateurs et nous trouvons, après réduction

$$18x + 6 = 18x + 6,$$

équation qui sera toujours satisfaite, quelle que soit la valeur attribuée à x ; le problème admet donc une infinité de solutions ; il est indéterminé.

145. *2ᵉ cas.* Il y a encore indétermination lorsque le nombre des équations qu'on déduit de l'énoncé d'un problème est moindre que celui des inconnues qu'il renferme. Cette circonstance se présente dans le problème qui suit :

PROBLÈME. *Un propriétaire fait creuser deux fossés. Pour le premier il paye 2 fr. 50 cent.. le mètre courant, et 2 fr. 75 cent. pour le second. La dépense totale du premier surpasse de 60 fr. la dépense totale du second. Quelle est la longueur de chaque fossé ?* .

Soient x le nombre de mètres contenus dans la longueur du premier fossé, et y le nombre de mètres contenus dans la longueur du second ; l'énoncé du problème conduit immédiatement à l'équation

$$2{,}50x - 2{,}75y = 60.$$

Pour en avoir une autre, nous chercherions vainement une nouvelle relation entre x et y. La solution du problème dépend donc de cette équation unique, qui peut s'écrire

$$x = \frac{2{,}75y + 60}{2{,}50}$$

et admet une infinité de solutions ; car quelle que soit la valeur attribuée à y, nous en déduisons une pour x ; le problème est donc indéterminé.

146. *3ᵉ cas.* Enfin, il y a indétermination, lorsque le nombre des équations étant égal à celui des inconnues, ces équations ne sont pas distinctes et sont la conséquence les unes des autres. En voici un exemple :

PROBLÈME. *Trouver un nombre de 4 chiffres tel que le chiffre des mille ajouté à celui des unités donne 8; le chiffre des centaines ajouté à celui des dizaines donne 7; la somme des mille et des centaines soit les deux tiers de la somme des deux autres chiffres; enfin, que la somme des quatre chiffres égale 15.*

Désignons par x le chiffre des mille, par y celui des centaines, par z celui des dizaines et par u celui des unités; l'énoncé conduit immédiatement aux quatre équations

$$x + u = 8,$$
$$y + z = 7,$$
$$x + y = \frac{2}{3}(z + u),$$
$$x + y + z + u = 15;$$

mais la quatrième est une conséquence des deux premières, puisque pour l'obtenir il suffit d'ajouter les deux premières membre à membre; elle n'exprime donc que ce qu'expriment celles-ci; en d'autres termes, elle n'est pas une nouvelle relation entre les inconnues. Ainsi, nous n'avons en réalité que trois équations entre quatre inconnues; par conséquent, le problème comme le système d'équations auquel il conduit, est indéterminé.

Toutefois, les inconnues devant être des nombres entiers, entiers positifs compris entre certaines limites, l'indétermination n'est pas aussi grande que dans les problèmes précédents.

EXERCICES

1. Un père a 60 ans et ses deux fils ont 5 ans et 3 ans. Combien y a-t-il d'années que l'âge du père était quadruple de la somme des âges de ses fils:

Réponse. Il y a — 4 ans; c'est-à-dire que cela arrivera dans 4 ans.

2. De quel nombre faut-il augmenter les deux termes de la fraction $\dfrac{5}{7}$ pour qu'elle soit égale à $\dfrac{2}{3}$?

Réponse. De — 1; c'est-à-dire qu'il faut diminuer ses deux termes de 1.

3. Un courrier qui fait 40 kilomètres à l'heure part de Paris pour Angers. Si on faisait partir une heure et demie après un second courrier faisant 48 kilom. à l'heure; à quelle distance d'Angers rejoindrait-il le premier? Angers est éloigné de Paris de 340 kilomètres.

Réponse. A — 20 kilomètres; c'est-à-dire que la rencontre se ferait au-delà d'Angers, si les courriers continuaient leur route.

4. Un père joue avec son fils 20 parties à 0 fr. 75 contre 0 fr. 40. Il gagne 12 parties et perd les 8 autres. Combien d'argent a-t-il gagné?

Réponse. — 1 fr. 20 cent.; c'est-à-dire, il a perdu 1 fr. 20 cent.

5. On a deux points A et B distants de 40 kilomètres; les 100 kilogr. de charbon coûtent 4 fr. 50 en A et 4 fr. en B et le transport de 1000 kilogr. coûte 0 fr. 10 par kilom. Quel est le point de la ligne AB où le charbon coûte le même prix, qu'il vienne de A ou de B?

Réponse. La solution négative —5, ne peut être interprétée ; le problème est donc impossible.

6. On veut payer 40 fr. avec 13 pièces de 5 fr. et de 2 fr. Combien faut-il prendre de pièces de 5 fr. ?

Réponse. $\dfrac{25}{3}$. Cette valeur fractionnaire indique que le problème est impossible.

7. Une société de 50 ouvriers a fait en six jours un gain de 1800 fr. ; chaque homme gagnait 7 fr. et chaque femme 4 fr. Combien y avait-il d'hommes et de femmes dans cette société?

Réponse. $33\dfrac{1}{3}$ hommes et $16\dfrac{2}{3}$ femmes ; le problème est donc impossible.

8. Trouver un nombre dont les $\dfrac{2}{3}$ augmentés de 4 donnent une somme égale à 7 fois les $\dfrac{2}{21}$ de ce nombre plus 1.

Réponse. La résolution de l'équation obtenue conduit à une absurdité.

9. Trouver un nombre dont la somme de la moitié et du tiers surpasse de 25 unités les $\dfrac{5}{6}$ de l'excès de ce nombre sur 30.

Réponse. Tous les nombres satisfont à l'énoncé.

10. Un fabricant paye les ouvriers de ses deux ateliers : ceux du premier reçoivent 4 fr. 50 chacun, ceux du second 4 fr. 20, et la paye du premier atelier surpasse celle du second de 7 fr. 50. Combien y a-t-il d'ouvriers dans chaque atelier?

Réponse. Le problème est indéterminé ; car les conditions de l'énoncé ne fournissent qu'une seule équation.

11. Si chacune des dimensions d'un rectangle augmentait de 5 mètres, sa surface augmenterait de 250 mètres carrés; mais si chacune des dimensions diminuait de 5 mètres, sa surface diminuerait de 200 mètres carrés. Quelles sont ces dimensions?

Réponse. Les deux équations auxquelles conduit le problème rentrent l'une dans l'autre; il y a donc indétermination.

4° DISCUSSION DES PROBLÈMES.

147. Lorsqu'un problème a été résolu d'une manière générale, c'est-à-dire, en représentant les données par des lettres, on peut se proposer de déterminer ce que deviennent les valeurs des inconnues pour des hypothèses particulières faites sur les données. La détermination de ces différentes valeurs et l'interprétation des résultats singuliers auxquels on parvient forment ce qu'on appelle la *discussion du problème.*

La discussion du problème suivant offre à peu près toutes les circonstances qui peuvent se rencontrer dans les questions du premier degré.

148. PROBLÈME. *Deux mobiles partis en même temps des points* A *et* B, *qui sont distants de* d *mètres, parcourent la droite* AB *d'un mouvement uniforme en allant dans le sens* AB. *La vitesse du premier est de* v *mètres par seconde, celle du deuxième de* v' *mètres. A quelle distance du point* A *se rencontreront-ils?*

Soit x la distance inconnue du point A au point R de rencontre des deux mobiles; la distance BR $= x - d$. Cela posé, puisque les deux mobiles partent en même temps des points A et B et arrivent au même instant en R, les temps qu'ils emploient respectivement pour aller des points A et B au point R doivent être égaux, de sorte que nous mettrons le problème en équation en égalant ces deux temps. Or, la vitesse du premier étant v, il parcourra la distance x en $\dfrac{x}{v}$ secondes; de même le mobile parti de B parcourra la distance $x - d$ en $\dfrac{x - d}{v'}$ secondes et nous aurons,

$$\frac{x}{v} = \frac{x - d}{v'};$$

équation d'où nous tirons

$$x = \frac{dv}{v - v'} \cdot \qquad (1)$$

DISCUSSION. Le numérateur de la valeur de x est nécessairement positif puisque, d'après l'énoncé du problème, les quantités d, v et v' sont essentiellement positives; mais le dénominateur $v - v'$ peut être positif, négatif ou nul, selon que v est plus grand, plus petit ou égal à v'. De là trois cas à examiner.

1er *cas.* $v > v'$. Dans cette hypothèse, la valeur de x est positive et le problème est résolu dans le sens même de son énoncé. En effet, si le mobile A est supposé aller plus vite que le mobile B, on conçoit qu'à chaque instant, il gagne du chemin sur celui-ci; l'intervalle qui les séparait diminue de plus en plus, jusqu'à ce qu'enfin il devienne nul; alors les deux mobiles se trouvent au même point de la ligne qu'ils parcourent.

2e *cas.* $v < v'$ La valeur de x est négative et devient

$$x = - \frac{dv}{v' - v}.$$

Pour interpréter ce résultat, observons qu'il est
impossible que les deux mobiles se rencontrent s'ils sont
partis en même temps des points A et B, comme nous
l'avons supposé, l'intervalle qui les séparait ne faisant
qu'augmenter à chaque instant. Mais cette condition de
leur départ simultané, n'étant pas de nature à être exprimée algébriquement, n'entre pour rien dans les équations du problème, qui sont restées tout à fait indépendantes de cette restriction. Si donc nous supposons que
les mobiles, parvenus au même instant, l'un au point A,
l'autre au point B, *se meuvent déjà depuis un temps
indéfini sur la ligne* AB *et dans le sens* AB, alors il est
clair qu'ils auront dû se rencontrer antérieurement en
un point R' à la gauche de A, et c'est précisément celui
que détermine la valeur négative de x. En effet, si nous
mettons le problème en équation d'après la nouvelle
hypothèse, ce qui revient à changer le signe de x dans
l'équation (1), conformément au principe du n° 153,
nous obtenons

$$x = \frac{dv}{v' - v},$$

valeur qui vérifie le nouvel énoncé dans lequel nous
supposons que les mobiles se sont rencontrés avant
d'arriver aux points A et B.

3e *cas.* $v = v'$. La valeur de x devient alors

$$x = \frac{dv}{0},$$

expression que l'on représente généralement par le symbole $\frac{m}{0}$, m étant un nombre quelconque. Mais quelle signification peut avoir un pareil symbole? Pour le découvrir, nous remarquerons que si, laissant invariable le numérateur d'une fraction $\frac{a}{b}$, nous donnons à son dénominateur des valeurs 10, 100, 1000, 10000.... fois plus petites, la valeur de cette fraction deviendra 10, 100, 1000, 10000.... fois plus grande; par conséquent, si le dénominateur diminue jusqu'à zéro, la valeur de la fraction augmentera indéfiniment et deviendra plus grande que toute quantité assignable.

Or, quand une quantité augmente ainsi de manière à devenir plus grande que toute quantité assignable, on dit qu'elle tend à devenir *infinie*; donc la valeur d'une fraction dont le dénominateur est zéro, sans que son numérateur le soit, est *infinie*. Une telle valeur se représente par le signe ∞.

Cela posé, nous devons conclure que, dans l'hypothèse $v = v'$, la valeur trouvée pour x est infinie; c'est-à-dire que les deux mobiles ne se rencontreront jamais. C'est, en effet, ce qui a lieu : puisqu'ils ont la même vitesse, ils doivent toujours être à d mètres l'un de l'autre.

En nous donnant une valeur infinie pour x, l'algèbre nous indique que, lorsque $v = v'$, il faudrait, pour vérifier l'équation (1), remplacer x par une quantité plus

grande que toute quantité assignable, ce qui ne se peut
pas ; de sorte que cette équation exprime alors une
condition impossible à remplir ; en d'autres termes, elle
est absurde. En effet, si nous faisons $v = v'$, elle devient

$$\frac{x}{v} = \frac{x - d}{v},$$

équation évidemment absurde, puisque des fractions
qui ont le même dénominateur et des numérateurs différents ne peuvent être égales.

D'ailleurs, en reprenant l'énoncé et en observant que
les mobiles partent, au même instant, de points éloignés
de d mètres et vont également vite, nous voyons que la
distance qui les sépare doit rester constante et, par
suite, qu'ils ne peuvent se rencontrer.

149. Reprenons la valeur de x

$$x = \frac{dv}{v - v'}, \qquad (1)$$

que nous avons déduite de l'équation

$$(v - v')\, x = dv ;$$

si, dans cette dernière, nous faisons $v = v'$ et $d = 0$, elle
devient

$$0 \times x = 0,$$

et celle-ci sera satisfaite, quelle que soit la valeur de x ;
puisque tout nombre multiplié par zéro donne zéro pour
produit. Mais, dans la double hypothèse que nous exami-

nons, la valeur de x donnée par l'équation (1) se présente sous la forme $\dfrac{0}{0}$; nous pouvons donc conclure que le symbole $\dfrac{0}{0}$ est un symbole d'*indétermination*.

En reprenant encore l'énoncé et en observant que, si les deux mobiles partent au même instant du même point et vont également vite, nous voyons qu'ils doivent être toujours ensemble et, par conséquent, se rencontrer en tous les points de la ligne qu'ils parcourent.

150. Enfin, pour compléter cette discussion, examinons ce que devient la valeur de x, dans le premier cas et dans le second, pour l'hypothèse $d = 0$; cette valeur se présente alors sous la forme

$$x = \frac{0}{m};$$

or, le quotient d'une division dont le dividende est nul et le diviseur un nombre quelconque m ne saurait être que zéro ; la rencontre a donc lieu au point de départ. Et, en effet, les deux mobiles qui, à un instant donné, sont au même point A et ont des vitesses inégales, se séparent pour ne plus se rencontrer.

151. Remarque I. Nous venons de voir, dans la discussion précédente, que lorsque $v < v'$, l'équation (1) donne pour x une valeur négative. Or, si nous supposons que v' diminue, les valeurs correspondantes de x restent négatives, mais en augmentant numériquement jusqu'à l'infini, ce qui a lieu pour $v = v'$. Ainsi, selon que v' décroîtra jusqu'à devenir égal à v, ou bien que v diminuera jusqu'à devenir égal à v', la valeur de x tendra vers l'*infini négatif* ou vers l'*infini positif*.

Les solutions infinies peuvent donc être *positives* ou *négatives*.

152. Lorsque la formule qui fournit la solution d'un problème se présente sous la forme $\dfrac{m}{0}$, par suite de valeurs particulières attribuées aux données, l'équation qui l'a fournie est alors impossible. Mais il n'en est pas toujours ainsi du problème qui y a conduit; on peut seulement affirmer que la quantité prise pour inconnue cesse alors d'exister. Prenons pour exemple la question suivante :

PROBLÈME. *Deux cercles de rayons* R *et* r, *non intérieurs l'un à l'autre, sont situés dans un même plan; la distance de leurs centres est* d. *On demande le point où la tangente commune extérieure rencontre la droite qui joint les centres.*

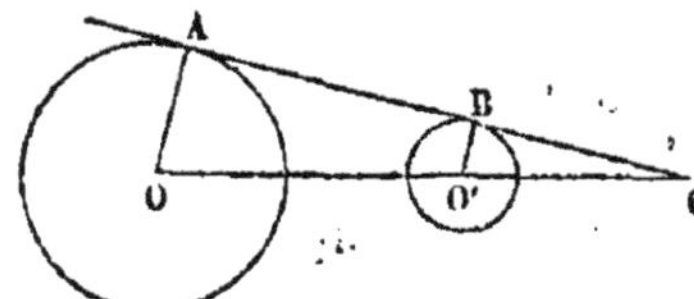

Désignons par x la distance O'C et menons les rayons OA, O'B, les triangles semblables AOC, BO'C donnent immédiatement

$$\frac{OC}{O'C} = \frac{OA}{O'B},$$

ou bien

$$\frac{x+d}{x} = \frac{R}{r};$$

d'où nous tirons

$$x = \frac{dr}{R-r}.$$

A mesure que la différence $R-r$ diminue, x augmente et le point C s'éloigne; quand les deux cercles sont égaux, c'est-à-dire quand $R = r$, x devient infinie ; mais alors le point de rencontre n'existe plus et la tangente est parallèle à la ligne des centres. C'est précisément dans ce résultat que consiste la solution du problème.

153. REMARQUE II. Lorsqu'en résolvant un problème, on trouve pour l'inconnue ou pour les inconnues des valeurs de la forme $\dfrac{0}{0}$, il ne faut pas se hâter d'affirmer qu'il y a indétermination complète ; mais il peut arriver que cette indétermination ne soit qu'apparente et qu'elle tienne à la présence d'un facteur commun aux deux termes, facteur qui devient nul par suite d'hypothèses particulières. *On doit alors, avant toute hypothèse, supprimer ce facteur commun et faire ensuite, dans la formule simplifiée, les hypothèses convenues. On obtiendra ainsi la vraie valeur de l'inconnue, pour ce cas particulier.*

Supposons, par exemple, qu'on ait trouvé, comme solution d'un problème

$$x = \frac{2a^2 - 3ab + b^2}{a^2 - b^2}$$

et que la discussion amène à faire $b = a$; les deux termes s'annulent, et la fraction prend la forme $\dfrac{0}{0}$. Mais si l'on remarque que $2a^2 - 3ab + b^2 = (2a - b)(a - b)$ et que $a^2 - b^2 = (a + b)(a - b)$, la valeur de x peut s'écrire

$$x = \frac{(2a - b)(a - b)}{(a + b)(a - b)},$$

ou, en supprimant le facteur $(a - b)$ commun aux deux termes,

$$x = \frac{2a - b}{a + b},$$

formule qui devient pour $b = a$

$$x = \frac{a}{2a} = \frac{1}{2}.$$

Supposons encore qu'on ait la formule

$$x = \frac{a^2 - b^2}{(a-b)^2};$$

pour $b = a$, elle se présente aussi sous la forme $\frac{0}{0}$; mais elle peut s'écrire

$$x = \frac{(a + b)\,(a - b)}{(a - b)\,(a - b)},$$

ou, en supprimant le facteur $(a - b)$ commun aux deux termes,

$$x = \frac{a + b}{a - b},$$

et devient pour $b = a$

$$x = \frac{2a}{0}.$$

CHAPITRE VIII

FORMULES GÉNÉRALES POUR LA RÉSOLUTION DES ÉQUATIONS DU PREMIER DEGRÉ. — DISCUSSION DE CES FORMULES.

1° ÉQUATIONS A UNE SEULE INCONNUE.

154. Une équation du premier degré à une seule inconnue peut toujours, au moyen des transformations usitées, être ramenée à la forme

$$ax = b, \qquad (1)$$

a désignant la somme algébrique des quantités qui multiplient l'inconnue et b la somme algébrique des termes tout connus. Cette équation donne, en divisant ses deux membres par a,

$$x = \frac{b}{a}. \qquad (2)$$

Mais cette formule n'est équivalente à l'équation (1) qu'autant que a est différent de zéro (97).

155. DISCUSSION. Il peut arriver que pour des hypothèses particulières les quantités a et b soient toutes deux différentes de zéro ; que l'une d'elles s'annule ou qu'elles s'annulent toutes deux à la fois. De là quatre cas que nous allons examiner.

1er cas. $\begin{cases} b \gtrless 0 ; \\ a \gtrless 0 ; \end{cases}$ La formule (2) donne pour x une

valeur unique, puisqu'il n'y a qu'un seul nombre qui, multiplié par a, puisse reproduire b. Cette valeur est d'ailleurs positive ou négative, selon que a et b ont des signes semblables ou des signes contraires.

2e cas. $\begin{cases} b = 0 ; \\ a \gtrless 0 ; \end{cases}$ La formule (2) devient

$$x = \frac{0}{a} ;$$

Une valeur de cette forme n'est autre que *zéro ;* car *zéro* divisé par une quantité quelconque donne évidemment *zéro* pour quotient.

3e cas. $\begin{cases} b \gtrless 0 ; \\ a = 0 ; \end{cases}$ La valeur de x se présente sous la forme

$$x = \frac{b}{0} ;$$

Remarquons d'abord que nous ne savons pas si une pareille expression peut être légitimement déduite de l'équation (1); car il faut pour cela diviser ses deux membres par une quantité nulle, ce qui n'est point permis (97). Or, cette équation se réduit alors à

$$0 \times x = b,$$

et ne saurait, par conséquent, être satisfaite par aucune valeur de x. L'hypothèse $a = 0$ répond donc à un cas d'impossibilité.

4e cas. $\begin{cases} b = 0; \\ a = 0; \end{cases}$ La formule (2) donne pour x une

valeur de la forme

$$x = \frac{0}{0}.$$

Comme nous ignorons si une pareille expression peut être légitimement déduite de l'équation (1), puisqu'il faudrait diviser ses deux membres par zéro, remontons à l'équation même. Dans l'hypothèse actuelle, cette équation devient

$$0 \times x = 0;$$

elle sera satisfaite, quelle que soit la valeur attribuée à x; il y a, par conséquent, indétermination.

Le tableau suivant résume la discussion qui précède :

1° $\begin{cases} b \gtrless 0; \\ a \gtrless 0; \end{cases}$ *Valeur unique positive ou négative;*

2° $\begin{cases} b = 0; \\ a \gtrless 0; \end{cases}$ *Valeur égale à zéro;*

3° $\begin{cases} b \gtrless 0; \\ a = 0; \end{cases}$ *Impossibilité;*

4° $\begin{cases} b = 0; \\ a = 0; \end{cases}$ *Indétermination.*

2° ÉQUATIONS A DEUX INCONNUES.

156. Deux équations du premier degré à deux inconnues peuvent toujours être ramenées à la forme

$$ax + by = c, \qquad (1)$$
$$a'x + b'y = c'; \qquad (2)$$

les lettres a, b, c, a', b', c', désignant des quantités connues positives ou négatives. De l'équation (1) nous tirons :

$$x = \frac{c - by}{a}; \qquad (3)$$

en portant cette valeur de x dans l'équation (2) nous trouvons

$$a' \times \frac{c - by}{a} + b'y = c',$$

ou, en chassant le dénominateur a, mettant y en facteur commun et transposant

$$(ab' - ba')y = ac' - ca'; \qquad (4)$$

d'où nous tirons

$$y = \frac{ac' - ca'}{ab' - ba'}.$$

Si nous remplaçons y par cette valeur dans l'équation (3), il vient :

$$x = \frac{c - b\,\dfrac{ac' - ca'}{ab' - ba'}}{a}.$$

Pour simplifier cette expression de la valeur de x, nous réduirons la partie entière c du numérateur en une fraction ayant $(ab' - ba')$ pour dénominateur, et nous trouverons ainsi

$$x = \frac{\dfrac{c(ab' - ba') - b(ac' - ca')}{ab' - ba'}}{a} = \frac{c(ab' - ba) - b(ac' - ca')}{a(ab' - ba')},$$

ou, en effectuant les calculs indiqués au numérateur et réduisant les termes semblables,

$$x = \frac{acb' - abc'}{a(ab' - ba')}.$$

et enfin, en supprimant le facteur a commun aux deux termes,

$$x = \frac{cb' - bc'}{ab' - ba'}.$$

Le système de valeur de x et de y, qui vérifie les équations proposées, est donc

$$x = \frac{cb' - bc'}{ab' - ba'}, \quad y = \frac{ac' - ca'}{ab' - ba'}. \qquad (5)$$

Telles sont les formules générales au moyen desquelles nous pouvons résoudre immédiatement un système quelconque de deux équations du premier degré à deux inconnues. La méthode, que nous avons suivie pour les obtenir, suppose que a et $(ab' - ba')$ sont différents de zéro.

L'inspection des formules précédentes conduit à cette règle :

1° *Pour former le dénominateur commun, on écrit successivement la lettre* b *à droite et à gauche de* a, *ce qui donne* ab *et* ba; *puis on sépare ces deux termes par le signe —, après avoir accentué la dernière lettre de chacun d'eux.*

2° *Pour former le numérateur d'une inconnue, on remplace dans* (ab — ba) *chacun des coefficients de cette inconnue par le second membre de celles des équations proposées où entre ce coefficient.* Ainsi, pour la valeur de x, on remplace a et a' par c et c'; et pour la valeur de y, on remplace b et b' par c et c'.

157. *Discussion.* Lorsqu'on attribue des valeurs particulières aux lettres qui entrent dans les formules générales, que nous venons de trouver, il peut arriver que les deux termes de ces formules restent différents de zéro, que l'un d'eux s'annule ou qu'ils s'annulent tous deux à la fois. De là quatre cas principaux à examiner.

1er *cas.* Si les deux termes des formules (5) sont différents de zéro, elles fournissent alors pour x et pour y des valeurs déterminées. Le système des équations proposées a une solution et une seule.

2e *cas.* Si l'un des numérateurs prend seul la valeur de zéro, celui de x par exemple, il en résulte une valeur nulle pour x, ce qui n'offre aucun caractère d'impossibilité.

Si les deux numérateurs sont nuls, sans que le dénominateur commun le soit, x et y sont nuls en même temps. C'est ce qui a lieu lorsque $c = 0$, $c' = 0$. Il est clair d'ailleurs que cela ne peut avoir lieu que dans ce cas ; car les valeurs $x = 0$ et $y = 0$ rendant nuls les premiers membres des équations (1) et (2), ces équations ne peuvent être satisfaites qu'autant que les seconds membres sont nuls.

3e *cas.* Si le dénominateur commun s'annule et que les numérateurs restent différents de zéro, les valeurs de x et de y prennent la forme $\dfrac{m}{0}$, qui est un symbole d'impossibilité.

Comme nous ne savons pas, *à priori*, si cette valeur peut être légitimement déduite des équations proposées, puisqu'il faudrait pour cela, quelle que fût d'ailleurs la méthode employée, diviser les deux membres d'une équation par zéro, nous devons remonter aux équations mêmes

$$ax + by = c,$$
$$a'x + b'y = c'.$$

Pour mieux les comparer, multiplions la première par b et la seconde par b', elles deviennent

$$\left. \begin{array}{l} ab'x + bb'y = cb' \\ ba'x + bb'y = bc' \end{array} \right\} \qquad (6)$$

Or, si $ab' - ba' = 0$, nous avons $ab' = ba'$; les premiers membres des équations (6) sont donc identiques, sans que les seconds le soient; ces deux équations et, par suite, les deux proposées, sont donc *incompatibles*.

L'impossibilité étant manifeste sur les équations comme sur les valeurs qui en sont déduites, nous pouvons regarder la déduction comme légitime.

4e *cas.* Si les deux termes de l'une des inconnues deviennent nuls, il en sera, en général, de même des deux termes de la valeur de la seconde, et ces deux valeurs se présenteront sous la forme $\dfrac{0}{0}$, qui est un symbole d'indétermination.

Supposons, par exemple, que la valeur générale de x se présente sous cette forme. L'hypothèse

$$ab' - ba' = 0; \quad cb' - bc' = 0$$

donne

$$\frac{a}{a'} = \frac{b}{b'}; \quad \frac{b}{b'} = \frac{c}{c'}$$

et, par suite,

$$\frac{a}{a'} = \frac{c}{c'}; \quad \text{d'où } ac' - ca' = 0.$$

C'est-à-dire que le numérateur de la valeur de y est nul; et, comme elle a le même dénominateur que celle de x, il s'ensuit qu'elle prend aussi la forme $\dfrac{0}{0}$.

Comme nous ignorons si ces valeurs peuvent être légitimement déduites des équations proposées, puisqu'il faudrait pour cela diviser par *zéro* les deux membres d'une même équation, nous devons remonter aux équations proposées, ou plutôt aux équations (6) que nous en avons déduites. Or, en comparant ces dernières, nous reconnaissons qu'elles sont identiques, puisque $ab' = ba'$ et $cb' = bc'$. Ces deux équations et, par suite, les proposées, rentrent l'une dans l'autre ; par conséquent, le système qu'elles forment est indéterminé.

L'indétermination se manifestant sur les équations proposées comme sur les valeurs qui en sont déduites, nous pouvons regarder la déduction comme légitime.

158. Dans ce qui précède, nous avons supposé, du moins tacitement, que a, b, a', b', étaient différents de zéro, et nous avons trouvé que les deux inconnues étaient simultanément impossibles ou indéterminées. Il n'en serait pas de même si les hypothèses introduites annulaient une ou plusieurs des quantités a, b, a', b'; nous n'examinerons que le cas où les deux coefficients d'une même inconnue se réduisent à zéro.

Supposons, par exemple, $a = 0$, $a' = 0$; les formules (5) deviennent alors

$$x = \frac{cb' - bc'}{0} \; ; \; y = \frac{0}{0} \cdot$$

Mais, si nous remontons aux équations proposées et si nous y faisons $a = 0$, $a' = 0$, elles se réduisent à

$$by = c, \quad b'y = c',$$

équations incompatibles puisqu'elles donnent pour y deux valeurs $\frac{c}{b}$ et $\frac{c'}{b'}$ qui ne sont point supposées égales.

Ainsi, *l'impossibilité se manifeste, dans ce cas, par les formes simultanées* $\frac{m}{0}$ *et* $\frac{0}{0} \cdot$

Si nous avions de plus $cb'=bc'$, les valeurs de x et de y se présenteraient toutes deux sous la forme $\dfrac{0}{0}$. Nous devons cependant remarquer que, pour la valeur de y, l'indétermination n'est qu'apparente. En effet, de la relation

$$cb' = bc',$$

nous tirons

$$c = \frac{bc'}{b'};$$

En portant cette valeur de c dans l'expression de la valeur de y, nous trouvons

$$y = \frac{ac' - \dfrac{bc'a'}{b'}}{ab' - ba'} = \frac{\dfrac{ab'c' - ba'c'}{b'}}{ab' - ba'} = \frac{c'(ab' - ba')}{b'(ab' - ba')},$$

ou, en supprimant le facteur commun $(ab' - ba')$,

$$y = \frac{c'}{b'} = \frac{c}{b}.$$

Telle est la vraie valeur de y. Donc, *lorsqu'on a en même temps* a$=0$, a'$=0$ *et* cb'$=$bc', *il y a une indétermination partielle qui se manifeste par la forme* $\dfrac{0}{0}.$

159. La discussion que nous venons de faire peut se résumer dans le tableau suivant :

$$ab'-ba' \gtrless 0 \begin{cases} ac'-ca' \gtrless 0, \\ cb'-bc' \gtrless 0. \end{cases} \begin{cases} x=\dfrac{cb'-bc'}{ab'-ba'}\,; \ y=\dfrac{ac'-ca'}{ab'-ba'}\,; \\ \textit{solution déterminée.} \end{cases}$$

$$\begin{cases} ac'-ca' \gtrless 0, \\ cb'-cb' =0. \end{cases} \begin{cases} x=0\,; \ y=\dfrac{ac'-ca'}{ab'-ba'}\,. \end{cases}$$

$$\begin{cases} ac'-ca' =0, \\ cb'-bc' =0. \end{cases} \begin{cases} x=0\,; \ y=0. \end{cases}$$

$$ab'-ba'=0 \begin{cases} ac'-ca' \gtrless 0, \\ cb'-bc' \gtrless 0. \end{cases} \begin{cases} x=\dfrac{cb'-bc'}{0}\,; \ y=\dfrac{ac'-ca'}{0}\,; \\ \textit{impossibilité,} \end{cases}$$

$$\begin{cases} ac'-ca' =0, \\ cb'-bc' =0. \end{cases} \begin{cases} x=\dfrac{0}{0}\,; \ y=\dfrac{0}{0}\,; \textit{indétermina-} \\ \textit{tion.} \end{cases}$$

$$ab'-ba'=0 \begin{cases} a=0,\ a'=0, \\ cb'-bc' \gtrless 0. \end{cases} \begin{cases} x=\dfrac{cb'-bc'}{0}\,; \ y=\dfrac{0}{0}\,; \textit{impos-} \\ \textit{sibilité.} \end{cases}$$

$$\begin{cases} a=0,\ a'=0. \\ cb'=bc'. \end{cases} \begin{cases} x=\dfrac{0}{0}\,; \ y=\dfrac{c}{b}=\dfrac{c'}{b'}\,; \textit{indéter-} \\ \textit{mination partielle.} \end{cases}$$

CHAPITRE IX

DES INÉGALITÉS.

160. La relation, qui existe entre les données et les inconnues d'un problème, est quelquefois exprimée par une inégalité. La discussion des problèmes résolus au moyen d'équations, conduit de même à la considération des inégalités. Il importe donc de connaitre leurs propriétés qui ont, au reste, beaucoup d'analogie avec celles des équations. Elles reposent sur les deux axiômes suivants :

1° *Un nombre* a *est plus grand qu'un nombre* b *quand la différence* (a — b) *est positive.*

2° *La différence de deux nombres n'est pas changée, lorsqu'on augmente ou qu'on diminue ces deux nombres de la même quantité.*

Ceci posé, il est facile d'établir les principes qui suivent :

161. THÉORÈME. *On peut, sans changer le sens d'une inégalité, augmenter ou diminuer ses deux membres de la même quantité.*

Soit, en effet, l'inégalité

$$a > b \, ;$$

la différence $a - b$ étant positive, il en sera de même de la différence $(a \pm m) - (b \pm m)$ qui lui est égale (160, 2°); donc (160, 1°)

$$a \pm m > b \pm m.$$

162. COROLLAIRE. *On peut transposer un terme d'un membre d'une inégalité dans l'autre, pourvu qu'on change le signe de ce terme;* car cela revient à augmenter ou à diminuer de la même quantité les deux membres de cette inégalité.

163. THÉORÈME. *On peut, sans changer le sens d'une inégalité, multiplier ou diviser ses deux membres par une même quantité positive; mais le sens de l'inégalité change, si cette quantité est négative.*

1° Multiplions et divisons d'abord par la quantité positive $+m$ les deux membres de l'inégalité

$$a > b.$$

La différence $a - b$ étant positive, son produit et son quotient par $+m$ seront eux-mêmes positifs; nous aurons donc

$$am - bm > 0 \text{ et } \frac{a}{m} - \frac{b}{m} > 0.$$

et par suite (160, 2°)

$$am > bm \text{ et } \frac{a}{m} > \frac{b}{m}.$$

2° Si maintenant nous multiplions et divisons la même différence positive $a - b$ par $-m$, les résultats seront négatifs; donc

$$-m\,(a - b) < 0 \text{ et } \frac{(a - b)}{-m} < 0,$$

ou, en supprimant les parenthèses et transposant,

$$-am < -bm \text{ et } -\frac{a}{m} < -\frac{b}{m}.$$

164. COROLLAIRE I: *On peut, dans une inégalité, changer le signe de tous les termes, pourvu qu'on change le sens de l'inégalité.* Cela revient à multiplier par (-1) les deux membres de cette inégalité.

165. COROLLAIRE II. *On peut transformer une inégalité dont les termes sont fractionnaires en une autre dont les termes sont entiers.* Il suffit, pour cela, de réduire au même dénominateur tous les termes de l'inégalité proposée, puis de supprimer ce dénominateur;

suivant qu'il est positif ou négatif, l'inégalité résultante est de même sens ou de sens contraire.

166. THÉORÈME. *On peut ajouter membre à membre plusieurs inégalités de même sens ; l'inégalité résultante est de même sens que les proposées.*

Soient, en effet, les inégalités de même sens

$$a > b, \ c > d;$$

les différences $(a - b)$, $(c - d)$ étant positives, leur somme le sera pareillement ; nous aurons donc

$$(a - b) + (c - d) > 0,$$

ou, en transposant b et d dans le second membre,

$$a + c > b + d.$$

167. THÉORÈME. *On peut retrancher membre à membre deux inégalités de sens contraires ; l'inégalité résultante a le sens de celle dont on retranche.*

Soient, en effet, les inégalités

$$a > b, \ c < d; \ .$$

la différence $(a - b)$ étant positive et la différence $(c - d)$ négative, nous avons évidemment

$$(a - b) - (c - d) > 0,$$

ou, en supprimant les parenthèses,

$$a - b - c + d > 0,$$

et, en transposant b et d,

$$a - c > b - d.$$

168. THÉORÈME. *On peut multiplier membre à membre plusieurs inégalités de même sens, dont tous les* *membres sont des quantités positives; l'inégalité résultante est de même sens que les proposées.*

Soient, en effet, les inégalités de même sens

$$a > b \text{ et } c > d;$$

les quatre quantités a, b, c, d étant positives, nous avons évidemment

$$ac > bd,$$

puisque les facteurs du produit ac sont plus grands que ceux du produit bd.

169. Théorème. *On peut diviser membre à membre deux inégalités de sens contraires, mais dont tous les membres sont positifs; l'inégalité résultante est de même sens que celle qui a été divisée.*

Soient, en effet, les inégalités

$$a > b, \ c < d;$$

nous avons évidemment

$$\frac{a}{c} > \frac{b}{d},$$

puisque le premier dividende est plus grand que le second et que le premier diviseur est, au contraire, plus petit que le second.

170. Théorème. *On peut, sans changer le sens d'une inégalité, élever ses deux membres à la même puissance, quand ses deux membres sont des quantités positives, et à la même puissance impaire, quand ils sont des quantités quelconques.*

Soit l'inégalité

$$a > b; \qquad (1)$$

5.

1° Si a et b sont des quantités positives, nous aurons

$$a^m > b^m,$$

m étant un nombre positif quelconque; car la valeur absolue de a étant plus grande que celle de b, la valeur absolue de a^m sera aussi plus grande que celle de b^m.

2° Supposons a et b négatifs; alors, en mettant le signe en évidence, l'inégalité (1) devient

$$- a > - b;$$

et la valeur absolue de a est plus petite que celle de b.

Mais (35), les puissances impaires des quantités négatives étant elles-mêmes négatives, nous aurons donc encore

$$- a^{2m+1} > - b^{2m+1}.$$

171. THÉORÈME. *On peut, sans changer le sens d'une inégalité, extraire de ses deux membres une racine de degré pair, si l'on prend pour racines des quantités positives, et une racine de degré impair, si l'on prend pour racines des quantités quelconques.*

1° Soit d'abord à extraire la racine de degré pair $2m$ des deux membres de l'inégalité

$$a > b,$$

la valeur absolue de a étant plus grande que celle de b. $\sqrt[2m]{a}$ sera aussi plus grand que $\sqrt[2m]{b}$; donc, si ces racines sont quantités positives, nous aurons

$$\sqrt[2m]{a} > \sqrt[2m]{b}.$$

2° Supposons maintenant que la racine à extraire soit

de degré impair $2m + 1$, nous aurons donc, dans tous les cas,

$$\sqrt[2m+1]{a} > \sqrt[2m+1]{b},$$

puisque toute racine de degré impair conserve le signe de la quantité dont on l'extrait.

RÉSOLUTION D'UNE INÉGALITÉ DU PREMIER DEGRÉ A UNE SEULE INCONNUE.

172. DÉFINITIONS. Une inégalité à une inconnue est dite *du premier degré*, lorsqu'elle peut se ramener à la forme

$$ax > b;$$

les lettres a et b désignant des quantités données qui peuvent être positives ou négatives.

Résoudre cette inégalité, c'est chercher les valeurs qu'il faut donner à x, pour que le premier membre surpasse le second.

173. La résolution des inégalités est soumise aux mêmes règles que celles des équations.

Ainsi, soit à résoudre l'inégalité

$$\frac{x}{d} + c > b + \frac{x}{a}.$$

En chassant les dénominateurs, nous trouvons

$$ax + adc > abd + dx,$$

et, en transposant,

$$ax - dx > abd - adc,$$

ou, en mettant x en facteur commun,

$$(a - d)\, x > abd - adc;$$

d'où nous tirons

$$x > \frac{ad\,(b - c)}{a - d},$$

ou

$$x < \frac{ad\,(b - c)}{a - d},$$

suivant que le dénominateur $(a - d)$ est positif ou né-gatif (163). Dans le premier cas, la quantité $\dfrac{ad\,(b - c)}{a - d}$ est *une limite inférieure de* x; c'est-à-dire que, pour vérifier l'inégalité proposée, nous pouvons assigner à x toutes les valeurs imaginables plus grandes que $\dfrac{ad\,(b - c)}{a - d}$.

Dans le second cas, cette même quantité est *une limite supérieure de* x; de sorte que x peut prendre toutes les valeurs plus petites que cette limite.

DEUXIÈME PARTIE

CHAPITRE I

ÉQUATIONS DU SECOND DEGRÉ A UNE SEULE INCONNUE.—
RELATIONS ENTRE LES RACINES ET LES COEFFICIENTS
DE L'ÉQUATION $x^2 + px + q = 0$.

1° RÉSOLUTION DE L'ÉQUATION DU SECOND DEGRÉ A UNE INCONNUE.

174. Définitions. Une équation à une seule inconnue x est dite du *second degré* lorsque, tous ses termes étant entiers par rapport à x, le terme qui contient l'inconnue à la plus haute puissance est du second degré.

Une telle équation ne doit évidemment renfermer que trois sortes de termes : des termes en x^2, des termes en x et des termes indépendants de x ou tout connus ; elle peut donc toujours se ramener à la forme générale

$$ax^2 + bx + c = 0,$$

a, b, c étant des nombres donnés positifs ou négatifs ; il suffit, pour cela, de faire passer tous les termes dans le premier nombre, de réunir en un seul les termes en x^2, d'opérer de même pour les termes en x et pour les termes connus. Soit, comme exemple, l'équation

$$3x - \frac{2}{5} + \frac{x^2}{9} = 8 - \frac{2x^2}{3} - \frac{26x}{15};$$

en chassant les dénominateurs et faisant passer tous les termes dans le premier membre, elle devient

$$5x^2 + 30x^2 + 135x + 78x - 360 - 18 = 0,$$

et, après réduction des termes semblables,

$$35x^2 + 213x - 378 = 0.$$

Le coefficient a ne peut pas être nul, car l'équation cesserait d'être du second degré ; mais le coefficient b ou le terme connu c peuvent être égaux à zéro : l'équation prend alors l'une des deux formes

$$ax^2 + c = 0, \quad ax^2 + bx = 0;$$

on dit, dans l'un et l'autre cas, qu'elle est *incomplète*.

175. Considérons d'abord l'équation

$$x^2 = 25$$

qui n'a pas de terme du premier degré. *Résoudre* cette équation, c'est chercher un nombre qui élevé au carré reproduise 25. Or, le nombre positif $+5$ et le nombre négatif -5 satisfont également à cette condition : ils sont donc tous les deux racines de l'équation proposée, qui n'en admet pas d'autre, puisque le carré de tout autre nombre, positif ou négatif, est différent de 25. Ce résultat s'écrit :

$$x = \pm 5$$

et s'énonce x égale *plus ou moins* 5.

Soit, plus généralement, l'équation

$$x^2 = A.$$

Supposons A positif, et représentons par $\sqrt{A}$ le nombre qui, élevé au carré, reproduit A. L'équation proposée admet les deux racines $+\sqrt{A}$ et $-\sqrt{A}$, et elle n'admet pas d'autre. Ces deux racines sont données par la formule

$$x = \pm\sqrt{A}.$$

Proposons-nous, en second lieu, de résoudre l'équation incomplète de la forme

$$ax^2 + bx = 0;$$

en mettant x en facteur commun, elle devient

$$(ax + b)\, x = 0.$$

Or, pour qu'un produit de deux facteurs soit nul, il faut et il suffit que l'un d'eux égale zéro ; nous aurons donc toutes les solutions de l'équation en posant

$$x = 0, \quad ax + b = 0,$$

équations du premier degré qui donnent

$$x = 0; \quad x = -\frac{b}{a}.$$

Ainsi, dans ce cas, l'équation a encore deux racines dont l'une est toujours nulle.

176. Considérons maintenant l'équation complète

$$ax^2 + bx + c = 0.$$

Si nous divisons tous ses termes par a, nous avons

$$x^2 + \frac{b}{a}\, x + \frac{c}{a} = 0,$$

et, en posant pour abréger $\dfrac{b}{a} = p,\ \dfrac{c}{a} = q,$

$$x^2 + px + q = 0. \qquad (1)$$

Telle est l'équation qu'il s'agit de résoudre. Rien ne serait plus facile, si nous pouvions lui donner la forme

$$(x + m)^2 = n,$$

n étant un nombre positif; car cette dernière nous montre qu'il faut choisir x de manière que le carré de $(x + m)$ égale n; par conséquent $(x + m)$ est la racine carrée de n; et, comme cette racine a les deux valeurs $+ \sqrt{n}$ et $- \sqrt{n}$, nous avons

$$x + m = \pm \sqrt{n}$$

et, par suite,

$$x = - m \pm \sqrt{n}.$$

Revenons donc à l'équation (1), et cherchons à lui donner la forme $(x + m)^2 = n$. En transposant q dans le second membre, nous avons

$$x^2 + px = - q. \qquad (2)$$

Mais le carré d'un binôme se composant de trois parties, savoir : du carré de son premier terme, du double produit de son premier terme par le second, et du carré du second, nous pouvons regarder x^2 et px comme les deux premières parties du carré d'un binôme dont x est le premier terme et $\dfrac{p}{2}$ le second. Par conséquent, si aux deux membres de l'équation (2) nous ajoutons $\dfrac{p^2}{4}$ carré de $\dfrac{p}{2}$, nous obtenons l'équation équivalente

$$x^2 + px + \frac{p^2}{4} = \frac{p^2}{4} - q,$$

dont le premier membre est le carré de $\left(x + \dfrac{p}{2}\right)$ et, par suite, peut s'écrire

$$\left(x + \frac{p}{2}\right)^2 = \frac{p^2}{4} - q.$$

Supposons $\dfrac{p^2}{4} - q$ positif; en raisonnant pour cette dernière équation comme pour l'équation de même forme $(x + m)^2 = n$, nous en tirons d'abord

$$x + \frac{p}{2} = \pm \sqrt{\frac{p^2}{4} - q},$$

puis,

$$x = -\frac{p}{2} \pm \sqrt{\frac{p^2}{4} - q}.$$

Ainsi, quand $\dfrac{p^2}{4} - q$ est positif, l'équation (1) a deux racines inégales qu'on obtient de la manière suivante : *on prend la moitié du coefficient du terme du premier degré changé de signe ; on y ajoute et on en retranche successivement la racine carrée du résultat obtenu en soustrayant du carré de cette moitié le terme tout connu.*

En désignant par x' et x'' ces deux racines, nous avons

$$x' = -\frac{p}{2} + \sqrt{\frac{p^2}{4} - q} \quad \text{et} \quad x'' = -\frac{p}{2} - \sqrt{\frac{p^2}{4} - q}.$$

177. Reprenons l'équation générale

$$ax^2 + bx + c = 0, \qquad (3)$$

et cherchons à la résoudre sans diviser tous ses termes par a. Pour cela, transposons c dans le second membre et multiplions par $4a$ les deux membres de l'équation résultante, ce qui est permis, puisque a n'est pas nul (97); nous obtenons ainsi l'équation équivalente

$$4a^2x^2 + 4abx = -4ac.$$

Nous reconnaissons sans peine que le premier membre se compose des deux premiers termes du carré de $(2ax + b)$ et qu'il ne manque que b^2 pour compléter ce carré. Si donc nous ajoutons b^2 aux deux membres, l'équation devient

$$4a^2x^2 + 4abx + b^2 = b^2 - 4ac,$$

ou

$$(2ax + b)^2 = b^2 - 4ac.$$

Cette dernière est de la forme $(x + m)^2 = n$; nous en tirons, $b^2 - 4ac$ étant supposé positif,

$$2ax + b = \pm \sqrt{b^2 - 4ac}$$

et, par suite,

$$x = \frac{-b \pm \sqrt{b^2 - 4ac}}{2a},$$

formule qui nous montre que, lorsque $b^2 - 4ac$, est positif, l'équation (3) a deux racines qu'on obtient *en prenant le coefficient du terme du premier degré changé de signe; en ajoutant et en retranchant de ce coefficient la racine carrée de son carré moins quatre fois le produit du coefficient de* x^2 *par le terme tout connu, puis en divisant le résultat par le double du coefficient de* x^2.

178. Lorsque le coefficient b est divisible par 2, la formule précédente peut se simplifier. Posons, en effet, $b = 2b'$; cette formule devient

$$x = \frac{-2b' \pm \sqrt{4b'^2 - 4ac}}{2a};$$

mais, $\sqrt{4b'^2 - 4ac} = \sqrt{4(b'^2 - ac)} = 2\sqrt{b'^2 - ac}$; par conséquent,

$$x = \frac{-2b' \pm 2\sqrt{b'^2 - ac}}{2a},$$

ou, en divisant les deux termes par 2,

$$x = \frac{-b' \pm \sqrt{b'^2 - ac}}{a}:$$

Ainsi, pour trouver les racines dans ce cas, *il faut prendre la moitié du coefficient du terme du premier degré changé de signe, ajouter et retrancher la racine carrée du carré de cette moitié moins le produit du coefficient de* x^2 *par le terme tout connu; puis diviser le résultat par le coefficient de* x^2.

179. Les trois formules

$$x = -\frac{p}{2} \pm \sqrt{\frac{p^2}{4} - q} \qquad (1)$$

$$x = \frac{-b \pm \sqrt{b^2 - 4ac}}{2a}; \qquad (2)$$

$$x = \frac{-b' \pm \sqrt{b'^2 - ac}}{a} \qquad (3)$$

doivent être retenues par cœur; nous allons les appliquer à quelques exemples.

Exemple I. Soit à résoudre l'équation

$$x^2 - 5x + 6 = 0;$$

la formule (1) donne immédiatement

$$x = \frac{5}{2} \pm \sqrt{\frac{25}{4} - 6},$$

ou, en réduisant l'entier en fraction de même espèce sous le radical

$$x = \frac{5}{2} \pm \sqrt{\frac{25 - 24}{4}} = \frac{5}{2} \pm \sqrt{\frac{1}{4}},$$

et, en extrayant la racine carrée,

$$x = \frac{5 \pm 1}{2};$$

ce qui donne les deux valeurs

$$x' = 3 \quad \text{et} \quad x'' = 2,$$

qui satisfont à l'équation proposée.

Exemple II. Soit encore l'équation

$$3x^2 - 5x - 2 = 0;$$

la formule (2) donne

$$x = \frac{5 \pm \sqrt{25 + 4 \times 3 \times 2}}{6}$$

ou bien,

$$x = \frac{5 \pm \sqrt{25 + 24}}{6} = \frac{5 \pm 7}{6};$$

d'où nous déduisons

$$x' = 2 \text{ et } x'' = -\frac{1}{3}.$$

Exemple III. Soit enfin l'équation

$$3x^2 - 14x + 13 = 0;$$

le coefficient de x étant divisible par 2, la formule (3) donne

$$x = \frac{7 \pm \sqrt{49 - 39}}{3} = \frac{7 \pm \sqrt{10}}{3};$$

d'où nous déduisons

$$x' = \frac{7 + \sqrt{10}}{3} \text{ et } x'' = \frac{7 - \sqrt{10}}{3}.$$

179. CAS OU L'ÉQUATION CONTIENT DES RADICAUX. Lorsque l'équation proposée contient des termes précédés du signe $\sqrt{\ }$, on commence par rendre ces termes rationnels, en employant la méthode du numéro 102. Mais, comme cette méthode introduit, en général, des solutions étrangères, il faut, après avoir résolu l'équation résultante, étudier les solutions obtenues et rejeter comme étrangères celles qui ne vérifient pas l'équation proposée.

Exemple IV. Soit à résoudre l'équation

$$4 + \sqrt{9 - x} = x - 5.$$

Isolons le radical dans le premier membre et élevons au carré les deux membres de l'équation résultante

$$\sqrt{9 - x} = x - 9,$$

nous trouverons

$$x^2 - 17\,x + 72 = 0.$$

La formule (1) donne immédiatement

$$x = \frac{17}{2} \pm \sqrt{\frac{289}{4} - 72} = \frac{17 \pm 1}{2};$$

d'où nous déduisons

$$x' = 9 \text{ et } x'' = 8.$$

On peut reconnaître aisément que ces deux valeurs vérifient la transformée $x^2 - 17\,x + 72 = 0$; mais que la valeur $x' = 9$ convient seule à la proposée.

EXERCICES

Résoudre les équations suivantes :

1. $x^2 - 6x - 27 = 0 \cdot$ *Réponse.* $x'=9,$ $x''= -3.$

2. $x^2 - 10x + 9 = 0.$ » $x'=9,$ $x'' = 1.$

3. $x^2 - 4x + 3 = 0.$ » $x'=3,$ $x'' = 1.$

4. $3x^2 - 17x + 10 = 0.$ » $x'=5,$ $x'' = \dfrac{2}{3}.$

5. $3x^2 - 2x - 65 = 0.$ » $x'=5,$ $x'' = -\dfrac{13}{3}.$

6. $\dfrac{x^2}{2} - \dfrac{x}{2} = 9.$ » $x'=6,$ $x'' = -\dfrac{9}{2}.$

7. $\dfrac{6}{x+1} + \dfrac{2}{x} = 3.$ » $x'=2,$ $x'' = -\dfrac{1}{3}.$

8. $\dfrac{x}{2} + \dfrac{3}{x} = \dfrac{x+13}{3x}.$ » $x'=2,$ $x'' = -\dfrac{4}{3}.$

9. $\dfrac{x}{x+1} + \dfrac{x+1}{x} = \dfrac{13}{6}.$ » $x'=2,$ $x'' = -3.$

10. $\dfrac{2x+4a}{a+b} - \dfrac{a-b}{2(x-b)} = 4.$ *Réponse.* $x' = \dfrac{3b+a}{2}, x'' = \dfrac{3b-a}{2}.$

11. $\dfrac{8}{a^2} - \dfrac{4x}{b} + \dfrac{3}{b^2} = \dfrac{14}{ab} - \dfrac{6x}{a} - x^2.$ » $x' = \dfrac{3a-2b}{ab}, x'' = \dfrac{a-4b}{ab}.$

2° DISCUSSION DE L'ÉQUATION DU SECOND DEGRÉ.

180. Reprenons d'abord l'équation

$$x^2 + px + q = 0, \qquad (1)$$

d'où nous avons tiré (176)

$$x = -\frac{p}{2} \pm \sqrt{\frac{p^2}{4} - q}. \qquad (2)$$

Ces valeurs de x, étant composées d'une partie rationnelle et d'un radical, dépendent évidemment de la quantité placée sous le radical. Or cette quantité peut être positive, nulle ou négative ; de là trois cas à considérer.

1er *cas.* $\dfrac{p^2}{4} - q > 0.$ C'est l'hypothèse que nous avons faite en résolvant l'équation (1) et nous avons trouvé pour x deux valeurs *inégales* données par la formule (2).

2° *cas.* $\dfrac{p^2}{4} - q = 0.$ L'équation (1) n'admet que la seule solution $x = -\dfrac{p}{2}.$ Cependant, on dit qu'elle a deux racines, mais qu'elles sont *égales*. Voici pourquoi on s'exprime ainsi :

Supposons la quantité $\dfrac{p^2}{4} - q$ positive, mais très-petite ; l'équation (1) a deux racines qui diffèrent de $-\dfrac{p}{2}$ de la quantité très-petite $\sqrt{\dfrac{p^2}{4} - q}.$ Si cette quantité diminue de plus en plus et tend vers zéro, les deux racines s'approchent de plus en plus de $-\dfrac{p}{2}$, et elles deviennent égales à $-\dfrac{p}{2}$, quand la quantité $\dfrac{p^2}{4}-q$ est nulle.

3e *cas.* $\dfrac{p^2}{4}\ q<0$. — Nous avons alors à extraire la racine carrée d'une quantité négative, ce qui est impossible, puisque le carré d'un nombre quelconque, positif ou négatif, étant un nombre positif, la racine carrée des nombres négatifs n'existe pas. L'équation (1) n'admet donc alors aucune solution : cependant, on dit encore qu'elle a deux racines *imaginaires*. Par opposition, on nomme *réelles* les racines qui vérifient l'équation, dans l'hypothèse $\dfrac{p^2}{4}-q>0$.

181. EXPRESSIONS IMAGINAIRES. On désigne, en général, sous le nom d'*expression imaginaire* la racine carrée d'un nombre négatif. Il ne faut attacher à cette locution aucune idée relative à la mesure des grandeurs; c'est une pure notation qu'on introduit en algèbre dans un but de généralisation et qu'on définit par la condition que le carré de $\sqrt{-a^2}$ égale $-a^2$.

182. Si nous représentons par α la quantité réelle $-\dfrac{p}{2}$ et par $-\beta^2$ la quantité négative $\dfrac{p^2}{4}-q$, les racines imaginaires de l'équation (1) deviennent

$$x=\alpha\pm\sqrt{-\beta^2},$$

ou

$$x=\alpha\pm\sqrt{\beta^2(-1)}.$$

En convenant d'appliquer aux expressions imaginaires les règles établies pour le calcul des quantités réelles, positives ou négatives, nous pouvons faire sortir β^2 du radical et mettre ces racines imaginaires sous la forme

$$x = \alpha \pm \beta \sqrt{-1}$$

qu'on leur donne ordinairement; d'après cela, $\sqrt{-1}$ est le seul facteur imaginaire qu'elles renferment : on le définit en disant qu'il a -1 pour carré.

183. Des valeurs imaginaires, trouvées pour l'inconnue d'un problème, indiquent une impossibilité. Toutefois, ces valeurs satisfont à l'équation du problème, c'est-à-dire, la changent en une égalité vérifiée. Si, par exemple, dans l'équation

$$x^2 - 8x + 25 = 0,$$

dont les racines sont

$$x = 4 \pm 3\sqrt{-1}.$$

nous remplaçons x par ces valeurs imaginaires, nous obtenons

$$(4 \pm 3\sqrt{-1})^2 - 8(4 \pm 3\sqrt{-1}) + 25 = 0$$

ou

$$16 \pm 24\sqrt{-1} - 9 - 32 \mp 24\sqrt{-1} + 25 = 0$$

184. La discusion que nous venons de faire de l'équation

$$x^2 + px + q = 0$$

peut se résumer de la manière suivante :

1er *cas*. Si $\dfrac{p^2}{4} - q > 0$, *les deux racines sont réelles et inégales*.

2e *cas.* Si $\dfrac{p^2}{4} - q = 0$, *les deux racines sont réelles et égales.*

3° *cas.* Si $\dfrac{p^2}{4} - q < 0$, *les deux racines sont imaginaires.*

REMARQUE. Lorsque q est négatif, la quantité $\dfrac{p^2}{4} - q$ est positive, quel que soit p, et l'équation a toujours ses racines réelles et inégales.

185. Considérons maintenant l'équation

$$ax^2 + bx + c = 0.$$

Nous en avons déduit (177)

$$x = \frac{-b \pm \sqrt{b^2 - 4ac}}{2a}.$$

La discussion de cette formule présente aussi trois cas ; nous pouvons la résumer ainsi :

1er *cas.* Si $b^2 - 4ac > 0$, *les deux racines sont réelles et inégales.*

2e *cas.* Si $b^2 - 4ac = 0$, *les deux racines sont réelles et égales.*

3e *cas.* Si $b^2 - 4ac < 0$, *les deux racines sont imaginaires.*

REMARQUE. Lorsque a et c sont de signes différents, la quantité $b^2 - 4ac$ est positive, et les deux racines sont toujours réelles et inégales.

3° RELATIONS ENTRE LES RACINES ET LES COEFFI-CIENTS DE L'ÉQUATION $x + px + q = 0$.

186. En désignant par x' et x'' les racines de l'équation

$$x^2 + px + q = 0,$$

nous avons trouvé

$$x' = -\frac{p}{2} + \sqrt{\frac{p^2}{4} - q},$$

$$x'' = -\frac{p}{2} - \sqrt{\frac{p^2}{4} - q}.$$

Si nous ajoutons ces deux égalités membre à membre, il vient

$$x' + x'' = -\frac{2p}{2} = -p; \qquad (1)$$

et, si nous les multiplions membre à membre,

$$x'x'' = \left(-\frac{p}{2} + \sqrt{\frac{p^2}{4} - q}\right)\left(-\frac{p}{2} - \sqrt{\frac{p^2}{4} - q}\right),$$

ou, en remarquant que le second membre de cette dernière étant le produit de la somme de deux quantités par leur différence, ce produit est égal à la différence des carrés de ces quantités,

$$x'x'' = \frac{p^2}{4} - \left(\frac{p^2}{4} - q\right) = q. \qquad (2)$$

Les relations (1) et (2) nous montrent que, *dans toute équation du second degré ramenée à la forme* $x^2 + px$

$+ q = 0$, *la somme des racines est égale au coefficient du terme du premier degré changé de signe, et leur produit égal au terme tout connu.*

187. Il suit de là : 1° *Que si deux nombres ont une somme* S *et un produit* P, *ils sont les racines de l'équation du second degré*

$$x^2 - Sx + P = 0.$$

2° *Que pour former une équation dont les racines soient deux nombres donnés, il faut prendre l'unité pour coefficient de* x^2, *la somme des deux nombres changée de signe pour coefficient de* x, *et leur produit pour terme tout connu.*

Ainsi, l'équation du second degré, qui aurait pour racines les nombres $3 + \sqrt{5}$ et $3 - \sqrt{5}$, est

$$x^2 - (3 + \sqrt{5} + 3 - \sqrt{5})x + (3 + \sqrt{5})(3 - \sqrt{5}) = 0,$$

ou, en affectant les calculs,

$$x^2 - 6x + 4 = 0.$$

188. Le principe précédent permet encore de trouver les signes des racines d'une équation du second degré, sans résoudre l'équation, lorsque ces racines sont réelles.

Il résulte, en effet, de ce principe que si q a le signe $+$ ou le signe $-$, les racines sont de même signe ou de signes contraires. Dans le premier cas, le signe commun des racines est celui de leur somme $- p$; dans le second cas, le signe de la somme $-p$ est celui de la plus grande.

Soit, par exemple, l'équation

$$x^2 - 6x + 4 = 0.$$

Les racines sont de même signe, puisque leur produit

est positif ; elles ont toutes deux le signe $+$ puisque leur somme 6 a ce signe.

Soit encore l'équation

$$3x^2 + 2x - 65 = 0,$$

en divisant tous ses termes par 3, elle devient

$$x^2 + \frac{2}{3} x - \frac{65}{3} = 0,$$

Sous cette forme nous voyons que le produit des racines est $- \frac{65}{3}$; elles sont donc de signes contraires : leur somme étant $- \frac{2}{3}$, la plus grande est négative.

Remarque. Avant d'appliquer ces règles, il faut toujours voir si les racines sont réelles, c'est-à-dire, si $\left(\frac{p^2}{4} - q \right)$ ou $(b^2 - 4\,ac)$ est plus grand que zéro.

CHAPITRE II

APPLICATIONS DIVERSES DES ÉQUATIONS DU SECOND DEGRÉ

1° RÉSOLUTION DE L'ÉQUATION BICARRÉE

189. Une équation à une seule inconnue est dite *bicarrée* lorsqu'elle ne contient que le carré et la quatrième puissance de l'inconnue ; elle peut toujours se ramener à la forme

$$ax^4 + bx^2 + c = 0. \qquad (1)$$

Si nous prenons x^2 pour inconnue, cette équation devient du second degré ; car en posant : $x^2 = y$, nous avons $x^4 = y^2$; et l'équation (1) devient

$$ay^2 + by + c = 0. \qquad (2)$$

Cette dernière donne

$$y = \frac{- b \pm \sqrt{b^2 - 4ac}}{2a}.$$

Mais de la relation $x^2 = y$, nous tirons $x = \pm \sqrt{y}$. En substituant à y la valeur que nous venons de trouver, nous aurons finalement

$$x = \pm \sqrt{\frac{- b \pm \sqrt{b^2 - 4ac}}{2a}},$$

formule qui nous montre que les racines de l'équation bicarrée sont au nombre de quatre et qu'elles sont égales deux à deux et de signes contraires.

190. DISCUSSION. 1° Si $b^2 - 4ac > 0$, les deux racines de l'équation (2) sont réelles ; elles peuvent d'ailleurs être toutes deux positives, ou toutes deux négatives : ou encore, l'une positive, l'autre négative. *Dans le premier cas, les quatre valeurs de* x *sont réelles ; elles sont imaginaires dans le second ; et dans le troisième, deux d'entre elles sont réelles et les deux autres sont imaginaires.*

2° Si $b^2 - 4ac = 0$, les racines de l'équation (2) sont réelles et égales ; et, par suite, *les valeurs de* x *sont égales deux à deux ; elles sont réelles si* b *et* a *sont de signes contraires, et imaginaires si* b *et* a *sont de même signe.*

3° Si $b^2 - 4ac < 0$, les racines de l'équation (2) et, par suite, les quatre valeurs de x sont imaginaires.

191. Traitons deux exemples numériques.

Exemple I. Soit à résoudre l'équation bicarrée

$$x^4 - 10x^2 + 9 = 0.$$

En posant $x^2 = y$, elle devient

$$y^2 - 10y + 9 = 0;$$

d'où nous tirons

$$y = 5 \pm \sqrt{16} = 5 \pm 4.$$

La première valeur $y' = 9$ donne

$$x = \pm 3,$$

et la seconde $y'' = 1$,

$$x = \pm 1.$$

Les quatre racines de l'équation proposée sont donc réelles.

Exemple II. Soit encore l'équation

$$x^4 - 6x^2 - 12 = 0.$$

En posant $x^2 = y$, elle devient

$$y^2 - 6y - 12 = 0;$$

d'où nous tirons

$$y = 3 \pm \sqrt{21}.$$

Les valeurs de y étant l'une positive, l'autre négative, l'équation proposée a deux racines réelles

$$x = \pm \sqrt{3 + \sqrt{21}},$$

et deux racines imaginaires

$$x = \pm \sqrt{3 - \sqrt{21}}.$$

2° RÉSOLUTION D'UN SYSTÈME D'ÉQUATIONS DU SECOND DEGRÉ A PLUSIEURS INCONNUES.

ÉQUATIONS A DEUX INCONNUES

192. Soit d'abord un système quelconque de deux équations à deux inconnues x et y, l'une de ces équations étant du premier degré, l'autre du second. Nous pourrons tirer de la première la valeur de y ; et, en la substituant dans la seconde, nous aurons à résoudre une équation du second degré en x seule. Ayant déterminé x, nous porterons sa valeur dans la première équation et nous en déduirons la valeur correspondante de y. Il y aura, en général, deux systèmes de valeurs, mais il pourra arriver qu'un seul convienne à la question dont l'énoncé aura fourni les deux équations proposées.

Prenons, pour exemple, les deux équations

$$y + 2x = 5,$$
$$2y^2 - 3x^2 + 10x = 25.$$

Si de la première nous tirons la valeur de y, il vient

$$y = 5 - 2x ;$$

en substituant cette valeur dans la seconde, nous obtenons l'équation du second degré.

$$x^2 - 6x + 5 = 0 ;$$

d'où nous déduisons

$$x' = 1 \quad \text{et} \quad x'' = 5.$$

En portant successivement chacune des valeurs de x dans l'équation $y = 5 - 2x$, nous obtenons les deux valeurs correspondantes de y

$$y' = 3 \quad \text{et} \quad y'' = -5.$$

193. On substitue souvent avec avantage des artifices particuliers à la méthode générale. Les plus usités consistent à prendre pour inconnues la somme et la différence des inconnues primitives, ou bien leur somme et leur produit. Les exemples suivants suffiront pour faire comprendre la marche qu'il faut alors suivre.

Exemple I. Soit à résoudre les deux équations

$$x^2 - y^2 = a,$$
$$x + y = b.$$

La première de ces deux équations peut s'écrire (44) :

$$(x+y)(x-y) = a;$$

d'où nous tirons

$$x - y = \cdot \frac{a}{x+y} = \frac{a}{b}\,.$$

Nous connaissons maintenant la somme et la différence des deux inconnues; en combinant successivement cette somme et cette différence par voie d'addition et de soustraction, nous obtenons

$$x = \frac{a+b^2}{2b} \text{ et } y = \frac{b^2-a}{2b}\,.$$

Exemple II. Soient encore les deux équations

$$x^2 + y^2 = a^2,$$
$$x + y = b.$$

En retranchant la première du carré de la seconde, nous trouvons

$$2xy = b^2 - a^2;$$

d'où

$$xy = \frac{b^2 - a^2}{2}\,.$$

Nous connaissons ainsi la somme et le produit des deux inconnues; elles sont donc les racines de l'équation du second degré (187)

$$z^2 - bz + \frac{b^2 - a^2}{2} = 0.$$

Exemple III. Soit enfin le système

$$x - y = a,$$
$$xy = b^2.$$

Si nous pouvions connaître la somme $x + y$ des deux inconnues, en combinant cette somme avec leur différence par voie d'addition et de soustraction, nous obtiendrions les valeurs de x et de y. Or, nous avons identiquement

$$(x + y)^2 = (x - y)^2 + 4xy;$$

d'où nous tirons

$$x + y = \pm \sqrt{(x - y)^2 + 4xy},$$

ou, en remplaçant $(x - y)^2$ et $4xy$, par leurs valeurs respectives a^2 et $4b^2$

$$x + y = \pm \sqrt{a^2 + 4b^2}.$$

Connaissant la somme et la différence des deux inconnues, nous en déduisons

$$x = \frac{a \pm \sqrt{a^2 + 4b^2}}{2} \text{ et } y = \frac{\pm \sqrt{a^2 + 4b^2} - a}{2}.$$

194. Considérons, en second lieu, un système quelconque de deux équations du second degré à deux inconnues x et y. En tirant de l'une d'elles la valeur de y et en la substituant dans l'autre, nous obtiendrons, en général, une équation du 4e degré en x seule. Si cette dernière est *bicarrée* ou si elle est du 2e degré, nous saurons la traiter; et, en substituant les valeurs de x que nous en aurons déduites dans l'autre des proposées, nous déterminerons les valeurs correspondantes de y.

Mais, au lieu de tirer la valeur de y de l'une des proposées et de la substituer dans l'autre, ce qui compliquerait l'équation finale de radicaux qu'il faudrait faire disparaître, il est plus simple d'éliminer d'abord y^2, en appliquant aux deux équations la méthode d'élimination par réduction (109); nous obtiendrons ainsi une équation du premier degré en y qui, avec l'une des proposées, servira à déterminer les deux inconnues.

Soient, pour exemple, les deux équations du second degré

$$24x^2 - 20xy + 5y^2 - 84 = 0, \qquad (1)$$
$$32x^2 \qquad\quad - 15y^2 + 28 = 0. \qquad (2)$$

Multiplions la première par 3 et au résultat ajoutons la seconde, il vient

$$104x^2 - 60xy - 224 = 0,$$

ou, en divisant tous les termes par 4,

$$26x^2 - 15xy - 56 = 0;$$

d'où nous tirons

$$y = \frac{26x^2 - 56}{15x}.$$

Si nous remplaçons y par cette valeur dans l'équation (2), nous trouvons, en effectuant les calculs et en chassant les dénominateurs,

$$196x^4 - 3332x^2 + 3136 = 0,$$

ou, en divisant tous les termes par 196,

$$x^4 - 17x^2 + 16 = 0,$$

équation bicarrée d'où nous déduisons

$$x' = \pm\, 4 \text{ et } x'' = \pm\, 1;$$

et, par suite,

$$y' = \pm\, 6 \text{ et } y'' = \mp\, 2.$$

195. Dans les exemples particuliers, on parvient quelquefois à éviter l'équation du 4e degré en cherchant immédiatement, non plus les valeurs des inconnues, mais leur somme et leur différence, ou leur somme et leur produit

Soient, par exemple, les deux équations

$$x^2 + y^2 = a,$$
$$xy = b.$$

En ajoutant et en retranchant membre à membre ces deux équations, après avoir multiplié la seconde par 2, nous trouvons

$$(x + y)^2 = a + 2b.$$
$$(x - y)^2 = a - 2b;$$

d'où

$$x + y = \pm \sqrt{a + 2b},$$
$$x - y = \pm \sqrt{a - 2b}.$$

Connaissant la somme et la différence des racines, nous en déduirons aisément la valeur de chacune d'elles.

ÉQUATIONS A UN NOMBRE QUELCONQUE D'INCONNUES.

196. Nous n'examinerons que quelques cas particuliers et nous ferons remarquer que, dans ce genre de question, il faut, autant que possible, éviter d'avoir à résoudre des équations d'un degré supérieur au deuxième, en cherchant à déduire des équations proposées la somme, la différence, le produit ou le rapport de deux inconnues.

Soit d'abord, pour premier exemple, le système

$$\frac{x}{a} = \frac{y}{b} = \frac{z}{c},$$

$$x^2 + y^2 + z^2 = d^2.$$

Nous pouvons le remplacer par le suivant

$$\frac{x^2}{a^2} = \frac{y^2}{b^2} = \frac{z^2}{c^2} \cdot$$

$$x^2 + y^2 + z^2 = d^2 \,;$$

mais (71)

$$\frac{x^2}{a^2} = \frac{y^2}{b^2} = \frac{z^2}{c^2} = \frac{x^2 + y^2 + z^2}{a^2 + b^2 + c^2} = \frac{d^2}{a^2 + b^2 + c^2},$$

ou, en extrayant la racine carrée de part et d'autre,

$$\frac{x}{a} = \frac{y}{b} = \frac{z}{c} = \frac{d}{\pm \sqrt{a^2 + b^2 + c^2}},$$

et, par suite,

$$x = \pm \frac{ad}{\sqrt{a^2 + b^2 + c^2}}, \quad y = \pm \frac{bd}{\sqrt{a^2 + b^2 + c^2}},$$

$$z = \pm \frac{cd}{\sqrt{a^2 + b^2 + c^2}}.$$

Considérons, en second lieu, les quatre équations à quatre inconnues

$$xt = yz, \qquad (1)$$
$$x + t = a, \qquad (2)$$
$$y + z = b, \qquad (3)$$
$$x^2 + y^2 + z^2 + t^2 = c^2. \qquad (4)$$

Nous connaissons la somme des deux inconnues x et t ainsi que la somme des deux inconnues y et z. La question serait résolue si nous connaissions leur produit commun $xt = yz$. Elevons au carré les équations (2) et (3), ajoutons les résultats membre à membre, et de leur somme retranchant l'équation (4), nous trouvons

$$2xt + 2yz = a^2 + b^2 - c^2,$$

ou bien,

$$4xt = a^2 + b^2 - c^2 ;$$

d'où nous tirons

$$xt = \frac{a^2 + b^2 - c^2}{4}.$$

Les inconnues x et t sont donc les racines de l'équation (187)

$$v^2 - av + \frac{a^2 + b^2 - c^2}{4} = 0,$$

et les inconnues y et z, les racines de l'équation

$$v^2 - bv + \frac{a^2 + b^2 - c^2}{4} = 0.$$

EXERCICES

1. $\begin{cases} x + y = 19. \\ xy = 84. \end{cases}$ *Réponse.* $\begin{cases} x = 12, \\ y = 7. \end{cases}$

$$2. \quad \begin{cases} x + y = 63, \\ \dfrac{x}{y} + \dfrac{y}{x} = 2,05. \end{cases} \quad \textit{Réponse.} \quad \begin{cases} x = 35. \\ y = 28. \end{cases}$$

$$3. \quad \begin{cases} x + y = 42, \\ x^2 - y^2 = 441. \end{cases} \quad \text{»} \quad \begin{cases} x = 26,25, \\ y = 15,75. \end{cases}$$

$$4. \quad \begin{cases} x^2 + xy + y^2 = a^2. \\ \qquad xy = b^2. \end{cases} \quad \text{»} \quad \begin{cases} x = \dfrac{\pm\sqrt{a^2+b^2} + \sqrt{a^2-3b^2}}{2}, \\[2mm] y = \dfrac{\pm\sqrt{a^2+b^2} - \sqrt{a^2-3b^2}}{2}, \end{cases}$$

$$5. \quad \begin{cases} x - y = 1, \\ x^2 + y^2 = z^2, \\ \qquad xy = 2,4z. \end{cases} \quad \text{»} \quad \begin{cases} x = 4, \\ y = 3, \\ z = 5. \end{cases}$$

$$6. \quad \begin{cases} y^2 + z^2 = x^2, \\ y - z = 10, \\ \dfrac{y^2 - z^2}{x} = 14. \end{cases} \quad \text{»} \quad \begin{cases} x = 50, \\ y = 40, \\ z = 30. \end{cases}$$

$$7. \quad \begin{cases} x^2 + y^2 + z^2 = 49. \\ x + y + z = 11. \\ \qquad xy = 12 \end{cases} \quad \text{»} \quad \begin{cases} x' = 6, \ x'' = 2, \\ y' = 2, \ y'' = 6, \\ z' = 8, \ z'' = 3. \end{cases}$$

CHAPITRE III.

PROBLÈMES DU SECOND DEGRÉ.

1° PROBLÈMES A UNE INCONNUE.

197. La mise en équation des problèmes du second degré est fondée sur les mêmes principes que la mise en équation des problèmes du premier degré. Nous renvoyons donc, pour traiter les questions suivantes, à ce que nous avons dit d'une manière générale au numéro 122.

198. PROBLÈME. *Une personne a acheté un certain nombre de mètres de drap pour 360 fr. Si, pour la même somme, elle avait eu 6 mètres de moins du même drap, le mètre aurait coûté 5 fr. de plus. On demande le nombre de mètres achetés.*

Soit x ce nombre; le prix du mètre sera évidemment, dans le premier cas, $\dfrac{360}{x}$ et dans le second, $\dfrac{360}{x-6}$. Ce dernier prix devant dépasser le premier de 5 fr., nous aurons pour équation du problème.

$$\frac{360}{x-6} = \frac{360}{x} + 5; \qquad (1)$$

chassant les dénominateurs et simplifiant, il vient

$$x^2 - 6x - 432 = 0;$$

d'où nous tirons

$$x' = 24 \quad \text{et} \quad x'' = -18.$$

La racine positive $x' = 24$ satisfait à la question, comme il est facile de le vérifier; quant à la racine négative $x'' = -18$, il est évident qu'elle ne peut convenir et, par suite, qu'elle doit être rejetée. Elle peut cependant être interprétée. En effet, si dans l'équation (1) nous changeons x en $-x$, il vient

$$\frac{360}{-x-6} = \frac{360}{-x} + 5,$$

ou, en changeant le signe de tous les termes dans cette dernière,

$$\frac{360}{x+6} = \frac{360}{x} - 5$$

équation qui admet 18 pour racine et qui est la traduction algébrique du problème suivant : *Une personne achète un certain nombre de mètres de drap pour 360 fr. Si, pour la même somme, elle avait eu 6 mètres de plus du même drap, le mètre lui aurait coûté 5 fr. de moins. On demande le nombre de mètres achetés.*

199. PROBLÈME. *Partager une droite AB de 40 mètres en deux parties telles, que la plus grande soit moyenne proportionnelle entre la plus petite et la ligne entière*

C' ————————————— A ———————— C ——— B

Désignons par x la plus grande partie AC; la partie BC sera $(40-x)$ et nous aurons d'après l'énoncé du problème

$$\frac{40}{x} = \frac{x}{40-x},$$

ou

$$x^2 + 40x - 1600 = 0;$$

d'où nous tirons

$$x' = 24{,}721 \quad \text{et} \quad x'' = -64{,}721.$$

La racine positive $x' = 24{,}721$ répond directement à l'énoncé du problème et détermine la position du point C. Pour interpréter la solution négative $x'' = -64{,}721$, nous aurons recours aux principes établis n° 134, et nous serons conduits à chercher le point, qui répond à cette solution, à gauche du point A et sur le prolongement de la ligne donnée en C', c'est-à-dire, dans une direction opposée à celle fixée pour la solution positive.

Pour que les deux racines de signes contraires x' et x'' pussent convenir directement aux conditions du problème, il faudrait modifier son énoncé de la manière suivante : *Trouver sur une droite indéfinie, sur laquelle sont pris deux points A et B, un point C tel que la distance AC soit moyenne proportionnelle entre BC et AB.*

200. REMARQUE. Dans les deux problèmes que nous venons de résoudre, la solution négative a pu recevoir une interprétation. Mais si la nature même de la question exige une solution positive ou entière, des racines négatives ou fractionnaires indiquent, comme les racines imaginaires, qu'il y a impossibilité d'y satisfaire.

201. PROBLÈME. *Trouver le triangle rectangle dont les trois côtés sont trois nombres entiers consécutifs.*

Soit x le plus petit côté de l'angle droit, $(x+1)$ sera le second et $(x+2)$ l'hypoténuse; nous aurons donc, d'après un théorème de géométrie,

$$(x+2)^2 = x^2 + (x+1)^2.$$

Développant les carrés, réduisant et transposant, cette équation devient :

$$x^2 - 2x - 3 = 0;$$

d'où nous tirons,

$$x' = 3; \quad x'' = -1.$$

La racine positive $x' = 3$ convient seule à la question, et les trois côtés du triangle sont 3, 4 et 5.

202. PROBLÈME. *Une pierre tombe dans un puits;*

entre l'instant où elle commence à tomber et celui où le bruit qu'elle fait, en touchant le fond, revient frapper l'oreille de l'observateur, il s'écoule a secondes. Quelle est la profondeur du puits ?

Pour résoudre ce problème, il faut se rappeler deux principes de physique :

1° L'espace, parcouru par un corps qui tombe, est proportionnel au carré du temps t écoulé depuis le commencement de la chute; et, si on désigne par g un nombre constant égal à 9,808, cet espace est représenté par l'expression $\dfrac{gt^2}{2}$.

2° Le son se me ut uniformément et parcourt 340 mètres par seconde. Dans le calcul qui va suivre, nous représenterons sa vitesse par v; de sorte que, dans le temps t, il parcourt l'espace vt.

Soit x la profondeur du puits, évaluée en mètres. En nommant t' le nombre de secondes que la pierre met à descendre, nous avons

$$x = \frac{gt'^2}{2}: \quad \text{d'où } t' = \sqrt{\frac{2x}{g}}.$$

En nommant t'' le temps que le son met à remonter, nous avons

$$x = vt''; \quad \text{d'où } t'' = \frac{x}{v}.$$

Mais, d'après l'énoncé, $t' + t'' = a$; l'équation du problème est donc :

$$\sqrt{\frac{2x}{g}} + \frac{x}{v} = a.$$

Pour résoudre cette équation, nous isolons d'abord le radical dans un membre et il vient

$$\sqrt{\frac{2x}{g}} = a - \frac{v}{x}, \qquad (1)$$

puis nous élevons les deux membres au carré, ce qui donne

$$\frac{2x}{g} = a^2 - \frac{2a}{v}x + \frac{x^2}{v^2}, \qquad (2)$$

ou, en faisant passer tous les termes dans le premier membre et mettant x en facteur commun,

$$\frac{x^2}{v^2} - 2\left(\frac{a}{v} + \frac{1}{g}\right)x + a^2 = 0 ; \qquad (3)$$

d'où nous tirons

$$x = \frac{\dfrac{a}{v} + \dfrac{1}{g} \pm \sqrt{\left(\dfrac{a}{v} + \dfrac{1}{g}\right)^2 - \dfrac{a^2}{v^2}}}{\dfrac{1}{v^2}}.$$

DISCUSSION. Les deux racines sont réelles ; car la quantité placée sous le radical est évidemment positive.

Il est facile de voir, en outre, qu'elles sont toutes deux positives ; car, d'après l'équation (3), leur produit $a^2 v^2$ est positif, ainsi que leur somme $\left(\dfrac{2a}{v} + \dfrac{2}{g}\right)v^2$.

Mais deux puits de profondeur différente ne pouvant correspondre à une même valeur de a, le problème n'admet évidemment qu'une seule solution. Pour expliquer ces deux racines positives et trouver quelle est celle des deux qui répond à la question, remarquons qu'en élevant au carré les deux membres de l'équation (1), nous formons une équation qui ne peut manquer d'être satisfaite, si la proposée l'est elle-même, mais qui peut l'être aussi, sans que celle-ci le soit. Les deux membres auraient, en effet, le même carré, s'ils étaient égaux et de signes contraires. L'équation (3) équivaut donc réellement aux deux suivantes :

$$+\sqrt{\frac{2x}{g}} = a - \frac{x}{v},$$

$$-\sqrt{\frac{2x}{g}} = a - \frac{x}{v}.$$

La première de ces équations est la seule qui corresponde au problème proposé, et sa solution est celle du problème. Or, cette solution est moindre que av, puisque $a - \dfrac{x}{v}$ étant positif, il en est de même de $av - x$; au contraire, la solution de la seconde équation est plus grande que av, puisque $a - \dfrac{x}{v}$ est négatif ; elle est, par conséquent, la plus grande racine de l'équation (2) ; elle doit être rejetée comme solution étrangère. La solution cherchée est donc

$$x = \frac{\dfrac{a}{v} + \dfrac{1}{g} - \sqrt{\left(\dfrac{a}{v} + \dfrac{1}{g}\right)^2 - \dfrac{a^2}{v^2}}}{\dfrac{1}{v^2}}.$$

2° PROBLÈMES A PLUSIEURS INCONNUES

203. PROBLÈME. *La surface d'un rectangle est de*

216 mètres carrés, son périmètre égale 60 mètres. Quels sont les côtés de ce rectangle?

Appelons x et y ces côtés, nous aurons

$$x + y = 30,$$
$$xy = 216.$$

Nous connaissons la somme et le produit des deux nombres x et y; ils sont donc les racines de l'équation du second degré

$$z^2 - 30z + 216 = 0;$$

de laquelle nous tirons

$$z' = 18 \quad \text{et} \quad z'' = 12.$$

Ainsi, les côtés du rectangle sont 18 et 12.

204. PROBLÈME. *Quelle doit être la valeur du troisième terme de l'équation*

$$x^2 - 13x + q = 0,$$

pour que la différence entre les carrés des racines égale 39?

Soient x' et x'' les racines de l'équation proposée, nous avons

$$x' + x'' = 13,$$
$$x'^2 - x''^2 = (x' + x'')(x' - x'') = 39.$$

Divisant membre à membre ces deux équations, il vient

$$x' - x'' = 3.$$

Connaissant ainsi la somme et la différence des racines, nous en déduisons $x' = 8$, $x'' = 5$, et, par suite, $q = 40$; puisque le terme tout connu q est égal au produit des racines (186).

205. PROBLÈME. *Trouver les trois côtés d'un triangle rectangle dont la hauteur est 2ᵐ, 4 et la différence des côtés de l'angle droit égale* 1.

Appelons x et y les deux côtés de l'angle droit et z l'hypoténuse ; nous avons les trois équations :

$$x - y = 1, \qquad (1)$$
$$x^2 + y^2 = z^2, \qquad (2)$$
$$xy = 2, 4z. \qquad (3)$$

La seconde s'obtient en écrivant que le carré de l'hypoténuse égale la somme des carrés des côtés de l'angle droit ; la troisième, en remarquant que le double de la surface du triangle égale le produit des deux côtés de l'angle droit ou le produit de l'hypoténuse par la hauteur.

Il est facile d'éliminer x et y entre ces trois équations. Elevons au carré les deux membres de la première, il vient

$$x^2 - 2xy + y^2 = 1, \qquad (4)$$

ou en remplaçant $x^2 + y^2$ par z^2, et xy par 2,4z,

$$z^2 - 2 \times 2, 4z = 1,$$

d'où nous déduisons

$$z = 2{,}4 \pm \sqrt{\overline{2{,}4}^2 + 1}.$$

La première racine est positive ; le radical ayant une valeur plus grande que 2,4, la seconde est négative. Comme les côtés du triangle doivent être nécessairement des nombres positifs, cette seconde racine ne convient pas à la question et doit être rejetée ; nous aurons donc pour la valeur de z

$$z = 2{,}4 + \sqrt{\overline{2{,}4}^2 + 1} = 5.$$

L'hypoténuse z une fois connue, nous obtiendrons aisément x et y. A l'équation (4) ajoutons l'équation (3) multipliée par 4, il vient

$$x^2 + y^2 + 2xy = 1 + 4 \times 2,4z,$$

ou

$$(x + y)^2 = 1 + 48 ;$$

d'où, en extrayant la racine des deux membres,

$$x + y = 7.$$

Cette équation donne la somme des deux côtés de l'angle droit ; comme nous connaissons déjà leur différence, ces deux côtés sont connus ; nous trouvons ainsi $x = 4$ et $y = 3$.

206. Problème. *La somme des côtés d'un triangle rectangle est 132 ; celle de leurs carrés 6050. Quels sont ces côtés ?*

Soient x et y les côtés de l'angle droit, z l'hypoténuse, nous avons les trois équations

$$x + y + z = 132,$$
$$x^2 + y^2 + z^2 = 6050,$$
$$x^2 + y^2 = z^2.$$

Remplaçant dans la seconde $x^2 + y^2$ par z^2 nous obtenons

$$2z^2 = 6050 ; \quad \text{d'où } z = 55,$$

Les deux premières équations deviennent, en y faisant $z = 55$,

$$x + y = 77,$$
$$x^2 + y^2 = 3025.$$

Pour résoudre celle-ci, élevons au carré les deux membres de la première ; elle devient

$$x^2 + 2xy + y^2 = 5929,$$

ou bien, puisque $x^2 + y^2 = 3025,$

$$2xy = 2904 ; \text{ et, par suite, } xy = 1452.$$

Connaissant la somme 77 et le produit 1452 des deux côtés x et y, nons trouverons facilement (187), $x = 33$, $y = 44$. Les trois côtés du triangle sont donc : 33, 44 et 55.

PROBLÈMES A RÉSOUDRE

1. On partage également 150 fr. entre plusieurs ouvriers. S'ils étaient 5 de plus, chacun d'eux recevrait 1 fr. 50 de moins. Combien étaient-ils ? (*On interprétera la solution négative.*)

Réponse. Ils étaient 20 ouvriers. La solution négative répond au cas où ils auraient reçu 1 fr. 50 de plus, s'ils avaient été 5 de moins.

2. Un père laisse en mourant 140000 fr. à partager entre ses enfants. Il en déshérite trois ; chacun des autres enfants reçoit alors 6000 de plus. Combien a-t-il d'enfants ? (*Interpréter la solution négative.*)

Réponse. Il a 10 enfants. La solution négative répond au cas où les enfants recevraient 6000 fr. de moins, s'ils étaient trois de plus.

3. La flèche de Strasbourg a 142 mètres de hauteur : quel temps mettrait une pierre pour tomber du sommet ? On sait qu'un corps abandonné à l'action de la pesanteur parcourt des espaces proportionnels aux

carrés des temps et que, pendant la première seconde de chute, il parcourt $4^m,9$.

Réponse. 5 secondes 23 tierces.

4. Un marchand a acheté un certain nombre d'objets pour 672 fr. S'il les revendait 48 fr. la pièce, il perdrait une somme égale au prix de chaque objet. Combien d'objets a-t-il achetés ?

Réponse. Les deux racines de l'équation à laquelle conduit le problème sont $x'=7+\sqrt{35}$ et $x''=7-\sqrt{35}$. Comme il est impossible de calculer exactement $\sqrt{35}$, et que d'ailleurs la nature même de la question exige une solution entière, le problème proposé est impossible.

5. Dans une circonférence de 20 mètres de rayon est inscrite une corde BM de 29 mètres de longueur dont le prolongement passe par un point A situé à 25 mètres du centre du cercle. Calculer, à 0,001 près, la plus petite partie AM de la sécante AMB.

Réponse. AM $= 6^m, 363$. La racine négative ne peut être interprétée.

6. Deux lumières A et B, dont les intensités sont 49 et 16, sont distantes de $21^m,45$. Trouver, sur la droite qui les joint, un point également éclairé par chacune d'elles.

Réponse. Premier point à $13^m,65$ de A ; deuxième point, au delà de B, à $50^m,05$ de A.

7. Le volume d'un tronc de pyramide à bases parallèles est de 6080 mètres cubes ; sa hauteur est de 15 mètres et sa base inférieure de 576 mètres carrés. Trouver sa base supérieure. On sait que B et B' étant les deux

bases et H la hauteur, le volume du tronc de pyramide a pour expression $V = \frac{1}{3} H (B + B' + \sqrt{BB'})$.

Réponse. La base supérieure est 256 mètres carrés; la seconde racine 1600 ne peut convenir à la question.

8. La hauteur d'un trapèze est 10 mètres et sa surface égale à celle d'un rectangle construit avec ses deux bases parallèles ; de plus, le double de la petite base et le triple de la grande égalent quatre fois la hauteur. On demande de calculer les deux bases de ce trapèze.

Réponse. L'équation à laquelle conduit le problème ayant ses deux racines imaginaires, il y a impossibilité.

9. Trouver les trois côtés d'un triangle rectangle dont le périmètre est de 56 mètres et la surface 84 mètres carrés.

Réponse. 7 mètres, 24 mètres et 25 mètres.

10. Trouver quelle doit être la valeur de q dans l'équation

$$x^2 + 10x + q = 0$$

pour que l'une des racines soit quadruple de l'autre.

Réponse. $q = 16$.

CHAPITRE IV

PROPRIÉTÉS DES TRINÔMES DU SECOND DEGRÉ. — MAXIMUMS ET MINIMUMS.

1° PROPRIÉTÉS DES TRINÔMES DU SECOND DEGRÉ.

207. DÉFINITIONS. On appelle *variable* une quantité qui peut recevoir différentes valeurs.

Une *variable indépendante* est une quantité à laquelle on peut donner toutes les valeurs que l'on veut depuis $-\infty$ jusqu'à $+\infty$.

Une *fonction* ou *variable dépendante* est une quantité variable qui dépend d'une ou plusieurs autres et dont la valeur change, en général, en même temps que celle des quantités dont elle dépend. La surface d'un cercle est une fonction du rayon; celle du rectangle est une fonction de la base et de la hauteur.

Nous allons étudier quelques-unes des propriétés des fonctions qui dépendent d'une seule variable, et encore restreindrons-nous cette étude à des fonctions d'une forme très-simple. Nous considérerons principalement une fonction entière du second degré, c'est-à-dire, celle qui est représentée par un polynôme entier, où la lettre ordonnatrice n'entre pas à un exposant supérieur à 2. La forme la plus générale peut donc comprendre un terme en x^2, un terme en x et un terme indépendant de cette lettre, et sera représentée par

$$ax^2 + bx + c,$$

en désignant par x la variable indépendante.

On désigne aussi souvent, pour abréger, par une seule lettre la fonction elle-même; ainsi on écrit

$$y = ax^2 + bx + c.$$

208. THÉORÈME. *Tout trinôme du second degré peut être décomposé en deux facteurs du premier degré par rapport à* x.

Soit le trinôme du second degré

$$x^2 + px + q,$$

dans lequel nous supposerons que la lettre x représente une grandeur quelconque et tout à fait arbitraire. Si nous ajoutons et retranchons à la fois $\dfrac{p^2}{4}$, la valeur de ce trinôme ne change pas et l'égalité

$$x^2 + px + q = x^2 + px + \frac{p^2}{4} - \frac{p^2}{4} + q .$$

est vraie quelle que soit x. Cette égalité peut s'écrire

$$x^2 + px + q = x^2 + px + \frac{p^2}{4} - \left(\frac{p^2}{4} - q\right),$$

ou, en remarquant que $\dfrac{p^2}{4} - q = \left(\sqrt{\dfrac{p^2}{4} - q}\right)^2$ et que $x^2 + px + \dfrac{p^2}{4} = \left(x+p\right)^2$,

$$x^2 + px + q = \left(x + \frac{p}{2}\right)^2 - \left(\sqrt{\frac{p^2}{4} - q}\right)^2.$$

Sous cette forme, le second membre est la différence des carrés des deux quantités $\left(x + \dfrac{q}{2}\right)$ et $\sqrt{\dfrac{p^2}{4} - q}$; il est donc égal au produit de la somme de ces quantités par leur différence; par conséquent,

$$x^2 + px + q = \left(x + \frac{p}{2} + \sqrt{\frac{p^2}{4} - q}\right)\left(x + \frac{p}{2} - \sqrt{\frac{p^2}{4} - q}\right).$$

Le trinôme est ainsi décomposé en deux facteurs du premier degré par rapport à x.

Mais si nous appelons x' et x'' les deux racines de l'équation

$$x^2 + px + q = 0$$

obtenue en égalant le trinôme à zéro, racines données par les formules

$$x' = -\frac{p}{2} - \sqrt{\frac{p^2}{4} - q} \ \text{ et } \ x'' = -\frac{p}{2} - \sqrt{\frac{p^2}{4} - q},$$

nous voyons que les deux facteurs sont : l'un, ce que nous obtenons en retranchant de x la première de ces racines ; l'autre, ce que nous obtenons en retranchant de x la seconde racine. Nous pouvons donc écrire :

$$x^2 + px + q = (x - x')(x - x''),$$

c'est-à-dire qu'*un trinôme du second degré, de la forme* $x^2 + px + q$, *est égal au produit de deux facteurs binômes du premier degré, qu'on obtient en retranchant de* x *chacune des racines de l'équation formée en égalant ce trinôme à zéro.*

Cette décomposition du trinôme en deux facteurs du premier degré subsiste dans tous les cas, que les racines soient réelles ou imaginaires.

209. Une décomposition semblable est possible quand le trinôme a la forme

$$ax^2 + bx + c.$$

En effet, bien que a ne soit pas facteur commun, il est évident que nous pouvons écrire

$$ax^2 + bx + c = a\left(x^2 + \frac{b}{a}x + \frac{c}{a}\right) ;$$

puisque les termes du second membre qui sont indiqués comme devant être multipliés par a, ont été en même temps divisés par cette lettre. Si nous posons

$\dfrac{b}{a} = p$ et $\dfrac{c}{a} = q$, nous pouvons écrire cette égalité de la manière suivante :

$$ax^2 + bx + c = a\,(x^2 + px + q),$$

et, par conséquent, d'après le numéro précédent,

$$ax^2 + bx + c = a\,(x - x')\,(x - x'').$$

La règle à suivre pour décomposer le trinôme $ax^2 + bx + c$ est donc la même que pour décomposer le trinôme $x^2 + px + q$. Il faut seulement joindre, aux deux facteurs du premier degré en x, dont la composition a été indiquée, un facteur qui est le coefficient a du premier terme.

210. Comme application, considérons le trinôme

$$x^2 - 7x + 10.$$

Les deux racines de l'équation obtenue en égalant ce trinôme à zéro étant $x' = 2$, $x'' = 5$, nous avons

$$x^2 - 7x + 10 = (x - 2)\,(x - 5).$$

Soit encore le trinôme

$$2x^2 - 3x + 1.$$

L'équation obtenue en égalant ce trinôme à zéro a pour racines $x' = 1$, $x'' = \dfrac{1}{2}$; par conséquent,

$$2x^2 - 3x + 1 = 2\,(x - 1)\left(x - \dfrac{1}{2}\right).$$

Enfin, pour dernier exemple, considérons le trinôme

$$3x^2 - 6x - 105.$$

En résolvant l'équation

$$3x^2 - 6x - 105 = 0,$$

nous trouvons $x' = -5$, $x'' = 7$; par conséquent,

$$3x^2 - 6x - 105 = 3\,(x+5\,(x-7).$$

211. THÉORÈME. *Si, dans un trinôme du second degré égalé à zéro :*

1° Les racines sont réelles et inégales, toute quantité comprise entre les deux racines, et mise à la place de l'inconnue dans ce trinôme, donne un résultat de signe contraire au coefficient du terme du second degré; et toute quantité plus petite que la plus petite des racines, ou plus grande que la plus grande, donne un résultat de même signe que ce coefficient.

2° Si les racines du trinôme sont réelles et égales, ou imaginaires, toute quantité mise à la place de l'inconnue donne constamment un résultat de même signe que le coefficient du terme du second degré.

1° Soit le trinôme du second degré

$$ax^2 + bx + c.$$

Supposons d'abord que les racines de l'équation obtenue en égalant ce trinôme à zéro soient réelles et inégales, et désignons la plus petite par x' et la plus grande par x'', nous aurons (209)

$$ax^2 + bx + c = a\,(x - x')\,(x - x'').$$

Cela posé, remplaçons x par une quantité m comprise entre x' et x''; les différences $(m - x')$, $(m - x'')$ seront, la première positive, la seconde négative; leur produit sera, par conséquent, négatif et, multiplié par a, donnera un résultat de signe contraire à celui de ce coefficient.

Donnons maintenant à x une valeur m plus petite que x' et *à fortiori* plus petite que x'' : les différences $(m - x')$, $(m - x'')$ sont toutes deux négatives ; leur produit sera donc positif et, multiplié par a, il donnera un résultat de même signe que ce coefficient.

Enfin, si nous remplaçons x par une quantité m plus grande que x'', les différences $(m - x')$ $(m - x'')$ étant toutes deux positives, leur produit sera positif et, multiplié par a, donnera un résultat de même signe que ce coefficient.

2° Supposons, en second lieu, que les racines soient réelles et égales ; nous avons alors

$$ax^2 + bx + c = a\,(x - x')^2;$$

le facteur carré $(x - x')^2$ étant toujours positif quelle que soit la valeur attribuée à x, le produit $a\,(x - x')^2$ sera aussi toujours de même signe que a.

Enfin, si les racines sont imaginaires, en les désignant par

$$x' = \alpha - \beta\sqrt{-1} \quad \text{et} \quad x'' = \alpha + \beta\sqrt{-1},$$

nous avons

$$ax^2 + bx + c = a\left[(x - \alpha + \beta\sqrt{-1})(x - \alpha - \beta\sqrt{-1})\right]$$
$$= a\left[(x - \alpha)^2 + \beta^2\right];$$

Sous cette forme, nous voyons que le trinôme est le produit par a de la somme de deux carrés ; il sera donc toujours, quelle que soit x, de même signe que a.

212. REMARQUE. Le théorème précédent permet de trouver les limites entre lesquelles sont comprises les valeurs de x qui rendent positif ou négatif un trinôme du second degré. Soit, par exemple, le trinôme

$$3x^2-2x-65.$$

L'équation $3x^2-2x-65=0$ ayant pour racines 5 et $-\dfrac{13}{3}$, nous devons conclure que le trinôme proposé est positif pour toutes les valeurs de x supérieures à 5 et pour toutes les valeurs de x inférieures à $-\dfrac{13}{3}$; il est négatif pour les valeurs de x comprises entre $-\dfrac{13}{3}$ et 5.

Le trinôme

$$-x^2+3x-7,$$

qui donne lieu à l'équation

$$x^2-3x+7=0,$$

dont les racines sont imaginaires, est négatif pour toutes les valeurs de x comprises entre $-\infty$ et $+\infty$.

2° DES MAXIMUMS ET DES MINIMUMS

213. DÉFINITIONS. La valeur d'une fonction d'une variable x dépend du nombre mis à la place de cette variable; et il peut arriver que, x croissant peu à peu à partir d'un certain nombre, la fonction soit tantôt croissante et tantôt décroissante. Lorsqu'elle cesse de croître pour diminuer ensuite, sa valeur est dite *maximum;* elle est dite, au contraire, *minimum,* quand elle cesse de diminuer pour croître.

Une même fonction peut posséder à la fois plusieurs maximums et plusieurs minimums; mais deux maximums sont toujours séparés par un minimum, et réciproquement. Une valeur maximum n'est pas nécessairement supérieure à toutes celles de la fonction considérée; il suffit qu'elle surpasse celles qui la précèdent ou qui la suivent immédiatement. Une observation analogue convient au minimum.

Par exemple, pendant qu'un mobile M parcourt la courbe sinueuse ABCDEFG, dans le sens de la flèche, sa projection m, sur une droite OX, s'éloigne d'un point fixe O de cette droite. La distance du mobile à la ligne OX est une grandeur Mm, qui dépend de l'espace variable $x = Om$, qui sépare sa projection du point O. Cette distance est maximum pour $x = Ob$, Od, Of, et minimum pour $x = Oc$, Oe.

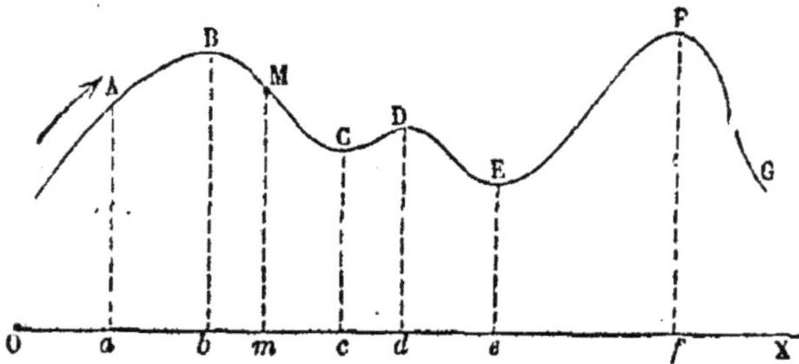

On voit, d'ailleurs, qu'on *n'altère pas la valeur de* x *qui rend une fonction maximum ou minimum, en multipliant ou en divisant cette fonction par un facteur indépendant de* x; cela revient à augmenter ou à diminuer, dans un même rapport, les distances des divers points de la courbe ABCDEFG à la droite fixe OX. Cette remarque est très-utile. Avant de chercher dans quelles circonstances une fonction donnée est *maximum* ou *minimum*, il faut toujours la débarrasser des facteurs *constants* qu'elle contient.

214. La théorie des équations du second degré fournit le moyen de trouver les valeurs de x qui rendent maximum ou minimum une fonction de la forme

$$ax^2 + bx + c.$$

En effet, si nous donnons à x une certaine valeur, la fonction proposée prendra une valeur correspondante y ; et, réciproquement, étant donnée cette valeur y de la fonction, nous retrouverons la valeur correspondante de x, en résolvant l'équation

$$ax^2 + bx + c = y.$$

Or, il est évident que les valeurs de x, tirées de cette équation, devant être réelles, les valeurs que peut recevoir y seront assujetties à être renfermées entre certaines limites, et ces limites seront les valeurs maximum et minimum dont la fonction est susceptible ; de là cette règle pratique :

Après avoir débarrassé la fonction proposée de ses facteurs constants, on l'égale à y; *on y exprime que l'équation obtenue ainsi a ses racines réelles. Ces conditions assujettissent* y *à rester entre certaines limites qui sont précisément les maximum et minimum cherchés.*

Pour plus de clarté, nous allons appliquer cette méthode à quelques exemples.

215. PROBLÈME. *Partager un nombre donné* a *en deux parties dont le produit soit maximum.*

Soit x l'une des parties ; l'autre sera $(a - x)$ et leur produit aura pour expression $x(a - x)$. Si nous représentons par y sa valeur variable, nous aurons

$$x(a - x) = y,$$

ou bien,

$$x^2 - ax + y = 0; \qquad (1)$$

d'où nous tirons

$$x = \frac{a}{2} \pm \sqrt{\frac{a^2}{4} - y}.$$

Or, pour que x soit réelle, il faut que la quantité sous le radical soit positive, ou au moins égale à zéro ; donc la plus grande valeur que nous puissions assigner à y est $\frac{a^2}{4}$. Pour $y = \frac{a^2}{4}$ les racines de l'équation (1) deviennent égales entre elles et à $\frac{a}{2}$.

Ainsi, *pour partager un nombre donné en deux parties dont le produit soit maximum, il faut le partager en deux parties égales. La valeur maximum de ce produit est le carré de la moitié du nombre donné.*

Il n'y a pas de minimum ; car on peut donner à y une valeur quelconque plus petite que $\frac{a^2}{4}$; on trouvera toujours une solution.

216. REMARQUE. Ce problème fournit la solution des questions suivantes :

1° *Parmi tous les rectangles de même périmètre* 2p, *quel est celui dont la surface est maximum ?*

La somme de la base et de la hauteur est constante et égale à p ; donc l'aire, qui se mesure par leur produit, sera maximum lorsque les deux longueurs seront égales. Le rectangle maximum est donc le carré dont le côté est $\frac{1}{2}\,p$.

2° *Parmi tous les triangles de même périmètre* 2p, *et de même base* a, *quel est celui dont la surface est maximum ?*

La surface S du triangle dont les trois côtés sont a, b, c, a pour expression

$$S = \sqrt{p(p-a)(p-b)(p-c)};$$

elle atteint son maximum en même temps que S^2. Or, les facteurs p et $(p-a)$ étant constants, nous pouvons les supprimer et nous borner à déterminer le maximum du produit $(p-b)(p-c)$; car ce dernier produit augmente et diminue avec le premier. Or, la somme des deux facteurs $(p-b)$ et $(p-c)$ est constante et égale à $2p - (b+c) = a$; donc, le produit sera maximum si les deux facteurs sont égaux, ou si $b = c$, c'est-à-dire si le triangle est isocèle.

217. PROBLÈME. *Décomposer un nombre* a *en deux facteurs dont la somme soit minimum.*

Soit x l'un des facteurs demandés, l'autre sera $\dfrac{a}{x}$ et leur somme aura pour expression $x + \dfrac{a}{x}$. Si nous représentons par y sa valeur variable, nous aurons

$$x + \frac{a}{x} = y,$$

ou bien,

$$x^2 - yx + a = 0;$$

d'où nous tirons

$$x = \frac{y}{2} \pm \sqrt{\frac{y^2}{4} - a}.$$

La condition pour que x soit réelle est $\dfrac{y^2}{4} - a \geqq 0$; la plus petite valeur qui puisse être attribuée à y est donc déterminée par la relation

$$\frac{y^2}{4} - a = 0;$$

d'où nous tirons $y = 2\sqrt{a}$; mais alors $x = \frac{y}{2} = \sqrt{a}$.

Ainsi, *pour décomposer un nombre en deux facteurs dont la somme soit minimum, il faut le décomposer en deux facteurs égaux, c'est-à-dire, extraire sa racine carrée.*

Il n'y a pas de maximum; car, quelque grande que soit la valeur attribuée à y, dès qu'elle surpasse a, le problème est toujours possible.

218. Remarque. Ce problème fournit la solution de la question suivante :

Parmi tous les rectangles de même surface S^2, *quel est celui dont le périmètre est minimum?* Nous trouverons aisément que c'est le carré dont le côté est S.

219. Problème. *Trouver le maximum et le minimum de la fraction*

$$\frac{x^2 - 14x + 9}{x^2 - 2x + 3}.$$

Posons

$$\frac{x^2 - 14x + 9}{x^2 - 2x + 3} = y;$$

en chassant le dénominateur, transposant et réduisant, il vient

$$(1 - y)x^2 - (14 - 2y)x + 9 - 3y = 0;$$

d'où nous tirons (178)

$$x = \frac{7-y \pm \sqrt{(7-y)^2-(1-y)(9-3y)}}{1-y},$$

ou, en développant les calculs sous le radical, et simplifiant,

$$x = \frac{7-y \pm \sqrt{-2y^2-2y+40}}{1-y}.$$

Ces valeurs de x seront réelles si la quantité placée sous le radical est positive, ou au moins égale à zéro ; y prendra donc toutes les valeurs qui rendent positif le trinôme

$$-2y^2-2y+40,$$

et n'en prendra pas d'autre. Ce trinôme peut être mis sous la forme

$$-2(y^2+y-20).$$

En désignant par y' la plus petite et par y'' la plus grande des racines de l'équation

$$y^2+y-20=0, \qquad\qquad (1)$$

le trinôme peut s'écrire (209)

$$-2(y-y')(y-y''),$$

et nous voyons qu'il est positif pour toutes les valeurs de y comprises entre y' et y'', et négatif pour toutes les autres. Ainsi, quand la variable x parcourt toute l'échelle des grandeurs, la fraction proposée y varie entre y' et y'', sans jamais sortir de ces limites. La limite inférieure y' est un *minimum*, la limite supérieure y'' un *maximum*.

En résolvant l'équation (1), nous trouvons $y' = -5$,

$y'' = 4$. La valeur de x, qui rend la fraction *minimum*, est

$$x' = \frac{7-y'}{1-y'} = 2;$$

et celle qui la rend maximum

$$x'' = \frac{7-y''}{1-y''} = -1.$$

220. PROBLÈME. *Trouver le maximum et le minimum de la fraction.*

$$\frac{2x^2-4x+5}{x^2+2x-4}.$$

Posons

$$\frac{2x^2-4x+5}{x^2+2x-4} = y.$$

En chassant les dénominateurs, transposant et simplifiant, il vient

$$(2-y)x^2-2(2+y)x+(5+4y) = 0;$$

d'où nous tirons (178)

$$x = \frac{2+y \pm \sqrt{(2+y)^2-(2-y)(5+4y)}}{2-y},$$

ou, en développant les calculs sous le radical, et simplifiant,

$$x = \frac{2+y \pm \sqrt{5y^2+y-6}}{2-y}.$$

La quantité y prendra donc toutes les valeurs qui rendent positif le trinôme

$$5y^2+y-6.$$

Or, en désignant par y' la plus petite, et par y'' la plus grande des racines de l'équation

$$5y^2+y-6 = 0, \qquad\qquad (2)$$

ce trinôme peut s'écrire (209)

$$5(y-y')(y-y'')$$

et nous voyons qu'il est positif pour toutes les valeurs de y plus petites que y', ou plus grandes que y''; il est négatif pour les valeurs de y comprises entre y' et y'' (211). La fraction proposée y admet donc deux séries de valeurs : l'une comprenant tous les nombres depuis $-\infty$ jusqu'à y' qui est *un maximum*, l'autre comprenant tous les nombres, depuis y'' qui est *un minimum* jusqu'à $+\infty$.

En résolvant l'équation (2), nous trouvons $y'=-\dfrac{6}{5}$, $y''=1$. Les valeurs de x, qui correspondent à ce maximum et à ce minimum, sont $x'=\dfrac{1}{4}$ et $x''=3$.

221. PROBLÈME. *Circonscrire à une sphère de rayon donné un cône dont le volume soit minimum.*

Soit AB un diamètre fixe de la sphère donnée ; menons par le point A un plan tangent à la sphère et, sur

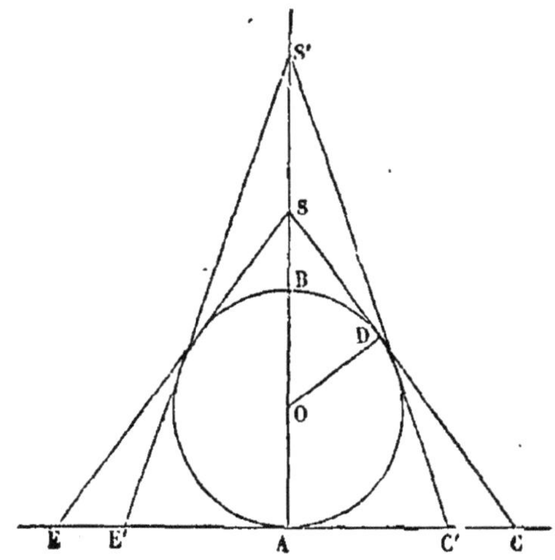

le prolongement du diamètre AB, prenons un point quelconque S pour sommet du cône circonscrit. Si le sommet se rapproche du point B, le cône s'évasant de plus en plus, augmente indéfiniment ; si, au contraire, le sommet S s'éloigne du point B, le cône, s'allongeant de plus en plus et ayant toujours une base plus grande qu'un grand cercle de la sphère, augmente aussi indéfiniment. Ainsi, lorsque nous faisons glisser le sommet S sur le prolongement du diamètre, à partir de B, le cône, d'abord infiniment grand, commence par diminuer pour augmenter ensuite et redevenir infiniment grand ; il passe donc par une valeur plus petite que toutes les autres, c'est-à-dire, par un minimum.

Le cône a pour mesure

$$\frac{1}{3}\,\pi\,\overline{AC}^2 \times SA.$$

Si nous appelons r le rayon de la sphère et x la distance BS, nous avons

$$SA = 2r + x.$$

Les triangles semblables SAC, SOD donnent la proportion

$$\frac{AC}{OD} = \frac{SA}{SD};$$

d'où nous tirons, en remarquant que la tangente SD est moyenne proportionnelle entre SA et SB, et que, par conséquent, elle égale $\sqrt{x\,(2r + x)}$:

$$AC = \frac{r\,(2r + x)}{\sqrt{x\,(2r + x)}},\quad \overline{AC}^2 = \frac{r^2\,(2r + x)}{x}.$$

Si nous remplaçons SA et $\overline{AC}^2$ par leurs valeurs, le volume du cône aura pour expression

$$\frac{1}{3}\,\pi r^2\,\frac{(2r + x)^2}{x}.$$

Le minimum de cette expression est indépendant du produit $\frac{1}{3}\pi r^2$ qui est constant; il ne peut dépendre que de la fraction $\dfrac{(2r+x)^2}{x}$; posons donc

$$\frac{(2r+x)^2}{x} = y.$$

En développant le carré, chassant le dénominateur et transposant, il vient

$$x^2 + (4r - y)x + 4r^2 = 0;$$

d'où nous tirons

$$x = \frac{y - 4r \pm \sqrt{y(y-8r)}}{2}.$$

Pour que x soit réelle, il faut que le radical soit positif ou que y soit plus grande que $8r$. Donc y a un minimum $8r$ et, si nous donnons à y cette valeur, nous trouvons $x = 2r$. Ainsi *le plus petit cône* S'C'E', *circonscrit à la sphère, a une hauteur double du diamètre de la sphère.*

Le volume de ce cône minimum est $\frac{8}{3}\pi r^3$; c'est le double du volume de la sphère.

222. Les problèmes que nous venons de résoudre ne sont que des cas particuliers de la question générale qui suit:

PROBLÈME. *Trouver le maximum et le minimum de la fraction*

$$\frac{ax^2 + bx + c}{a'x^2 + b'x + c'}$$

Pour résoudre cette question, nous poserons

$$\frac{ax^2+bx+c}{a'x^2+b'x+c'}=y\,;$$

en chassant le dénominateur, transposant et mettant x^2 et x en facteur commun des quantités qu'elles multiplient, nous trouvons

$$(a-a'y)\,x^2+(b-b'y)\,x+c-c'y=0\,;$$

d'où nous tirons

$$x=\frac{b'y-b\pm\sqrt{(b'y-b)^2-4(a-a'y)(c-c'y)}}{2(a-a'y)},$$

ou, en développant les calculs sous le radical et posant pour abréger,

$$b'^2-4a'c'=\alpha,\ 4ca'+4ac'-2bb'=\beta,\ b^2-4ac=\gamma,$$

$$x=\frac{b'y-b\pm\sqrt{\alpha y^2+\beta y+\gamma}}{2(a-a'y)}.$$

Les valeurs de x seront réelles si la quantité sous le radical est positive, ou au moins égale à zéro ; y prendra donc toutes les valeurs qui rendent positif le trinôme

$$\alpha y^2+\beta y+\gamma,$$

et n'en prendra pas d'autres ; or, si y' est la plus petite et y'' la plus grande des racines de l'équation

$$\alpha y^2+\beta y+\gamma=0,\qquad\qquad(3)$$

le trinôme peut s'écrire (209)

$$\alpha\,(y-y')\,(y-y'')$$

Il y a trois cas à distinguer, suivant que α est positif, négatif ou nul.

1er *cas.* $\alpha > 0$. Dans cette hypothèse, les racines de l'équation (3) peuvent être réelles et inégales, réelles et égales ou imaginaires. Si elles sont réelles et inégales, le trinôme sera positif, c'est-à-dire de même signe que α (211 — 1°), pour toutes les valeurs de y plus petites que y' ou plus grandes que y'' ; il sera négatif pour toutes les valeurs de y comprises entre y' et y''. Nous ne pourrons donner à y que deux séries de valeurs, l'une comprenant tous les nombres, depuis $-\infty$ jusqu'à y' *qui sera un maximum*, l'autre comprenant tous les nombres, depuis y'' *qui sera un minimum* jusqu'à $+\infty$.

Si, au contraire, les racines de l'équation (3) sont réelles et égales ou imaginaires, le trinôme conserve (211 — 2°), pour toute valeur de y, le signe de α ; il est donc positif et y peut recevoir toutes les valeurs sans exception. Il n'y a alors ni maximum ni minimum.

2° *cas.* $\alpha < 0$. Les racines de l'équation (3) sont alors toujours réelles et inégales ; car, si elles étaient réelles et égales ou imaginaires, le trinôme serait négatif et, par suite, x imaginaire pour toute valeur de y, ce qui est absurde, puisque nous pouvons donner à x des valeurs réelles quelconques à chacune desquelles correspond une valeur réelle de y.

Les racines y' et y'' étant réelles et inégales, le trinôme sera positif, c'est-à-dire, de signe contraire à α pour toute valeur de y comprise entre y' et y'' ; il sera négatif pour toute autre valeur. Nous ne pourrons donc attribuer à y que des valeurs comprises entre y' *qui sera un minimum*, et y'' *qui sera un maximum.*

3e *cas.* $\alpha = 0$. Le trinôme se réduit alors à

$$\beta y + \gamma,$$

et il est positif pour $y > -\dfrac{\gamma}{\beta}$, si $\beta > 0$, et pour $y < \dfrac{\gamma}{\beta}$, si $\beta < 0$. Dans le premier cas, $-\dfrac{\gamma}{\beta}$, est *un minimum*; dans le second, $\dfrac{\gamma}{\beta}$ *est un maximum.*

En résumé, nous voyons que, *pour que la fraction*

$$\frac{ax^2 + bx + c'}{a'x^2 + b'x + c'}$$

ait un maximum et un minimum, il faut et il suffit que les racines de l'équation (3) *soient réelles et inégales. Ces racines sont elles-mêmes le maximun et le minimum, et les valeurs correspondantes de* x *sont fournies par la formule*

$$x = \frac{b'y - b}{2(a - a'y)},$$

dans laquelle on remplacera y *par ces racines.*

223. Nous traiterons encore les deux problèmes suivants qui fournissent la solution d'un grand nombre de questions de maximums et de minimums relatives à la géométrie, quoique les fonctions auxquelles ils conduisent soient généralement d'un degré supérieur au second par rapport à la variable indépendante.

PROBLÈME. *Partager un nombre donné* a *en* n *parties dont le produit soit maximum.*

Chacune des parties étant moindre que a, leur produit ne peut pas atteindre a^n, il est donc susceptible d'un maximum. Soient x, y, z.... u, t ces n parties; nous aurons

$$x + y + z + \ldots + u + t = a; \qquad (1)$$

leur produit est

$$xyz \ldots ut \qquad (2)$$

Or, supposons que deux facteurs x et y ne soient pas égaux et remplaçons-les l'un et l'autre, dans le produit, par leur demi-somme $\dfrac{x+y}{2}$, nous aurons le nouveau produit

$$\frac{x+y}{2} \times \frac{x+y}{2} \cdot z \ldots ut.$$

Comme la somme des facteurs x et y n'a pas été altérée, ce produit satisfait encore à la condition (1); mais; comme ces facteurs sont devenus égaux, nous avons

$$xy < \frac{x+y}{2} \times \frac{x+y}{2},$$

et, par suite,

$$xyz \ldots ut < \frac{x+y}{2} \times \frac{x+y}{2} z \ldots ut.$$

Le produit (2) n'est donc pas maximum. Ainsi, un produit de facteurs positifs, variables abitrairement, mais dont la somme est constante, ne peut être maximum quand ces facteurs sont inégaux. Comme le maximum existe, nous devons conclure que *le produit est maximum quand tous les facteurs sont égaux.*

224. PROBLÈME. *Partager un nombre donné a en deux parties* x *et* y, *telles que le produit* x^m^y^n^ *soit maximum,* m *et* n *étant des nombres entiers donnés.*

Nous avons vu (213) qu'on n'altère pas la valeur de la variable qui rend une fonction maximum en divisant cette fonction par un facteur constant ou indépendant de la variable ; donc, si nous divisons le produit $x^m y^n$ par la quantité $m^m n^n$ indépendante de x et de y, le maximum de $x^m y^n$ sera donné par les mêmes valeurs de x et de y que le maximum de $\dfrac{x^m y^n}{m^m n^n}$. Or,

$$\frac{x^m y^n}{m^m n^n} = \left(\frac{x}{m}\right)^m \left(\frac{y}{n}\right)^n = \frac{x}{m} \cdot \frac{x}{m} \cdot \frac{x}{m} \cdots \times \frac{y}{n} \cdot \frac{y}{n} \cdots$$

Ce dernier membre est le produit de m facteurs égaux à $\dfrac{x}{m}$ et de n facteurs égaux à $\dfrac{y}{n}$. La somme de ces $m+n$ facteurs est constante, puisqu'elle égale m fois $\dfrac{x}{m}$ ou x, plus n fois $\dfrac{y}{n}$ ou y, c'est-à-dire, $x+y=a$. Donc ce produit sera maximum lorsque tous les facteurs seront égaux entre eux (223); nous aurons alors

$$\frac{x}{m} = \frac{y}{n}; \quad \text{d'où} \quad \frac{x}{y} = \frac{m}{n}.$$

Ainsi, *pour partager un nombre donné* a *en deux parties* x *et* y, *telles que* x^{m}y^n *soit maximum, il faut le partager en deux parties proportionnelles aux exposants* m *et* n.

225. Comme application, nous nous proposerons *d'inscrire dans un cône, dont la hauteur est* h *et le rayon de la base* r, *un cylindre maximun.*

Si nous appelons y la hauteur du cylindre, x le rayon de sa base, son volume V aura pour expression

$$V = \pi x^2 y.$$

Le maximum de cette expression est indépendant de π, qui est une quantité constante; il ne peut dépendre que du produit $x^2 y$.

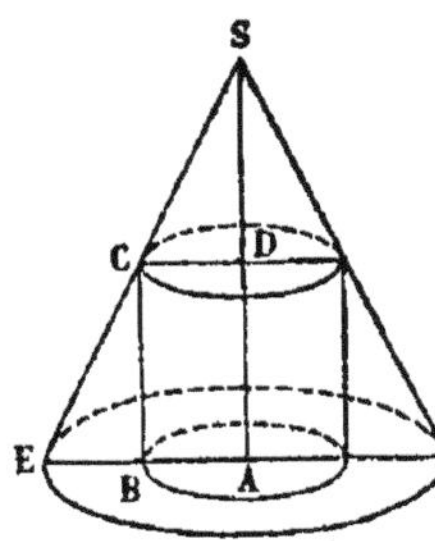

Cherchons donc à exprimer l'un des facteurs de ce dernier produit, x par exemple, en fonction de l'autre, de la hauteur h et du rayon r du cône. Pour cela, considérons les deux triangles semblables SDC, SAE; ils donnent la proportion

$$\frac{SA}{SD} = \frac{AE}{CD},$$

ou bien,

$$\frac{h}{h-y} = \frac{r}{x},$$

d'où nous tirons

$$x = \frac{r}{h}(h-y),$$

et, par suite,

$$x^2 = \frac{r^2}{h^2}(h-y)^2.$$

En remplaçant x^2 par sa valeur dans l'expression du volume du cylindre, il vient

$$V = \pi \frac{r^2}{h^2} \times (h-y)^2 \times y.$$

Le maximum de cette expression est indépendant du produit constant $\pi \dfrac{r^2}{h^2}$; il ne peut dépendre que du produit.

$$(h-y)^2 \times y;$$

or, la somme des deux facteurs de ce produit est constante et égale à h; le produit sera donc maximum lorsque

les facteurs seront proportionnels à leurs exposants,
c'est-à-dire, lorsque nous aurons

$$\frac{h-y}{y} = \frac{2}{1};$$

d'où nous déduisons

$$y = \frac{h}{3}.$$

Ainsi, *le cylindre maximum inscrit dans un cône
dont la hauteur et le rayon de la base sont donnés, est
celui dont la hauteur est le tiers de celle du cône.*

226. Soit encore, comme exemple, le problème suivant :

PROBLÈME. *On donne une feuille de carton carrée.
Aux quatre coins on découpe des carrés égaux et on
forme une boîte en relevant les bords. Quelle doit être
la valeur du côté des carrés enlevés pour que la capacité de la boîte soit maximum ?*

Appelons $2a$ le côté de la feuille de carton et x le
côté du carré enlevé ; la boîte aura pour fond un carré
dont le côté est $2(a-x)$, sa hauteur étant x, son volume V sera

$$V = 4(a-x)^2 x.$$

La somme des deux facteurs variables $(a-x)$ et x est
égale au nombre constant a ; leur produit sera donc
maximum lorsqu'ils seront proportionnels à leurs exposants, c'est-à-dire, lorsque nous aurons

$$\frac{a-x}{x} = \frac{2}{1}; \quad \text{d'où} \quad x = \frac{a}{3}.$$

Ainsi, *pour obtenir la boîte la plus grande, il faut que
le côté du carré enlevé sur les coins soit la sixième partie
du côté de la feuille de carton.*

EXERCICES

1. Parmi tous les triangles rectangles dans lesquels la somme des côtés de l'angle droit est constante, quel est celui dont la surface est maximum?

Réponse. Le triangle rectangle isocèle.

2. Partager un nombre donné a en deux parties dont la somme des carrés soit minimum.

Réponse. Les deux parties sont égales à $\dfrac{a}{2}$, la somme minimum est $\dfrac{a^2}{2}$.

3. De tous les triangles rectangles dont l'hypoténuse est 8 mètres, quel est celui dont le périmètre est minimum?

Réponse. C'est le triangle isocèle dont les côtés sont égaux à $\sqrt{32}$. Son périmètre est 19m,26, à un centimètre près.

4. Quel est le carré minimum inscrit dans un carré donné?

Réponse. Celui qu'on obtient en joignant deux à deux les milieux des côtés du carré donné.

5. Quel est le plus grand rectangle inscrit dans un cercle?

Réponse. Le carré.

6. Trouver la valeur de x qui rend maximum ou minimum la fraction $\dfrac{x^2+4x-36}{2(x-5)}$.

Réponse. Minimum 10, pour $x=8$; maximum 4, pour $x=2$.

7. Trouver le maximum et le minimum de $\dfrac{x^2+2x-23}{2x-9}$.

Réponse. Maximum 3, pour $x = 2$; minimum 8, pour $x = 7$.

8. Trouver le maximum et le minimum de $\dfrac{x^2 - 7x + 12}{x^2 - 3x + 2}$.

Réponse. Maximum — 13,928, pour $x = 1,63$; minimum — 0,72, pour $x = 3,36$.

9. On donne une droite dont la longueur est de 575 mètres. On demande de la partager en deux parties telles que le carré de l'une, augmenté du triple carré de l'autre, soit minimum.

Réponse. En appelant x et y ces parties, on trouve $x = 431^\mathrm{m},25$ et $y = 143^\mathrm{m},75$.

10. De tous les triangles rectangles de surface $2a^2$, quel est celui dont le périmètre $2p$ est minimum?

Réponse. C'est le triangle rectangle isocèle.

11. De tous les parallélipipèdes rectangles dont la somme des trois arêtes aboutissant à un même sommet est 162 mètres, quel est celui dont le volume est maximum?

Réponse. C'est le cube dont l'arête est 52 mètres.

12. La fraction $\dfrac{x^2 - x - 1}{x^2 + x - 1}$ a-t-elle un minimum ou un maximum?

Réponse. Elle n'a ni minimum ni maximum.

13. Partager 10 en deux parties x et y, telles que le produit $x^2 y^3$ soit maximum.

Réponse. Il faut partager ce nombre en parties proportionnelles à 2 et à 3.

14. Parmi tous les triangles isocèles inscrits dans un cercle, quel est celui dont la surface est maximum?

Réponse. Le triangle équilatéral.

15. A quelle distance du centre se trouve la base du cône inscrit dans une sphère et dont la surface latérale est maximum?

Réponse. A une distance égale au tiers du rayon.

CHAPITRE V

PRINCIPALES PROPRIÉTÉS DES PROGRESSIONS ARITHMÉTIQUES ET DES PROGRESSIONS GÉOMÉTRIQUES

1° PROGRESSIONS ARITHMÉTIQUES

227. DÉFINITIONS. On appelle *progression arithmétique* ou *par différence* une suite de nombres tels que la différence entre chacun d'eux et le précédent soit constante. Cette différence constante se nomme *raison* de la progression et les divers nombres qui la composent en sont les *termes.* Ainsi, les nombres

$$2, 5, 8, 11, 14, 17, 20$$

sont les termes d'une progression arithmétique dont la raison est 3.

Pour indiquer que des quantités sont en progresion arithmétique, on les écrit les unes à la suite des autres en les séparant par un point et en plaçant le signe $\div$ devant la première. Ce signe indique qu'en énonçant une progression, chaque terme, excepté le premier et le dernier, doit être répété 2 fois. La progression

$$\div 2.5.8.11.14.17.20$$

s'énonce : *2 est à 5, comme 5 est à 8, comme 8 est à 11*, etc.

Lorsque la raison d'une progression est positive, ses termes vont en augmentant et elle est dite *croissante*. Si, au contraire, la raison est négative, les termes de la progression vont en diminuant et elle est dite *décroissante*.

228. THÉORÈME. *Dans une progression arithmétique, un terme d'un rang quelconque est égal au premier plus autant de fois la raison qu'il a de termes avant lui.*

Soit, en effet, la progression arithmétique

$$\div a.b.c.d\ldots\ldots i.k.l,$$

dont nous désignerons la raison par r. Nous avons, par définition,

$$b = a + r,$$
$$c = b + r = a + 2r,$$
$$d = c + r = a + 3r;$$

par conséquent, cette progression peut s'écrire

$$\div a.a + r.a + 2r.a + 3r\ldots$$

ce qui démontre le théorème énoncé. Donc, si nous représentons par l un terme quelconque et par n le rang qu'il occupe, ce terme en aura $(n-1)$ avant lui et l'expression de sa valeur sera

$$l = a + (n-1)r. \tag{1}$$

Proposons-nous, comme exemple, de calculer le 15e terme de la progression dont le premier terme est 2 et la raison 3. En faisant $a = 2$ et $r = 3$ dans la formule précédente, nous trouvons

$$l = 2 + 14 \times 3 = 44.$$

229. Corollaire. *Dans une progression arithmétique croissante les termes augmentent indéfiniment, de manière à devenir plus grands que tout nombre donné* A.

En effet, on satisfait à l'inégalité

$$a + (n - 1)\, r > A,$$

ou à l'inégalité équivalente

$$n > 1 + \frac{A - a}{r},$$

en prenant pour n le nombre immédiatement supérieur à $1 + \dfrac{A - a}{r}$.

230. Problème. *Insérer* n *moyens arithmétiques entre deux nombres donnés* a *et* b.

On entend par là former une progression arithmétique commençant par a, finissant par b et ayant n termes entre a et b. La question revient évidemment à trouver la raison de cette progression ; désignons-la par r ; le dernier terme b en ayant $(n + 1)$ avant lui, la formule (1) donne

$$b = a + (n + 1)\, r; \quad \text{d'où} \quad r = \frac{b - a}{n + 1}.$$

Ainsi, *la raison s'obtient en divisant la différence des deux nombres donnés par le nombre des moyens à insérer plus* 1.

Si, par exemple, nous voulons insérer 7 moyens entre 5 et 53, nous aurons

$$r = \frac{53-5}{8} = 6,$$

et la progression demandée sera

$$\div 5.11.17.23.29.35.41.47.53.$$

231. THÉORÈME. *Si l'on insère, entre les termes consécutifs d'une progression arithmétique, pris deux à deux, un même nombre* n *de moyens, on obtient une progression unique dont la raison est le quotient de la division de la raison primitive par* (n + 1).

Soit, en effet,

$$\div a.b.c.d\ldots i.k.l$$

une progression arithmétique; les raisons des diverses progressions partielles obtenues par l'insertion des moyens sont (230)

$$\frac{b-a}{n+1}, \quad \frac{c-b}{n+1}, \quad \frac{d-c}{n+1}, \ldots\ldots;$$

mais, a, b, c, d... étant une progression, nous avons

$$b-a = c-b = d-c = \ldots = r;$$

donc, ces raisons sont toutes égales à $\dfrac{r}{n+1}$. D'ailleurs, le dernier terme de chaque progression partielle est le premier de la suivante : elles peuvent donc être considérées comme n'en faisant qu'une seule.

232. THÉORÈME. *Dans toute progression arithmétique, la somme de deux termes également distants des extrêmes est constante et égale à la somme des extrêmes.*

7.

Soit la progression

$$\div a . b . c . d \ldots . . i . k . l,$$

dont a est le premier terme, l le dernier et r la raison. Désignons par x le terme qui en a n avant lui, et par y celui qui en a n après lui ; nous avons (228)

$$x = a + nr,$$
$$y = l - nr;$$

en ajoutant membre à membre ces deux égalités, nous trouvons

$$x + y = a + l.$$

233. THÉORÈME. *La somme des termes d'une progression arithmétique est égale à la moitié du produit obtenu en multipliant la somme des extrêmes par le nombre des termes.*

Soit toujours la progression arithmétique

$$\div a . b . c . d \ldots . . . i . k . l.$$

Si nous désignons par S la somme de ses termes, nous avons

$$S = a + b + c + d + \ldots + i + k + l,$$

ou, en renversant l'ordre des termes,

$$S = l + k + i + \ldots + d + c + b + a.$$

Si nous ajoutons membre à membre les deux égalités précédentes, il vient

$$2S = (a + l) + (b + k) + (c + i) + \ldots + (b + k) + (a + l).$$

Or, les deux termes compris entre chaque parenthèse sont également distants des extrêmes ; leur somme est

donc égale à $(a + l)$; et, comme il y a autant de parenthèses que de termes dans la progression, nous aurons
donc, n étant le nombre des termes,

$$2S = (a + l)\,n\,;$$

d'où nous tirons

$$S = \frac{(a + l)\,n}{2}. \qquad (2)$$

Si, dans cette formule, nous remplaçons l par sa valeur (228)

$$l = a + (n - 1)\,r,$$

il vient, après réduction,

$$S = an + \frac{n(n - 1)r}{2}.$$

234. Nous allons appliquer ces deux formnles à
quelques exemples :

*Exemple I. Trouver la somme des termes de la pro-
gression*

$$\div 2.5.8.11.14.17.20.$$

Puisque nous connaissons le premier et le dernier
terme, nous avons, en appliquant la formule (2),

$$S = \frac{(2 + 20) \times 7}{2} = 77.$$

Exemple II. Trouver la somme des n *premiers nombres entiers.*

La formule (3) donne

$$S = n + \frac{n(n - 1)}{2} = \frac{(n + 1)n}{2}.$$

Exemple III. Trouver la somme des n *premiers nombres impairs.*

La formule (3) donne

$$S = n + \frac{n(n-1)2}{2} = n^2.$$

Ainsi, la somme des 100 premiers nombres impairs est 100^2 ou 10000.

235. REMARQUE. Les formules

$$l = a + (n-1)r, \quad S = \frac{(a+l)n}{2}$$

renfermant cinq quantités a, r, n, l, S et, par conséquent, donnent lieu à ce problème général : *Trois quelconques de ces cinq quantités étant données, trouver les deux autres.* Ce problème général se subdivise en dix problèmes particuliers dont voici les énoncés :

Étant donnés	1°	$a, r, n,$	*trouver*	l et S.
»	2°	$a, r, l,$	»	n et S.
»	3°	$a, r, S,$	»	n et $l.$
»	4°	$a, n, l,$	»	r et S.
»	5°	$a, n, S,$	»	r et $l.$
»	6°	$a, l, S,$	»	r et $n.$
»	7°	$r, n, l,$	»	a et S.
»	8°	$r, n, S,$	»	a et $l.$
»	9°	$r, l, S,$	»	a et $n.$
»	10°	$n, l, S,$	»	a et $r.$

Le premier de ces problèmes est déjà résolu, puisque les deux formules donnent immédiatement l et S en fonction de a, r et n. Quant aux autres, leur résolution n'offre aucune difficulté ; car il s'agit seulement de résoudre des équations du premier et du second degré :

nous ne nous y arrêterons pas. Nous ferons cependant observer que lorsque n est une des inconnues, le problème n'est possible qu'autant que la valeur trouvée pour cette inconnue est entière et positive.

2° PROGRESSIONS GÉOMÉTRIQUES.

236. DÉFINITIONS. On appelle progression *géométrique* ou par *quotient* une suite de nombres tels que chacun d'eux égale le précédent multiplié par un nombre constant. Ce nombre constant se nomme *raison* de la progression, et les divers nombres qui la composent en sont les *termes*. Ainsi, les nombres

$$2,\ 10,\ 50,\ 250,\ 1250$$

sont les termes d'une progression géométrique dont la raison est 5, puisque chacun d'eux est égal au précédent multiplié par le nombre constant 5.

Pour indiquer que des quantités sont en progression géométrique, on les écrit les unes à la suite des autres en les séparant par le signe : et en mettant le signe ÷÷ devant la première. Une progression géométrique s'énonce d'ailleurs comme une progression arithmétique.

Lorsque la raison est plus grande que l'unité, la progression géométrique est dite *croissante*; elle est, au contraire, *décroissante*, si la raison est plus petite que l'unité.

237. THÉORÈME. *Dans une progression géométrique, un terme de rang quelconque égale le premier multiplié par la raison élevée à une puissance marquée par le nombre des termes qui précèdent.*

Soit, en effet, la progression géométrique

$$\div a : b : c : d \ldots\ldots : i : k : l,$$

dont nous désignerons la raison par q. Nous avons, par définition,

$$b = aq,$$
$$c = bq = aq^2,$$
$$d = cq = aq^3,$$
$$\cdot\;\;\cdot\;\;\cdot\;\;\cdot\;\;\cdot\;\;\cdot\;\;\cdot$$

Cette progression peut donc s'écrire

$$\div a : aq : aq^2 : aq^3 \ldots ;$$

ce qui démontre le théorème énoncé ; de sorte que, si nous représentons par l un terme quelconque et par n le rang qu'il occupe, ce terme en aura $(n-1)$ avant lui et l'expression de sa valeur sera

$$l = aq^{n-1}. \qquad\qquad (4)$$

Proposons-nous, pour exemple, de calculer le septième terme de la progression, dont le premier terme est 4 et la raison 2. En faisant $a = 4$, $q = 2$ et $n = 7$ dans la formule précédente, nous trouvons

$$l = 4 \times 2^6 = 256.$$

238. COROLLAIRE. *Dans une progression géométrique croissante, les termes augmentent indéfiniment de manière à surpasser tout nombre donné.*

Soient, en effet, i, k, l, trois termes consécutifs quelconques ; nous avons, par définition,

$$k = iq ; \quad l = kq ;$$

et, en retranchant ces deux égalités membre à membre,

$$l - k = (k - i) q.$$

Or, la raison q est supérieure à l'unité ; donc la différence $(l - k)$ est plus grande que la différence $(k - i)$. L'excès d'un terme sur le précédent va donc croissant. Or, nous avons vu (229) qu'il suffisait que cet excès fût constant pour que les termes devinssent plus grand que tout nombre donné.

Il suit de là que, *dans une progression géométrique décroissante, les termes diminuent indéfiniment de manière à devenir moindres que tout nombre donné.*

Car, si la progression

$$\div a : aq : aq^2 : aq^3 \ldots aq^n : aq^{n+1}$$

est décroissante, la progression

$$\div \frac{1}{a} : \frac{1}{a} \times \frac{1}{q} : \frac{1}{a} \times \frac{1}{q^2} \ldots \ldots : \frac{1}{a} \times \frac{1}{q^n} : \frac{1}{a} \times \frac{1}{q^{n+1}}$$

est croissante ; les termes $\frac{1}{a} \times \frac{1}{q^n} \cdot \frac{1}{a} \times \frac{1}{q^{n+1}}$ peuvent donc devenir plus grands que tout nombre donné, et, par suite, les dénominateurs aq^n, aq^{n+1} tendent vers zéro.

En particulier, *les puissances entières et positives d'un nombre plus grand que 1, croissent au-delà de toute limite, et les puisssances entières et positives d'un nombre inférieur à 1 tendent vers zéro.*

289. PROBLÈME. *Insérer* n *moyens géométriques entre deux nombres donnés* a *et* b.

On entend par là former une progression géométrique dont a et b soient les termes extrêmes et qui ait n termes entre ces deux nombres. La question revient évidemment à trouver la raison de cette progression ; désignons-la par q. Cela posé, le dernier terme b en ayant $(n + 1)$ avant lui, la formule (4) donne

$$b = aq^{n+1};$$

d'où

$$q^{n+1} = \frac{b}{a},$$

et, en extrayant la racine $(n+1)^{\text{ème}}$ des deux membres,

$$q = \sqrt[n+1]{\frac{b}{a}}.$$

Ainsi, *la raison s'obtient en extrayant, du quotient des deux nombres donnés, une racine dont l'indice est marqué par le nombre des moyens à insérer plus* 1.

240. THÉORÈME. *Si l'on insère entre les termes consécutifs d'une progression géométrique, pris deux à deux, un même nombre* n *de moyens géométriques, on obtient une progression unique dont la raison est la racine d'indice* (n + 1) *de la raison primitive.*

Soit, en effet,

$$\div a : b : c : d \ldots\ldots i : k : l$$

une progression géométrique, les raisons des diverses progressions partielles obtenues par l'insertion des moyens sont

$$\sqrt[n+1]{\frac{b}{a}}, \quad \sqrt[n+1]{\frac{c}{b}}, \quad \sqrt[n+1]{\frac{d}{c}} \ldots$$

Mais, a, b, c, d... étant en progression géométrique, nous avons

$$\frac{b}{a} = \frac{c}{b} = \frac{d}{c} \ldots = q,$$

donc ces raisons sont toutes égales à $\sqrt[n+1]{q}$. D'ailleurs, le dernier terme de chaque progression partielle est le premier de la suivante ; elles peuvent donc être considérées comme n'en faisant qu'une seule.

241. THÉORÈME. *La somme des termes d'une progression géométrique croissante est égale au dernier terme multiplié par la raison moins le premier, le tout divisé par la raison moins l'unité.*

Soit toujours la progression géométrique

$$\div\, a : b : c : d \ldots\ldots i : k : l.$$

Si nous appelons S la somme de ses termes et q la raison, nous avons

$$S = a + b + c + d + \ldots + i + k + l,$$

ou, en multipliant les deux membres de cette égalité par q et observant que le produit d'un terme quelconque par la raison est égal au suivant,

$$Sq = b + c + d + \ldots\ldots + k + l + lq.$$

Si maintenant nous retranchons la première égalité de cette dernière, tous les termes se détruisent dans les seconds membres, excepté a et lq, et nous trouvons

$$Sq - S = lq - a,$$

ou, en mettant S en facteur commun,

$$S\,(q - 1) = lq - a\,;$$

d'où nous tirons

$$S = \frac{lq - a}{q - 1}. \qquad (5)$$

Si, dans cette formule, nous remplaçons l par sa valeur (237)

$$l = aq^{n-1},$$

il vient

$$S = \frac{aq^n - a}{q-1} = \frac{a(q^n-1)}{q-1}. \qquad (6)$$

Cette seconde expression de la somme des termes d'une progression géométrique croissante s'obtient directement en écrivant la progression sous la forme

$$\div a : a q : aq^2 : q^3 : \ldots aq^{n-1} ;$$

nous avons alors

$$S = a + aq + aq^2 + aq^3 + \ldots + aq^{n-1} = a(1 + q + q^2 + q^2 + \ldots + q^{n-1}).$$

Or, la parenthèse est le quotient de $(q^n - 1)$ par $(q-1)$ écrit dans un ordre inverse (59); donc

$$S = \frac{a(q^n - 1)}{q-1}.$$

242. Lorsque la progression est décroissante, le terme aq^n est plus petit que a; la différence $(aq^n - a)$ est donc négative; il en est de même de la différence $(q-1)$. Mais si nous changeons les signes des deux termes de la formule (6), il vient

$$S = \frac{a - aq^n}{1-q}; \qquad (7)$$

c'est-à-dire que *la somme des termes d'une progression géométrique décroissante est égale au premier terme, moins le dernier multiplié par la raison, le tout divisé par l'unité moins la raison.*

243. LIMITE DE LA SOMME DES TERMES D'UNE PROGRESSION GÉOMÉTRIQUE DÉCROISSANTE. La formule (7) peut s'écrire

$$S = \frac{a}{1-q} - \frac{aq^n}{1-q}.$$

Or, si le nombre des termes va en augmentant indéfiniment, l'expression $\frac{a}{1-q}$ qui ne dépend que du premier terme et de la raison, conserve constamment la même valeur, tandis que le terme aq^n de la progression décroissante tendant vers zéro (238), l'expression $\frac{aq^n}{1-q}$ tend aussi vers zéro ; par conséquent, la somme des termes, toujours inférieure à la quantité fixe $\frac{a}{1-q}$, s'en rapproche de manière à en différer d'une quantité plus petite que tout nombre donné. En un mot, *la somme des termes d'une progression géométrique décroissante à l'infini tend vers une limite égale au premier terme divisé par l'unité moins la raison :* ce qu'on écrit

$$\lim S = \frac{a}{1-q}. \qquad (8)$$

Ainsi, la somme des termes de la progression géométrique décroissante

$$\div 1 : \frac{1}{3} : \frac{1}{9} : \frac{1}{27} \cdots,$$

dont la raison est $\frac{1}{3}$ a pour limite

$$\lim S = \frac{1}{1-\frac{1}{3}} = \frac{3}{2}.$$

244. Nous pouvons appliquer la formule (8) à la recherche de la fraction ordinaire génératrice d'une fraction décimale périodique simple. Soit, par exemple, la fraction décimale périodique simple

$$0,27272727\ldots;$$

elle peut s'écrire sous la forme

$$\frac{27}{100} + \frac{27}{100^2} + \frac{27}{100^3} + \frac{27}{100^4} + \ldots;$$

elle est donc la somme des termes d'une progression géométrique décroissante à l'infini, ayant pour premier terme $\frac{27}{100}$ et pour raison $\frac{1}{100}$; par conséquent

$$\lim S = \frac{\dfrac{27}{100}}{1 - \dfrac{1}{100}} = \frac{27}{99}.$$

Telle est la valeur de la fraction décimale périodique en fraction ordinaire.

Soit encore la fraction décimale périodique simple

$$0,248\,248\,248\,248\ldots;$$

en l'écrivant sous la forme

$$\frac{248}{1000} + \frac{248}{1000^2} + \frac{248}{1000^3} + \ldots,$$

et, en appliquant la formule (8), nous trouvons

$$\lim S = \frac{248}{999}.$$

245. La considération des cinq quantités $a, q, n, l,$ S qui entrent dans les deux formules

$$l = aq^{n-1}, \quad S = \frac{lq - a}{q - 1}.$$

donne lieu à des problèmes particuliers dont les énoncés ne diffèrent des énoncés relatifs aux progressions arithmétiques (235) qu'en ce que la lettre r est remplacée par la lettre q.

Il semblerait, au premier abord, que connaissant trois de ces quantités, nous pourrions déterminer les deux autres, puisque nous n'aurions plus que deux équations à deux inconnues. Mais, si n est l'une de ces inconnues, nous aurions à résoudre une équation de la forme

$$a^x = b,$$

ce que nous ne pouvons faire avec les principes exposés précédemment. Nous nous occuperons plus tard (272) de la résolution d'une telle équation, qu'on appelle *équation exponentielle,* parce que l'inconnue y entre comme exposant.

EXERCICES

1. Trouver le premier terme et le nombre des termes d'une progression arithmétique dont le dernier terme est 295, la raison 8 et la somme des termes 5580.

Réponse. $a = 15, n = 36.$

2. Le premier terme d'une progression arithmétique est 2, la raison 5 et la somme des termes 990. On demande le dernier terme et le nombre des termes.

Réponse. $l = 97, n = 20.$

3. On demande la raison et le nombre des termes d'une progression arithmétique dont le premier terme est 9, le dernier 239 et la somme des termes 2976.

Réponse. $r = 10$, $n = 24$.

4. Le premier terme d'une progression arithmétique est 7, la raison 6 et le dernier terme 151. Trouver la somme et le nombre des termes.

Réponse. $S = 2475$, $n = 25$.

5. Trouver le premier terme et la raison d'une progression arithmétique de 42 termes dont le dernier est 333 et la somme 7098.

Réponse. $a = 5$, $r = 8$.

6. Le premier terme d'une progression arithmétique est $\frac{1}{2}$ et la somme des seize premiers termes 48. On demande la raison et le dernier terme de cette progression.

Réponse. $r = \frac{1}{3}$, $l = \frac{11}{2}$.

7. Quelqu'un achète un cheval sous la condition que pour le premier clou il payera 26 cent. et 4 fr. 90 pour le dernier. Le cheval a 32 clous. Quel prix coûte-t-il?

Réponse. 82 fr. 56 cent.

8. Dans une progression arithmétique, on connaît la raison $\frac{1}{3}$ le dernier terme $2 + \frac{5}{6}$. On demande le premier terme et la somme des 10 premiers termes.

Réponse. $a = -\frac{1}{6}$, $S = 13 + \frac{1}{3}$.

9. Une personne qui prend un domestique à son service, lui donne 360 fr. pour la première année, et l'aug-

mente de 20 fr., au commencement de chacune des années suivantes. Quelle somme le domestique aura-t-il gagnée au bout de 15 ans?

Réponse. 7500 fr.

10. Un domestique a gagné 5220 fr. en 18 années. Chaque année, il a été augmenté de 20 fr. Qu'a-t-il gagné la première et la dernière année?

Réponse. $a = 120$, $l = 480$.

11. Une personne a économisé 70200 fr. en plusieurs années. Chaque année elle a économisé 150 fr. de plus que l'année précédente, et la dernière année elle a économisé 4650 fr. Combien a-t-elle économisé la première année, et pendant combien d'années a-t-elle fait des économies? (*Interpréter la solution négative.*)

Réponse. $a = 1200$, $n = 24$. *2e solution*, $a' = -1800$, $n' = 44$.

12. Un monceau de sable est distant d'une allée d'arbres de 40 mètres. Pour être sablée, cette allée exige 100 voitures à 6 mètres d'intervalle l'une de l'autre. On demande le chemin que le voiturier doit faire, la première voiture étant déposée à 40 mètres du monceau de sable, et la voiture devant à la fin revenir à l'endroit d'où elle est partie.

Réponse. 67 kilom. 400 mèt.

13. On a vendu un cheval à condition qu'on le payerait 1 centime pour le premier clou de ses fers, 2 centimes pour le second clou, 4 centimes pour le troisième, et ainsi de suite jusqu'au 32e, en doublant pour chaque clou le prix du précédent. Quel est le prix du cheval?

Réponse. 42949672 fr. 95.

14. On suppose qu'au 1er siècle du monde, il y ait eu

8 personnes engendrées, qu'au IIe siècle il y en ait eu 8 fois autant qu'au premier, au IIIe 8 fois autant qu'au second, et ainsi de suite. On demande combien il y avait eu de personnes engendrées au XVIe siècle du monde, auquel Noé commença à bâtir l'arche du déluge.

Réponse. 281 474 976 710 656.

15. Un ouvrier place à la caisse d'épargne une première économie de 6 fr., et chaque semaine il y dépose 2 fr. de plus. Quelle somme aura-t-il placée à la fin de l'année?

Réponse. 2964 fr.

16. On construit un carré qui a pour sommets les milieux des côtés d'un carré donné. On répète la même construction sur le second carré, puis sur le troisième, et ainsi de suite indéfiniment. Quelle est la somme des aires de tous ces carrés inscrits les uns dans les autres?

Réponse. Chaque carré est la moitié de celui dans lequel on l'inscrit; donc si l'on prend pour unité de surface l'aire du carré donné, les aires des autres carrés seront $\frac{1}{2}, \frac{1}{4}, \frac{1}{8} \ldots$ la limite vers laquelle tend la somme de ces nombres est 1; par conséquent, la somme des aires en question est égale à l'aire du premier carré.

17. Trouver la limite de la somme des termes d'une progression géométrique décroissante indéfiniment dont le premier terme est 50 et la raison $\frac{2}{5}$.

Réponse. $83\frac{1}{3}$.

18. Quatre nombres sont en progression géométrique, la somme des deux premiers est 28 et celle des deux derniers 175. Quels sont ces quatre nombres?

Réponse. En appelant x le premier terme, y la raison, on a

$$x + xy = 28,$$
$$xy^2 + xy^3 = 175.$$

Mais la seconde équation égale la première multipliée par y^2; donc $28y^2 = 175$. On déduit de là $y = 2,5$ et $x = 8$; les autres termes sont : 20, 50, 125.

CHAPITRE VI

DES LOGARITHMES

246. DÉFINITION. Soient deux progressions croissantes et indéfinies

$$\left. \begin{array}{l} \div\div\, 1 : q : q^2 : q^3 \ldots\ldots : q^n \ldots \\ \div\, 0 \,.\, r \,.\, 2r.\, 3r \ldots\ldots nr \ldots \end{array} \right\} \quad (1)$$

l'une géométrique commençant par l'unité, l'autre arithmétique commençant par zéro : chaque terme de la seconde est dit le *logarithme* du terme qui occupe le même rang dans la première.

247. Les nombres, qui font partie de la progression géométrique considérée, ne sont pas les seuls ayant des logarithmes; tous les nombres positifs possibles jouissent de la même propriété. Car si, entre deux termes consécutifs des progresions (1), nous inscrivons un même nombre de moyens, nous obtiendrons (231 et 240) deux nouvelles progressions, commençant l'une par l'unité et l'autre par zéro, dans lesquelles les termes introduits se correspondront, sans qu'il y ait rien de changé pour ceux qui existaient primitivement. Chaque terme de la nouvelle progression arithmétique sera donc le logarithme du terme de même rang dans la nouvelle progression géométrique.

Or, il est facile de démontrer que nous pouvons insérer un nombre de moyens assez grand, pour que les termes des deux nouvelles progressions croissent par degrés insensibles. Soit, en effet, $n - 1$ le nombre des moyens insérés : la différence entre deux termes consécutifs de la nouvelle progression arithmétique est égale à la nouvelle raison qui est $\dfrac{r}{n}$ (230); en prenant n suffisamment grand, cette différence sera aussi petite que nous voudrons.

Quant à la différence entre deux termes consécutifs de la nouvelle progression géométrique, elle croît ou décroît avec l'excès sur l'unité de la nouvelle raison qui est $\sqrt[n]{q}$ (239) ; elle tendra donc à devenir insensible si $\sqrt[n]{q} - 1$ peut devenir moindre que toute quantité donnée ε ; mais la condition

$$\sqrt[n]{q} - 1 < \varepsilon \qquad (1)$$

revient à celle-ci

$$\sqrt[n]{q} < 1 + \varepsilon,$$

ou, en élevant les deux membres de cette dernière inégalité à la puissance n

$$q < (1 + \varepsilon)^n. \qquad (2)$$

La quantité $1 + \varepsilon$ restant supérieure à l'unité, quelque petit que soit ε, ses puissances successives vont en croissant (238) : donc, en prenant n suffisamment grand, nous pourrons satisfaire à l'inégalité (2) et, par suite, à l'inégalité (1).

248. Si nous désignons par q' et r' les raisons $\sqrt[n]{q}$ et $\dfrac{r}{n}$ des nouvelles progressions, nous avons

$$\div 1 : q' : q'^2 : q'^3 \ldots . : q'^n \ldots$$
$$\div 0 . \, r' . \, 2r' . \, 3r' \ldots . . nr' \ldots$$

Ceci posé soit N un nombre positif plus grand que 1 ; si ce nombre fait partie de la nouvelle progression géométrique, le terme correspondant de la nouvelle progression arithmétique est son logarithme exact.

Si le nombre N ne fait pas partie de la progression géométrique, il est compris entre deux termes consécutifs q'^n et q'^{n+1}. Or, la différence entre ces deux termes peut être rendue moindre que toute quantité donnée ; le nombre N différera de chacun des termes qui le comprennent d'une quantité aussi petite que nous voudrons. En prenant pour son logarithme celui de l'un de ces deux termes, soit nr' ou $(n+1)\,r'$, l'erreur commise sera moindre que la raison r', c'est-à-dire, aussi petite que nous voudrons.

249. Les mêmes raisonnements s'appliquent au cas où le nombre positif N est plus petit que 1 ; il suffit de concevoir les deux progressions précédentes continuées de droite à gauche. Chaque terme de la progression géométrique étant égal au terme placé à droite divisé par la raison, et chaque terme de la progression arithmétique étant égal au terme placé à droite moins la raison, nous prolongerons ces progressions vers la gauche, en divisant successivement les termes de la première par la raison q', et en retranchant la raison r' des termes de la seconde ; de cette manière, nous obtiendrons le système complet

$$\ldots\, \frac{1}{q'^2}\, :\, \frac{1}{q'} : 1 : q' \,.\, q'^2 : q'^3 \ldots : q'^n \ldots$$

$$\ldots -2r' \,.\, -r' \,.\, 0 \,.\, r' \,.\, 2r' \,.\, 3r' \ldots nr' \ldots$$

qui peut s'écrire, en remarquant que, d'après ce qui a été dit au numéro 72, $\dfrac{1}{q'} = q'^{-1}$, $\dfrac{1}{q'^2} = q'^{-2}$,

$$\ldots : q'^{-2} : q'^{-1} : 1 : q' : q'^2 : q'^3 \ldots : q'^n \ldots$$

$$\ldots -2r' \,.\, -r' \quad .\, 0 \,.\, r' \,.\, 2r' \,.\, 3r' \ldots nr' \ldots$$

Les nombres positifs $\dfrac{1}{q'},\ \dfrac{1}{q'^2}\ldots$ ou $q'^{-1}, q'^{-2}\ldots$ plus petits que 1, ont ainsi des logarithmes négatifs ; les nombres négatifs n'en ont pas.

PROPRIÉTÉS FONDAMENTALES DES LOGARITHMES

250. THÉORÈME. *Le logarithme d'un produit est égal à la somme des logarithmes de ses facteurs.*

Reprenons les deux progressions

$$\ldots : q'^{-2} : q'^{-1} : 1 : q' : q'^2 : q'^3 \ldots : q'^n \ldots$$

$$\ldots -2r' \,.\, -r' \quad .\, 0 \,.\, r' \,.\, 2r' \,.\, 3r' \ldots nr' \ldots$$

obtenues par l'insertion d'un nombre suffisant de moyens dans les progressions primitives. Nous voyons que l'exposant de q', dans un terme quelconque de la progression géométrique, est toujours égal au coefficient de r' dans le terme correspondant de la progression arithmétique.

Ceci posé, si nous multiplions d'abord l'un par l'autre deux termes q'^m et q'^n de la progression géométrique plus grands que 1, nous aurons un produit q'^{m+n} qui sera évidemment le $(m + n + 1)^{\text{ième}}$ terme de la même progression. Si nous ajoutons les logarithmes mr' et nr' de ces deux termes, nous aurons une somme $(m+n)\,r'$ qui sera aussi le $(m+n+1)^{\text{ième}}$ terme de la progression arithmétique, et, par conséquent, le logarithme de q'^{m+n}; donc,

$$\log q'^m \times q'^n = \log q'^m + \log q'^n.$$

Si, maintenant, nous multiplions l'un par l'autre deux termes q'^{-m} et q'^{-n} plus petits que 1, leur produit $q'^{-(m+n)}$ et la somme $-(m+n)r'$ de leurs logarithmes occuperont le même rang dans les deux progressions, et, par suite, $-(m+n)r'$ sera le logarithme de $q'^{-(m+n)}$; donc encore,

$$\log q'^{-m} \times q'^{-n} = \log q'^{-m} + \log q'^{-n}.$$

Le théorème est vrai pour un nombre quelconque de facteurs. Soient, par exemple, les quatre nombres a, b, c, d; en regardant le produit des trois premiers comme effectué, nous avons

$$\log abc \times d = \log abc + \log d; \qquad (1)$$

pareillement

$$\log abc = \log ab + \log c, \qquad (2)$$
$$\log ab = \log a + \log b. \qquad (3)$$

Ajoutant membre à membre les égalités (1), (2) et (3) et supprimant les quantités communes aux deux membres de l'égalité résultante, nous trouvons

$$\log abcd = \log a + \log b + \log c + \log d.$$

251. CoROLLAIRE I. *Le logarithme d'un quotient est égal au logarithme du dividende moins le logarithme du diviseur.*

Représentons par c le quotient $\dfrac{a}{b}$, nous avons

$$a = b \times c,$$

et, d'après le théorème précédent,

$$\log a = \log b + \log c;$$

d'où nous tirons

$$\log c = \log a - \log b,$$

ou, en remplaçant c par $\dfrac{a}{b}$,

$$\log \frac{a}{b} = \log a - \log b.$$

252. CoROLLAIRE II. *Le logarithme d'une puissance d'un nombre est égal au logarithme de ce nombre multiplié par l'exposant de la puissance.*

En effet, nous avons par définition

$$a^m = a \times a \times a \times a \dots$$

les facteurs du second membre étant en nombre m; mais (250)

$$\log a^m = \log a + \log a + \log a + \dots = m \log a.$$

253. Corollaire III. *Le logarithme d'une racine d'un nombre est égal au logarithme de ce nombre divisé par l'indice de la racine.*

Soit $\sqrt[m]{a} = b$; en élevant ses deux membres à la puissance m, cette égalité devient

$$a = b^m \, ;$$

Mais, d'après le corollaire précédent,

$$\log a = m \log b.$$

D'où

$$\log b = \frac{\log a}{m},$$

et, en remplaçant b par $\sqrt[m]{a}$,

$$\log \sqrt[m]{a} = \frac{\log a}{m}.$$

254. Des principes que nous venons d'établir, il résulte que, si nous avions à notre disposition une *table* donnant d'une part les logarithmes de tous les nombres, et, d'autre part, les nombres correspondants à tous les logarithmes, pour effectuer le produit de plusieurs nombres, nous pourrions faire simplement la somme de leurs logarithmes et chercher le nombre qui a cette somme pour logarithme ; de même, pour calculer le quotient de deux nombres, nous pourrions prendre la différence de leurs logarithmes ; pour élever un nombre à une puissance, multiplier le logarithme de ce nombre par l'exposant de la puissance ; enfin, pour extraire une racine d'un nombre, diviser le logarithme de ce nombre par l'indice de la racine ; puis, dans chaque cas, chercher le nombre qui a pour logarithme le résultat ainsi calculé. En un mot, l'usage d'une pareille table permettrait de substituer à une série de multiplications une simple addition, une soustraction à une division, une multiplication à une élévation à une puissance, et une division à une extraction de racine.

255. SYSTÈME DE LOGARITHMES. — BASE D'UN SYSTÈME. Les progressions

$$\div 1 : q : q^2 : q^3 \ldots : q^n \ldots$$
$$\div 0 . r . 2r . 3r \ldots nr \ldots,$$

qui nous ont servi à définir les logarithmes, sont assujetties à la seule condition d'avoir 1 et 0 pour termes correspondants. Comme il peut y avoir une infinité de systèmes de deux progressions jouissant de cette propriété, il existe une infinité de *systèmes de logarithmes*.

Lorsqu'on veut fixer le système qu'on a en vue, on indique ce qu'on appelle la *base :* c'est le nombre qui, dans ce système, a l'unité pour logarithme.

Pour obtenir, avec une approximation donnée, la base du système de logarithmes défini par les deux progressions précédentes, nous insérerions, dans ces deux progressions, un nombre de moyens suffisant pour que la différence entre deux termes consécutifs de la progression géométrique devînt moindre que l'approximation demandée ; alors les deux termes de la nouvelle progression géométrique, qui correspondent aux deux termes de la nouvelle progression arithmétique comprenant l'unité, représenteraient, l'un par défaut et l'autre par excès, la base du système de logarithmes avec l'approximation demandée.

Réciproquement, si nous désignons par a la base d'un système de logarithmes, nous pouvons regarder ce système comme défini par les deux progressions

$$\div\ 1 : a : a^2 : a^3 : a^4 \ldots : a^n \ldots$$
$$\div\ 0\ .\ 1\ .\ 2\ .\ 3\ .\ 4 \ldots n \ldots$$

et imaginer que les logarithmes des nombres compris entre 1 et a, entre a et a^2..... sont déterminés en insérant, dans les deux progressions, un nombre suffisant de moyens (*).

LOGARITHMES VULGAIRES

256. Dans les calculs numériques, on emploie exclusivement le système de logarithmes, dont la base est 10, et qu'on appelle *logarithmes vulgaires*. Ce système est défini par les deux progressions

$$\div\ 1 : 10 : 10^2 : 10^3 : 10^4 : \ldots : 10^n \ldots$$
$$\div\ 0\ .\ 1\ .\ 2\ .\ 3\ .\ 4 \ldots n \ldots$$

Dans ce système, les puissances de 10 ont pour logarithmes des nombres entiers, et le logarithme de l'une de ces puissances est toujours égal à l'exposant de cette même puissance; car, le logarithme de 10 étant 1, nous avons (252)

$$\log 10^n = n \log 10 = n.$$

(*) Ce mode de calcul serait presque impraticable et ce n'est pas ainsi qu'on opère. Les procédés employés conduisent à des calculs beaucoup plus simples; mais ces procédés ne peuvent être expliqués dans un cours d'algèbre élémentaire.

Quant aux logarithmes des nombres qui ne sont pas des puissances entières de 10, on démontre qu'ils sont incommensurables ; ils ne peuvent, par conséquent, être calculés qu'avec une certaine approximation. On les évalue ordinairement en nombres décimaux.

257. CARACTÉRISTIQUE. La partie entière d'un logarithme se nomme *caractéristique*. Les nombres compris entre 1 et 10, c'est-à-dire, ayant une partie entière composée d'un seul chiffre, ont leurs logarithmes compris entre 0 et 1 ; la caractéristique est zéro. Les nombres compris entre 10 et 100, c'est-à-dire, ayant une partie entière composée de deux chiffres, ont leurs logarithmes compris entre 1 et 2 ; la caractéristique est 1. En général, les nombres compris entre 10^n et 10^{n+1} ont une partie entière composée de n chiffres, et leurs logarithmes étant compris entre $n-1$ et n, ont pour caractéristique $n-1$.

Donc, *la caractéristique du logarithme d'un nombre contient autant d'unités qu'il y a de chiffres, moins un, dans la partie entière de ce nombre.*

Réciproquement, *le nombre correspondant à un logarithme donné, contient autant de chiffres à sa partie entière, qu'il y a d'unités, plus une, à la caractéristique du logarithme.*

258. Une propriété des logarithmes vulgaires, qu'il importe de remarquer, est la suivante :

THÉORÈME. *Si l'on multiplie ou si l'on divise un nombre par une puissance de 10, la partie décimale de son logarithme n'est pas altérée, mais la caractéristique est augmentée ou diminuée d'autant d'unités qu'il y en a dans l'exposant de la puissance de 10.*

Nous avons, en effet (250 et 251),

$$\log a \times 10^n = \log a + n \log 10;$$

$$\log \frac{a}{10^n} = \log a - n \log 10;$$

mais $\log 10 = 1$; donc,

$$\log a \times 10^n = \log a + n,$$

$$\log \frac{a}{10^n} = \log a - n.$$

Le logarithme étant augmenté ou diminué de n unités, sa partie décimale ne change pas ; sa caractéristique seule augmente ou diminue de n unités.

Il résulte de ce théorème que si *deux nombres décimaux ne diffèrent que par la place de la virgule, leurs logarithmes ne diffèrent que par la caractéristique.*

259. Caractéristique négative. Nous avons vu (249) que les logarithmes des nombres plus petits que 1 sont négatifs. Le théorème précédent permet d'exclure du calcul ces logarithmes entièrement négatifs, et de les remplacer avantageusement par des logarithmes dont la caractéristique seule est négative.

Soit, en effet, le nombre 0,00872 : en le multipliant par 10^3, nous obtenons le nombre 8,72, qui a pour logarithme 0,94051648 ; le logarithme de 0,00872 est donc

$$0,94051648 - 3,$$

qu'on écrit

$$\overline{3},94051648$$

en plaçant le signe — au-dessus de la caractéristique pour indiquer que ce signe ne porte que sur elle.

En général, soit a un nombre inférieur à 1 et n le rang de son premier chiffre significatif compté à partir de la virgule. En avançant la virgule de n rang vers la droite, c'est-à-dire, en multipliant par 10^n, nous obtenons un nombre $a \times 10^n$ compris entre 0 et 10, et dont le logarithme a, par suite, une caractéristique égale à 0, et une partie décimale positive. Pour revenir au logarithme du nombre a, nous retranchons n unités de la caractéristique. Ce logarithme aura donc une caractéristique négative égale à n et une partie décimale positive.

Donc, *le logarithme d'une fraction décimale est un nombre formé : 1° d'une caractéristique négative égale en valeur absolue au rang de son premier chiffre significatif compté à partir de la virgule; 2° d'une partie décimale égale à celle du logarithme du nombre entier formé par l'ensemble des chiffres significatifs.*

Réciproquement, *si un logarithme a une caractéristique négative n, il appartient à une fraction décimale dont le premier chiffre significatif occupe le $n^{\text{ième}}$ rang à droite de la virgule.*

DISPOSITION ET USAGE DES TABLES

260. Une table de logarithmes contient tous les nombres entiers, depuis 1 jusqu'à un nombre donné, et, en regard, leurs logarithmes évalués avec un certain nombre de chiffres décimaux exacts. Nous ne parlerons que des tables de *Lalande* et de celles de *Callet*.

261. TABLES DE LALANDE. Ces tables sont disposées sur trois colonnes ; la première, intitulée *nomb.*, contient les nombres entiers depuis 1 à 10000 ; la seconde, intitulée *logarit.*, contient les logarithmes de ces nombres, calculés avec cinq décimales ; la troisième n'est remplie qu'à partir du nombre 990 ; elle est intitulée *diff.* et contient les différences entre les logarithmes consécutifs. Ces différences expriment des unités de 5e ordre décimal : on les désigne sous le nom de *différences tabulaires*.

262. Pour faire un calcul quelconque par logarithmes, il faut savoir, au moyen des tables, trouver le logarithme d'un nombre donné et, réciproquement, trouver le nombre qui correspond à un logarithme donné; nous allons résoudre ces deux problèmes.

PREMIER PROBLÈME. *Etant donné un nombre, trouver son logarithme.*

Il faut distinguer plusieurs cas selon que le nombre proposé se trouve ou ne se trouve pas dans les tables.

1er *cas*. Lorsque ce nombre se trouve dans les tables, c'est-à-dire, lorsqu'il est entier et moindre que 10000, il est clair qu'il suffit de le chercher dans la colonne intitulée *nomb.*, et le nombre écrit à côté, dans la colonne intitulée *logarit.*, est le logarithme cherché.

2e *cas*. Lorsque le nombre est entier et plus grand que 10000, la caractéristique de son logarithme est connue d'avance (257); il suffit donc d'en chercher la partie décimale.

Or, il résulte du n° 258 que la partie décimale de ce logarithme est la même que celle du logarithme d'un nombre 10, 100, 1000... fois plus petit que le nombre proposé; par conséquent, en séparant par une virgule les quatre premiers chiffres seulement sur la gauche du nombre, ce qui est diviser ce nombre par 10, 100, 1000....., suivant qu'il reste sur sa droite un, deux ou trois chiffres décimaux, nous ramenons la question à déterminer la partie décimale du logarithme d'un nombre compris entre 1000 et 10000.

Soit, par exemple, à calculer le logarithme de 36276. La caractéristique de ce logarithme est 4 et sa partie décimale est la même que celle du logarithme du nombre 3627,6

Or, le logarithme de 3627 ayant pour partie décimale 55955, il reste à déterminer ce qu'il faut ajouter à cette fraction pour obtenir la partie décimale du logarithme de 3627, 6.

Si nous consultons la colonne des différences, nous voyons que le logarithme de 3628 surpasse de 12 unités du 5e ordre décimal celui de 3627. Pour trouver ce qu'il faut ajouter au logarithme de ce nombre afin d'avoir celui d'un nombre contenant 0,6 de plus, nous dirons : *Si pour 1 d'augmentation dans le nombre* 3627 *il faut ajouter* 12 *au logarithme, pour une augmentation de* 0,6 *dans le nombre, il faudra ajouter au logarithme*

les $\dfrac{6}{10}$ *de* 12, *ou* $0,6 \times 12 = 7,2.$

Nous avons donc

$$\log 36276 = 4,55955 + 7 = 4,55962.$$

Nous opérerions de même dans tous les cas semblables. Nous remarquerons, toutefois, que la proportion que nous venons d'établir entre les accroissements des nombres et ceux des logarithmes correspondants, n'est pas rigoureusement exacte ; seulement elle fournit une approximation suffisante, lorsque les nombres sont grands et leurs accroissements peu considérables. C'est pourquoi il est essentiel de ne séparer sur la droite du nombre donné que le moins de chiffres possible ; nous conserverons toujours quatre chiffres entiers, c'est-à-dire, nous ferons en sorte que le nombre résultant soit compris entre 1000 et 10000. Avec cela, nous ne pourrons même compter dans la proportion ci-dessus que sur l'exactitude des unités décimales du 5e ordre ; nous négligerons donc tout ce qui est au-dessous, en ayant soin cependant de forcer le dernier chiffre d'une unité, si la partie omise surpassait une demi-unité du 5e ordre décimal.

3e *cas.* Soit maintenant à calculer le logarithme du nombre décimal 36,276. Ce nombre ayant deux chiffres à sa partie entière, la caractéristique de son logarithme est 1. Pour déterminer la partie décimale, nous séparerons, par une virgule, quatre chiffres sur la gauche du nombre proposé, nous aurons ainsi à chercher la partie décimale du logarithme de 3627,6, question que nous venons de résoudre. Le logarithme demandé sera donc 1,55962.

4e *cas.* Supposons, enfin, qu'il s'agisse de trouver le logarithme de la fraction décimale 0,0036276. Le premier chiffre significatif occupant le 3e rang après la virgule, la caractéristique sera $\bar{3}$ (259). Pour déterminer la partie décimale du logarithme cherché, nous reculerons la virgule vers la droite de manière à obtenir un nombre décimal ayant quatre chiffres à sa partie entière, ce qui nous ramène au cas précédent ; nous aurons donc

$$\log 0,0036276 = \bar{3},55962,$$

233. SECOND PROBLÈME. *Etant donné un logarithme, trouver le nombre auquel il correspond.*

Nous ferons d'abord abstraction de la caractéristique du logarithme donné ; et, lorsque nous aurons trouvé les

chiffres qui entrent dans l'expression du nombre cherché, nous déterminerons, d'après les règles établies aux
n⁰ˢ 257 et 259, combien ce nombre a de chiffres à sa
partie entière, ou quel rang occupe, après la virgule,
son premier chiffre significatif, suivant que la caractéristique de son logarithme est positive ou négative.

Pour trouver les chiffres qui entrent dans l'expression
du nombre cherché, nous distinguerons deux cas, selon
que la partie décimale du logarithme donné est ou n'est
pas contenue dans les tables.

1ᵉʳ *cas*. Si la partie décimale du logarithme donné est
dans les tables, nous trouverons en regard, dans la colonne intitulée N, les quatre chiffres dont se compose
le nombre demandé; car c'est toujours parmi les logarithmes des nombres de quatre chiffres, c'est-à-dire,
parmi les logarithmes des nombres compris entre 1000
et 10000 qu'il faut chercher la partie décimale, afin de
pouvoir, au besoin, faire usage des différences tabulaires.

Si, par exemple, le logarithme donné est 1,55955, nous
trouverons 3627 pour les quatre chiffres dont se compose le nombre cherché; et, comme d'ailleurs la caractéristique du logarithme est 1, ce nombre sera 36,27.

2ᵉ *cas*. Si la partie décimale du logarithme donné ne se
trouve pas dans les tables, elle tombe entre les parties
décimales des logarithmes de deux nombres consécutifs.

Soit, par exemple, le logarithme 4,55962 : sa partie
décimale ne se trouve pas dans les tables, mais elle
tombe entre les parties décimales des logarithmes appar-
tenant aux nombres 3627 et 3628. Pour déterminer ce
qu'il faut ajouter à 3627, nous supposerons toujours les
accroissements des logarithmes proportionnels aux
accroissements des nombres; et, observant que le logarithme donné surpasse celui de 3627 de 7 unités du

5ᵉ ordre décimal et que la différence tabulaire est 12, nous dirons : *Si, pour une augmentation de 12 unités dans le logarithme, il faut ajouter 1 au nombre, pour une augmentation d'une unité dans le logarithme il faudra ajouter* $\frac{1}{12}$ *au nombre, et* $\frac{7}{12}$ *pour une augmentation de 7 unités dans le logarithme.*

En réduisant $\frac{7}{12}$ en fraction décimale, nous trouvons 0,58 ou 0,6 en forçant le chiffre des dixièmes ; le nombre correspondant au logarithme dont la partie décimale serait 55962 est donc 3627,6 ; et, comme d'ailleurs la caractéristique du logarithme donné est 4, le nombre cherché a 5 chiffres à sa partie entière ; c'est donc 36276.

Si la caractéristique du logarithme était négative, nous agirions comme dans l'exemple précédent ; c'est-à-dire, nous chercherions les chiffres qui composent tous les nombres correspondant à la partie décimale du logarithme, et nous placerions ensuite la virgule de manière que le premier chiffre significatif soit de l'ordre décimal marqué par la caractéristique. Nous trouverions ainsi qu'au logarithme $\overline{3},55962$ correspond la fraction décimale 0,0036276.

264. TABLES DE CALLET. Les tables de logarithmes, connues sous le nom de *tables de Callet*, sont plus usitées que celles de Lalande : elles font connaître les logarithmes des nombres entiers de 1 à 108000.

On peut les considérer comme composées de trois tables distinctes : la première contient les logarithmes des nombres entiers de 1 à 1200 avec huit décimales ; la seconde donne, avec sept décimales, les logarithmes des nombres entiers depuis 1200 à 100000 ; enfin, dans la troisième, on trouve les logarithmes avec huit décimales des nombres entiers de 100000 à 108000. Comme la caractéristique du logarithme d'un nombre se connaît à l'inspection de ce nombre, on s'est dispensé de l'écrire dans les tables.

De 1 à 1200, les tables de Callet sont disposées sur deux colonnes verticales ; l'une, intitulée N, contient les nombres ; l'autre, intitulée *log*, contient la partie décimale des logarithmes de ces nombres.

A partir de 1200, la disposition change. La colonne verticale, intitulée N, contient les nombres depuis 1020 jusqu'à 10800 ; mais il faut considérer ces nombres comme exprimant des dizaines. Le chiffre des unités se trouve écrit au haut de la page comme titre de l'une des dix colonnes qui suivent.

Dans la colonne intitulée 0, on trouve la partie décimale des logarithmes des nombres entiers inscrits dans la colonne intitulée N ; les trois premiers chiffres, qui sont communs à plusieurs logarithmes consécutifs, ne sont écrits qu'une seule fois, et sont laissés en blanc tant qu'ils ne changent pas.

Dans les colonnes intitulées 1, 2, 3…9, on trouve en regard de chaque nombre de la colonne N des groupes de quatre chiffres qui sont destinés à remplacer les quatre derniers de la partie décimale du logarithme de ce nombre, lorsqu'on le considère comme exprimant des dizaines, et que le chiffre des unités est placé en tête de la colonne verticale dont il s'agit.

Une dernière colonne, intitulée *Diff.*, contient de petits tableaux surmontés d'un nombre isolé. Ces nombres isolés sont les différences des logarithmes de deux nombres entiers consécutifs, et les petits tableaux placés au-dessous contiennent, d'une part, les chiffres

1, 2, 3…9, et de l'autre, les produits de la différence par 0,1, 0,2, 0,3…0,9.

Enfin, pour faciliter les recherches, on a placé en tête de chaque page les trois premiers chiffres du premier nombre écrit dans la colonne N, et les trois premiers chiffres du premier logarithme écrit dans la colonne 0. Les uns sont précédés d'un N, et les autres d'un L.

Ce que nous venons de dire de la disposition des tables de Callet suffit pour résoudre les deux problèmes dont nous avons à nous occuper ; nous renvoyons d'ailleurs, pour plus de renseignements, à l'instruction que l'auteur a mise en tête de son travail.

265. PREMIER PROBLÈME. *Etant donné un nombre, trouver son logarithme.*

La caractéristique s'obtient immédiatement par les règles établies aux n⁰ˢ 257 et 259 ; il ne reste donc à chercher que la partie décimale. Nous distinguerons deux cas.

1ᵉʳ *cas. Le nombre proposé n'a que cinq chiffres significatifs.* Nous ferons abstraction de la virgule, s'il y en a une, puisque sa position n'influe que sur la caractéristique, et nous serons ramené à opérer sur un nombre entier.

Ceci posé, soit à calculer le logarithme de 76917. Nous cherchons d'abord dans la colonne intitulée N le nombre 7691 formé par les quatre premiers chiffres ; puis nous prenons dans la colonne 0 les trois chiffres isolés 886 qui sont les trois premiers de la partie décimale du logarithme. Pour avoir les quatre derniers, nous suivons la ligne horizontale sur laquelle se trouve le nombre 7691, et dans la colonne verticale qui a pour titre le cinquième chiffre 7 du nombre proposé, nous trouvons quatre chiffre 0223 que nous écrivons à la droite des trois premiers 886. La partie décimale du logarithme cherché est donc 8860223.

2e cas. *Le nombre proposé a plus de cinq chiffres significatifs.*

Prenons, pour exemple, le nombre 769174. Nous savons (258) que la partie décimale du logarithme de ce nombre est la même que celle du logarithme de 76917,4. Nous cherchons d'abord la partie décimale du logarithme de 76917 ; la méthode que nous venons d'employer donne 8860223. Il reste à déterminer ce qu'il faut ajouter à cette fraction pour avoir la partie décimale du logarithme de 76917,4. Pour cela, nous cherchons le chiffre 4 dans la colonne de gauche du petit tableau placé au-dessous de la différence tabulaire 57, et, en regard, dans la colonne de droite, nous trouverons 23 ; en ajoutant ce nombre à la partie décimale déjà obtenue, nous avons la partie décimale du logarithme cherché.

Le même procédé peut être employé pour un nombre ayant plus de six chiffres. Soit encore à calculer le logarithme de 7691748. Nous séparons d'abord cinq chiffres sur la gauche par une virgule et nous cherchons la partie décimale du logarithme de 76917; nous trouvons 8860223. Il reste à déterminer ce qu'il faut ajouter à cette fraction pour avoir la partie décimale du logarithme de 76917,48. Or, le tableau placé au-dessous de la différence tabulaire 57, donne pour 0,4 le nombre 23. Pour 0,8, il donnerait 46 et, par suite, 4,6 pour 0,08. La partie décimale complète du logarithme est donc

$$8860223 + 23 + 4,6 = 8860250,6,$$

ou, en forçant le 7e chiffre décimal,

$$8860251.$$

Voici comment on dispose ordinairement le calcul :

Log 76197	=	.,8860223
Pour 0,4	=	23
Pour 0,08	=	5

Log 76197,48	=	.,8860251.

. REMARQUE. En continuant le même procédé pour un plus grand nombre de chiffres, on reconnaît. aisément qu'au-delà du huitième, les autres seraient sans influence sensible sur les sept premiers chiffres de la partie décimale du logarithme demandé.

266. SECOND PROBLÈME. *Etant donné un logarithme, trouver le nombre correspondant.*

Nous chercherons d'abord les chiffres significatifs du nombre demandé ; nous déterminerons ensuite, d'après la caractéristique, l'ordre des unités que doit exprimer le premier de ces chiffres.

Supposons, pour fixer les idées, que la partie décimale du logarithme donné soit 8860251. Nous cherchons les trois premiers chiffres 886 dans la colonne 0, parmi les chiffres isolés de cette colonne ; nous cherchons ensuite les quatre suivants 0251 parmi les groupes de quatre chiffres destinés à compléter la partie décimale des logarithmes qui commencent par 886. Celui de ces divers groupes qui approche le plus par défaut de 0251 est 0223 ; ce groupe correspond à la ligne horizontale où se trouve, dans la colonne N, le nombre 7691, et à la colonne verticale qui a pour titre 7 ; nous en

8.

concluons que les cinq premiers chiffres du nombre demandé sont 76917.

Pour déterminer les autres, nous retranchons 0223 de 0251, ce qui donne 28 pour reste. Nous cherchons ce reste 28 dans la colonne de droite du petit tableau des différences; le nombre qui en approche le plus par défaut est 23. En regard de 23, et dans la colonne de gauche du même tableau, se trouve le chiffre 4; c'est le sixième chiffre du nombre demandé.

Pour obtenir le septième, nous retranchons 23 de 28, ce qui nous donne 5 pour reste; nous le multiplions par 10 et nous cherchons le produit 50 dans la colonne de droite du petit tableau. Le nombre qui en approche le plus par défaut est 46, qui correspond au nombre 8. Les sept premiers chiffres du nombre demandé sont donc

$$7691748.$$

REMARQUÉ. En continuant le même procédé, nous trouverions un huitième, un neuvième... chiffre; mais nous ne pourrions pas compter sur leur exactitude; il peut même arriver que le septième ne soit approché qu'à une unité près, par défaut ou par excès.

Les chiffres significatifs du nombre une fois obtenus, nous déterminerons l'ordre des unités que doit exprimer le premier, en ayant égard à la caractéristique. Dans l'exemple qui précède, si la caractéristique était 3, le nombre demandé serait 7691,748.

DES CALCULS PAR LOGARITHMES.

267. Nous avons vu (254) que les propriétés des logarithmes permettent de ramener la multiplication à une addition, la division à une soustraction, la formation des puissances à une multiplication et l'extraction des racines à une division. Nous pouvons maintenant en donner des exemples.

MULTIPLICATION. *Calculer le produit*

$$x = 367,2485 \times 54,461827,$$

Nous avons (250) :

$$\log x = \log 367,2485 + \log 54,461827$$

CALCUL.

$$\log\ \ 367,2485 = 2,5649601$$
$$\log 54,461827 = 1,7360922$$

$$\log x = 4,3010523$$
$$x = 20001,02$$

Calculer le produit x $= 0,08756349 \times 0,006282407$. Nons avons

$$\log x = \log 0,08756349 + \log 0,006282407.$$

CALCUL.

$$\log 0,08756349 = \overline{2},9423230$$
$$\log 0,006282407 = \overline{3},7981261$$

$$\log x = \overline{4},7404491,$$
$$x = 0,0005501095$$

268. DIVISION. *Trouver le quotient* x $= \dfrac{366,242264}{365,242264}$.

Nous avons (251)

$$\log x = \log 366,242264 - \log 365, 242264.$$

CALCUL.

$$\log 366{,}242264 = 2{,}5637685,$$
$$- \log 365{,}242264 = - 2{,}5625810.$$

$$\log x = 0{,}0011875,$$
$$x = 1{,}002738.$$

Trouver le quotient $x = \dfrac{4853 \times 8769}{395{,}7 \times 767{,}9}.$

Nous avons

$$\log x = \log 4853 + \log 8769 - \log 395{,}7 - \log 767{,}9$$

CALCUL.

$$\log 4853 = 3{,}6860103$$
$$\log 8769 = 3{,}9429501$$
$$- \log 395{,}7 = - 2{,}5973661$$
$$- \log 767{,}9 = - 2{,}8853047$$

$$\log x = 2{,}1462896,$$
$$x = 140{,}052.$$

269. COMPLÉMENTS ARITHMÉTIQUES. On appelle *complément arithmétique* d'un nombre l'excès, sur ce nombre, de la puissance de 10 immédiatement supérieure. Ainsi, le complément de 5834 est

$$10000 - 5834 = 4166.$$

Les logarithmes qui entrent ordinairement dans les calculs étant moindres que 10, on appelle *complément d'un logarithme*, l'excès de 10 sur ce logarithme.

Il résulte de cette définition qu'on obtient le complément d'un logarithme en *retranchant, dans tel ordre qu'on veut, le premier chiffre à droite de 10 et chacun des autres de 9.*

L'emploi des compléments facilite beaucoup le calcul par logarithme. La relation

$$a - l = a + (10 - l) - 10,$$

montre, en effet, *qu'au lieu de soustraire un logarithme on peut ajouter son complément, puis retrancher* 10. Si l'on a plusieurs logarithmes à soustraire, on ajoute les compléments, et on retranche de la somme autant de dizaines qu'elle renferme de compléments.

En appliquant cette simplification au dernier exemple que nous avons traité, nous trouvons

$$\log x = \log 4853 + \log 8769 + c^t \log 395{,}7 + c^t \log 767{,}9 - 20.$$

CALCUL.

$$
\begin{aligned}
\log\ 4853 &= 3{,}6860103 \\
\log\ 8769 &= 3{,}9429501 \\
c^t \log 395{,}7 &= 7{,}4026339 \\
c^t \log 767{,}9 &= 7{,}1146953.
\end{aligned}
$$

$$
\begin{aligned}
\text{Somme} - 20,\ \text{ou}\ \log x &= 2{,}1462896, \\
x &= 140{,}052.
\end{aligned}
$$

270. Puissances. *Calculer* $x = 2^{20}$.

Nous avons (252)

$$\log x = 20 \log 2.$$

CALCUL.

$$
\begin{aligned}
\log 2 &= 0{,}30103000 \\
20\ \log 2 &= 6{,}0206000 \\
x &= 1048576.
\end{aligned}
$$

Calculer $x = \left(\dfrac{2}{37}\right)^5$.

Nous avons

$$\log x = 5\,(\log 2 + c^t \log 37 - 10).$$

CALCUL.

$$\log 2 = 0,30103000$$
$$c^t \log 37 = 8,43179828$$

Somme -10 ou $\log \dfrac{2}{37} = \overline{2},73282828$

$5 \log \dfrac{2}{37}$ ou $\log x = \overline{7},66414140$

$$x = 0,0000004614677,$$

271. RACINES. *Calculer* $x = \sqrt[5]{365478}$.

Nous avons (253)

$$\log x = \frac{1}{5}\,\log 365478.$$

CALCUL.

$$\log 365478 = 5,5628612$$

$\dfrac{1}{5}\log 365478$ ou $\log x = 1,1125722,$

$$x = 12,9590.$$

Calculer $x = \sqrt[3]{0,054327}$.

Nous avons

$$\log x = \frac{1}{3}\,\log 0,054327.$$

CALCUL.

$$\log 0{,}054327 = \overline{2}{,}7350157$$

$$\frac{1}{3} \log 0{,}054327 \text{ ou } \log x = \overline{1}{,}5783386$$

$$x = 0{,}378738.$$

REMARQUE. Afin de rendre la caractéristique négative divisible par 3, nous avons ajouté et retranché une unité au logarithme, et nous avons supposé le logarithme écrit sous la forme

$$- 3 + 1{,}7350157.$$

En divisant par 3 la partie négative et la partie positive, nous avons trouvé

$$- 1 + 0{,}5783386 = \overline{1}{,}5783386.$$

En général, *toutes les fois que nous aurons à diviser par un nombre* n, *un logarithme dont la caractéristique est négative, nous ajouterons à ce logarithme et nous retrancherons un nombre d'unités tel, que la caractéristique négative devienne divisible par* n.

Soit encore, pour exemple, à calculer

$$x = \sqrt[5]{0{,}0000003627}.$$

Nous avons

$$\log x = \frac{1}{5} \log 0{,}0000003627.$$

CALCUL.

$$\log 0{,}0000003627 = \overline{7}{,}5595476$$

$$\frac{1}{5}\log 0{,}0000003627 \text{ ou } \log x = \overline{2}{,}7119095$$

$$x = 0{,}051513.$$

Nous avons ajouté et retranché 3 au logarithme de 0,0000003627, et nous l'avons supposé écrit sous la forme

$$- 10 + 3{,}5595476,$$

afin de rendre la partie négative divisible par 5.

RÉSOLUTION DE L'ÉQUATION EXPONENTIELLE $a^x = b$.

272. L'application des logarithmes donne un moyen de résoudre les équations . exponentielles dont nous avons dit un mot (245)

Soit, en effet, l'équation

$$a^x = b.$$

Nous avons (252)

$$x \log a = \log b,$$

équation du premier degré d'où nous tirons

$$x = \frac{\log b}{\log a}.$$

Soit encore

$$a^{mx} = b;$$

Nous avons (252)

$$m^x \log a = \log b;$$

d'où

$$m^x = \frac{\log b}{\log a}.$$

en traitant cette dernière de la même manière que $a^x = b$, nous en tirerons la valeur de x.

273. Les équations exponentielles ont quelquefois une forme plus compliquée. Considérons, par exemple, l'équation

$$am^{2x} + bm^x + c = 0;$$

en remarquant que $m^{2x} = (m^x)^2$ et en posant $m^x = y$, l'équation proposée devient

$$ay^2 + by + c = 0;$$

d'où nous tirons

$$y = \frac{-b \pm \sqrt{b^2 - 4ac}}{2a}.$$

Nous trouvons ainsi deux valeurs y' et y''. Si elles sont réelles et positives, nous aurons, pour déterminer x, les deux équations

$$m^x = y', \quad m^x = y''$$

qui rentrent dans la première équation exponentielle que nous avons résolue.

EXERCICES

1. Trouver les logarithmes des nombres : 1° 5436 ; 2° 45876 ; 3° 673425 ; 4° 5278429 ; 5° 6,365423 ; 6° 0,04678296.

Réponse. 1° 3,7352794 ; 2° 4,6615855 ; 3° 5,8282893 ; 4° 6,7225046 ; 5° 0,8038273 ; 6° $\overline{2}$,6700878.

2. Trouver les nombres correspondants aux logarithmes : 1° 3,5701225 ; 2° 4,5792461 ; 3° 5,1350987 ; 4° 6,9871245 ; 5° $\overline{1}$,3657296 ; 6° $\overline{3}$,7846058.

Réponse. 1° 3716,4 ; 2° 37953 ; 3° 136489,4 ; 4° 9707882 ; 5° 0,2321291 ; 6° 0,006089838.

3. Calculer par logarithmes les deux expressions

$$1°\ x = \frac{3(29,645)^2 \times \sqrt{105897 \times 3,7899}}{5 \times 441,8},$$

$$2°\ x = \frac{\sqrt[3]{0,047} \times (0,038)^4}{(0,0091)^3 \times \sqrt{0,0057}}.$$

Réponse. 1° $x = 756,109$; 2° $x = 13,226$.

4. Résoudre les deux équations

$$x^2 + y^2 = 29,$$
$$\log x + \log y = 1.$$

Réponse. $x = 2$, $y = 5$.

5. Résoudre les deux équations

$$x + y = 65,$$
$$\log x + \log y = 3.$$

Réponse. $x = 25$, $y = 40$.

6. Calculer la distance d'Uranus au soleil, sachant que la durée de la révolution sidérale de cette planète est de 84 ans.

Réponse. 19,18, la distance de la terre au soleil étant prise pour unité.

7. Quelle est la plus petite valeur entière de n qui satisfasse à l'inégalité $\left(\dfrac{100}{99}\right)^n > \dfrac{20}{3}$?

Réponse. 189.

8. Un souverain, voulant récompenser Sessa, l'inventeur du jeu d'échecs, celui-ci demanda un grain de blé pour la première case, 2 grains pour la deuxième, 4 grains pour la troisième, et ainsi en doublant jusqu'à la 64e case. Combien demandait-il de grains ?

Réponse. Ce nombre est égal à la somme des 64 premiers termes de la progression géométrique ayant 1 pour premier terme et 2 pour raison. C'est donc $2^{64} - 1$. Le calcul par logarithmes donne 1844675 suivi de 13 zéros. Or, un hectare ne produit guère que 45800000 grains de blé ; il aurait donc fallu plus de 400 billions d'hectares ou plus de 8 fois la surface du globe pour produire ce que demandait Sessa. Cela équivaut à 141 milliards de francs, somme environ 12 fois plus grande que la richesse monétaire du monde entier.

9. Résoudre l'équation exponentielle $2^{3^{4^x}} = 512$.

Réponse. $x = \dfrac{1}{2}$.

10. Résoudre l'équation $5^{2x} - 3 \times 5^x - 28 = 0$.

Réponse. En posant $5^x = z$, l'équation devient

$$z^2 - 3z - 28 = 0.$$

La racine positive de cette dernière donne

$$x = 1,209\ldots$$

CHAPITRE VII

INTÉRÊTS COMPOSÉS. — ANNUITÉS.

1° INTÉRÊTS COMPOSÉS

274. Lorsqu'on prête une somme d'argent, si, au lieu de toucher chaque année les intérêts échus, on les ajoute au capital pour qu'ils produisent à leur tour des intérêts, c'est-à-dire, si on capitalise les intérêts, on dit que la somme est prêtée à *intérêts composés*. Il est évident qu'alors le capital et les intérêts échus augmentent d'année en année.

275. Nous allons chercher ce que devient, après un certain temps, un capital placé à intérêts composés. Soient a ce capital, n le nombre des années pendant lesquelles il est placé, et r l'intérêt de 1 franc en un an.

Puisqu'un fr. rapporte r dans un an, a fr. rapporteront ar, et, à la fin d'une année, cette somme vaudra, tant en capital qu'en intérêts, $a + ar = a(1 + r)$. Ainsi, *pour avoir la valeur d'un capital quelconque à la fin d'une année, il faut le multiplier par la quantité* $(1+r)$.

Nous obtiendrons la valeur du nouveau capital $a(1+r)$ à la fin d'une année, c'est-à-dire, celle du capital a après deux années, en multipliant $a(1 + r)$ par $(1 +r)$, ce qui donnera $a(1 + r)^2$. Par la même raison, ce capital a vaudra à la fin de la troisième année

$$a(1 + r)^2 \times (1 + r) = a(1 + r)^3,$$

et ainsi de suite; après n années ce capital vaudra donc $a(+r)^n$; et, en désignant par A sa valeur, nous aurons

$$A = a(1 + r)^n. \qquad (1)$$

Cette formule établit une relation entre les quantités A, a, r et n, relation qui sert à déterminer l'une quelconque d'entre elles, lorsque les trois autres sont connues. Nous pouvons donc, à l'aide de cette relation, résoudre les quatre questions suivantes :

276. PREMIER PROBLÈME. *Quelle est, après* n *années, la valeur d'un capital* a *placé à intérêts composés à* r *pour* 1 fr. *par an?*

C'est la question que nous venons de résoudre; l'inconnue A est donnée immédiatement par la formule (1). Prenant les logarithmes des deux membres de cette formule, nous aurons

$$\log A = \log a + n \log (1 + r).$$

Exemple. Quelle est, après 12 *ans, la valeur de* 2708 fr. 10 *placés à intérêts composés à* 4 % *par an?*

Nous avons ici $a = 2708{,}10$, $r = 0{,}04$, $n = 12$; donc

$$\log A = \log 2708{,}10 + 12 \log 1{,}04;$$

or,

$$\log 2708{,}10 = 3{,}4326658,$$
$$12 \log 1{,}04 = 0{,}2044001.$$

Donc $\qquad \log A = 3{,}6370659,$

et, par suite, $\qquad A = 4335^f{,}75$

277. SECOND PROBLÈME. *Quel est le capital qui, placé à intérêts composés à* r *pour* 1 fr. *par an, acquiert une valeur* A *après* n *années?*

De la formule (1) nous tirons

$$a = \frac{A}{(1 + r)^n},$$

et, en prenant les logarithmes des deux membres de cette dernière,

$$\log a = \log A + c^t \, n \log (1 + r) - 10.$$

Exemple. Quelle somme faut-il placer à intérêts composés à 4 °/₀, pour avoir 4335ᶠ,75 au bout de 12 ans?

Dans ce cas particulier, $A = 4335,75$, $r = 0,04$ et $n = 12$; par conséquent,

$$\log a = \log 4335,75 + c^t \log 12 \log 1,04 - 10;$$

or,

$$\log 4335,75 = 3,6370659,$$
$$c^t \, 12 \log 1,04 = 9,7955999.$$

$$\text{Somme} - 10 \text{ ou } \log a = 3,4326658,$$
$$a = 2708^f,10$$

278. TROISIÈME PROBLÈME. *A quel taux faut-il placer un capital a à intérêts composés, pour qu'après* n *années il acquière une valeur* A?

L'inconnue est r; or, de la formule (1), nous tirons

$$1 + r = \sqrt[n]{\frac{A}{a}} \cdot$$

Prenant les logarithmes des deux membres de cette ernière, il vient

$$\log (1 + r) = \frac{1}{n} (\log A + c^t \log a - 10).$$

Exemple. A quel taux faut-il placer 2708^f,10 *à inté-*
rêts composés pour recevoir 4335^f,75 *après* 12 *ans?*

Puisque A $=$ 4335,75, $a =$ 2708,10 et $n =$ 12, nous
avons

$$\log (1 + r) = \frac{1}{12} (\log 4335,75 + c^t \log 2708,10 - 10);$$

or,

$$\log 4335,75 = 3,6370659,$$
$$c^t \log 2708,10 = 6,5673342,$$

Somme $-$ 10 ou 12 $\log (1 + r) = 0,2044001$;
$$\log (1 + r) = 0,0170333,$$
$$r = 0,04.$$

276. QUATRIÈME PROBLÈME. *Pendant combien d'an-*
nées faut-il placer un capital a, *à intérêts composés et*
à r *pour* 1 *fr. par an, pour qu'il acquière une valeur* A?

L'inconnue est n; de la formule (1), nous tirons

$$(1 + r)^n = \frac{A}{a},$$

et, en prenant les logarithmes,

$$n \log (1 + r) = \log A + c^t \log a - 10;$$

d'où

$$n = \frac{\log A + c^t \log a - 10}{\log (1 + r)}.$$

Exemple. Pendant combien d'années faut-il placer
2708^f,10, *à intérêts composés et à* 4 °/$_0$, *pour recevoir*
4335^f,75?

En supposant A $=$ 4335,75, $a =$ 2708,10 et $r =$ 0,04,
la formule précédente donne

$$n = \frac{\log 4335,75 + c^t \log 2708,10 - 10}{\log 1,04};$$

or,

$$\log 4335,75 = 3,6370659,$$
$$c^t \log 2708,10 = 7,5673342.$$

$$\overline{Somme - 10 = 0,2044001,}$$
$$\log 1,04 = 0,0170333;$$

donc

$$n = \frac{0,2044001}{0,0170333} = 12.$$

280. REMARQUE. La formule

$$A = a\,(1 + r)^n$$

a été établie dans l'hypothèse où le capital a reste placé pendant un nombre entier d'années. Lorsque le capital reste placé pendant un nombre déterminé d'années, plus une fraction d'année, il faut chercher sa valeur après le nombre entier d'années d'après la formule qui précède, puis calculer les intérêts simples du nouveau capital trouvé pendant la fraction d'année.

Mais il sera plus simple d'appliquer la formule générale en donnant à n des valeurs fractionnaires; la différence des résultats est négligeable.

281. PROBLÈME. *Après combien d'années un capital placé à 5 °/₀ sera-t-il doublé?*

Reprenons la formule

$$A = a\,(1 + r)^n,$$

et faisons-y $A = 2a$; elle devient

$$2a = a\,(1 + r)^n,$$

ou, en divisant les deux membres par a,

$$2 = (1 + r)^n.$$

Prenant les logarithmes, nous trouvons

$$n = \frac{\log 2}{\log (1 + r)},$$

et, en substituant à r sa valeur,

$$n = \frac{\log 2}{\log 1,05} = \frac{0,3010300}{0,0211893} = 14,207.$$

Ainsi, *pour qu'un capital placé à intérêts composés et à 5 %, soit doublé, il faut 14 ans 2 mois et 15 jours environ.*

2° ANNUITÉS

282. On appelle *annuité* la somme qu'il faut payer annuellement pour éteindre une dette en un nombre déterminé d'années.

PROBLÈME. *Une personne emprunte actuellement une somme A, et voudrait se libérer en n années par n payements égaux effectués à la fin de chaque année. Quel doit être le montant de chacun des payements?*

Il est clair que l'annuité doit être telle que si le débiteur la déposait à la fin de chaque année chez un banquier qui en payerait l'intérêt au même taux, pour l'y laisser jusqu'à la fin des n années, la somme totale qu'il en retirerait alors devrait être égale au montant de la dette, c'est-à-dire, à $A (1 + r)^n$. Soit donc a l'annuité : si cette somme eût été portée chez le banquier à la fin de la première année, elle y serait restée $(n - 1)$ années, et serait ainsi devenue égale à $a (1 + r)^{n-1}$; donc, en payant a fr. à la fin de la première année, l'emprunteur a éteint une partie de sa dette marquée par

$$a (1 + r)^{n-1},$$

De même, en donnant a fr. à la fin de la deuxième année, l'emprunteur éteindra une nouvelle partie de sa dette marquée par

$$a (1 + r)^{n-2},$$

et ainsi de suite. Enfin, les a fr. payés à la fin de la $(n-1)^{ième}$ année acquitteront une partie de la dette égale à

$$a (1 + r),$$

et, comme il donne encore a fr. à la fin de la $n^{ième}$ année, la partie de la dette éteinte par ces n payements sera

$$a + a (1 + r) + a(1 + r)^2 + \dots\dots a (1 + r)^{n-2} + a(1 + r)^{n-1}.$$

Mais alors l'emprunt doit être acquitté entièrement; donc

$$a + a(1+r) + a(1+r)^2 + \dots\dots a (1+r)^{n-2} + a(1+r)^{n-1} = A(1+r)^n.$$

Le premier membre de cette équation, étant la somme des termes d'une progression géométrique dont le premier terme est a et la raison $(1 + r)$, peut s'écrire (241)

$$\frac{a (1 + r)^n - a}{(1 + r) - 1},$$

ou, en mettant a en facteur commun et simplifiant,

$$\frac{a \left[(1 + r)^n - 1\right]}{r}$$

par conséquent,

$$\frac{a \left[(1 + r)^n - 1\right]}{r} = A (1 + r)^n;$$

d'où nous tirons

$$a = \frac{Ar\,(1+r)^n}{(1+r)^n - 1} \qquad (2)$$

Cette formule n'est pas directement calculable par logarithmes, à cause de la soustraction indiquée à son dénominateur. Nous déterminerons d'abord $(1+r)^n$, puis, retranchant l'unité du résultat trouvé, nous obtiendrons la valeur de $(1+r)^n - 1$; cette valeur connue, il sera facile de calculer celle de a en se servant des logarithmes.

283. La théorie des annuités peut donner lieu à quatre problèmes différents, car nous pouvons prendre successivement pour inconnue l'une des quatre quantités A, a, r et n. Nous en résoudrons deux seulement.

PREMIER PROBLÈME. *Une commune a emprunté* 200000 *fr. Quelle annuité devra-t-elle payer pour s'acquitter en* 15 *ans? Le taux de l'intérêt est* 5 °/..

Si dans la formule (2) nous faisons A $= 200000$, $n = 15$ et $r = 0,05$, elle donne

$$a = \frac{200000 \times 0,05 \times (1,05)^{15}}{(1,05)^{15} - 1},$$

ou, en prenant les logarithmes des deux membres,

$$. \log a = \log 200000 + \log 0,05 + 15 \log 1,05$$
$$+ \text{c}^t \log \left[(1,05)^{15} - 1\right] - 10.$$

Calculons d'abord $(1,05)^{15} - 1$; or,

$$\log 1,05 = 0,0211893,$$
$$\log (1,05)^{15} = 15 \log 1,05 = 0,3178395,$$
$$(1,05)^{15} = 2,07893.$$
$$(1,05)^{15} - 1 = 1,07893.$$

$$\text{Calcul de } a.$$

$$\log 200000 = 5{,}3010300,$$
$$\log 0{,}05 = \overline{2}{,}6989700,$$
$$15 \log 1{,}05 = 0{,}3178395,$$
$$\mathrm{c^t} \log 1{,}07893 = 9{,}9670067.$$

$$\text{Somme} - 10 \text{ ou } \log a \quad = 4{,}2848462;$$
$$a \quad = 19268^{\mathrm{f}}42.$$

SECOND PROBLÈME. *Les fabriciens d'une paroisse empruntent, pour les réparations de l'église, une somme de 50000 fr. à raison de 4 %; mais, pour faire face à cet emprunt, ils ne peuvent disposer que d'une annuité de 4000 fr. Dans combien d'années cette dette sera-t-elle éteinte?*

L'inconnue étant n, nous tirons de la formule (2)

$$(1+r)^n = \frac{a}{a - \mathrm{A}r};$$

d'où, en prenant les logarithmes des deux membres,

$$n = \frac{\log a + \mathrm{c^t} \log (a - \mathrm{A}r) - 10}{\log (1+r)}.$$

Dans le cas actuel, $a = 4000$, $\mathrm{A} = 50000$ et $r = 0{,}04$; par suite $(a - \mathrm{A}r) = 2000$; donc

$$n = \frac{\log 4000 + \mathrm{c^t} \log 2000 - 10}{\log (1{,}04)};$$

or,

$$\log 4000 = 3{,}6020600$$
$$\mathrm{c^t} \log 2000 = 6{,}6989700$$

$$\text{Somme} - 10 = 0{,}3010300;$$
$$\log 1{,}04 = 0{,}0170333,$$

Par conséquent,

$$n = \frac{0,3010300}{0,0170333} = 17,67.$$

Cette valeur de n montre qu'il faudrait plus de 17 annuités et moins de 18. Il serait, du reste, facile de calculer ce qu'on devrait encore après la 17ième annuité.

En effet, la dette serait alors

$$50000 \, (1,04)^{17},$$

et la valeur totale des annuités payées

$$\frac{4000 \, [(1,04)^{17} - 1]}{0,04};$$

de sorte qu'on devrait encore

$$50000 \, (1,04)^{17} - \frac{40000 \, [(1,04)^{17} - 1]}{0,04}.$$

En effectuant les calculs, on trouve 2605$^\text{f}$,10.

284. AMORTISSEMENT. Le problème de l'amortissement peut s'énoncer ainsi :

Une dette A étant contractée, on en paye chaque année les intérêts et, en outre, on acquitte une partie de la dette. Quelle devra être cette partie pour qu'au bout de n années la dette soit éteinte?

Comme, dans le cas actuel, les intérêts sont supposés payés à part, la somme des valeurs des différentes annuités doit être simplement égale au capital prêté A; nous avons donc

$$\frac{a \, [(1 + r)^n - 1]}{r} = A,$$

d'où

$$a = \frac{Ar}{(1 + r)^n - 1}.$$

La partie de la dette acquittée chaque année s'appelle *le fonds d'amortissement*.

285. PLACEMENTS ANNUELS. Le problème suivant se rattache aux questions d'annuités que nous venons de traiter.

PROBLÈME. *Une personne place chaque année une somme a pendant n années et laisse les capitaux et les intérêts s'accumuler. Quelle sera la valeur totale de ces placements après les n années?*

La première somme, restant placée pendant n années, acquiert une valeur égale à $a(1 + r)^n$; la seconde, étant placée pendant $n - 1$ années, acquiert une valeur égale à $a(1 + r)^{n-1}$, etc.; enfin, la dernière somme, ne restant placée que pendant un an, vaut $a(1 + r)$; la valeur totale des différents placements, après les n années, est donc

$$a(1 + r) + a(1 + r)^2 + \ldots\ldots a(1 + r)^{n-1} + a(1 + r)^n.$$

C'est la somme des termes d'une progression géométrique dont le premier terme est $a(1 + r)$ et la raison $(1 + r)$. En désignant cette somme par A, nous aurons (241).

$$A = \frac{a(1 + r)^{n+1} - a(1 + r)}{(1 + r) - 1} = \frac{a(1 + r)\left[(1+r)^n - 1\right]}{r}.$$

Cette formule n'est pas directement calculable par logarithmes, à cause de la soustraction indiquée au numérateur; nous déterminerons d'abord la quantité $(1 + r)^n - 1$, puis A.

EXERCICES

1. Que deviennent 12540 fr. après 7 ans, à intérêts composés à 5 %?

Réponse. 17645 fr. 04.

2. Avant de partir pour un voyage de circumnavigation, un officier de marine place chez un banquier, à intérêts composés à 5 %, une somme de 6000 fr.; son voyage dure 4 ans. Combien doit-il recevoir à son retour?
Réponse. 7293 fr.

3. A quel taux faut-il placer 14095 fr. 70 pour, qu'après 12 années, ce capital vaille 24600 fr.?

Réponse. A 4 fr. 75 %.

4. Pendant combien d'années faut-il placer, à intérêts composés à 4 %, un capital de 100000 fr., pour qu'il vaille 180000 fr. au bout de ce temps?

Réponse. 15 ans.

5. Quelle valeur acquiert un capital de 24000 fr. placé à intérêts composés à 5 %, pendant 20 ans 1 mois et 10 jours?

Réponse. 64025 fr. 30.

6. En combien de temps 18000 fr. rapportent-ils 11537 fr. 41, à intérêts composés à 6 %/ ?

Réponse 8 ans 1/2.

7. Quelle annuité faut-il payer pour éteindre en 10 ans une dette de 25000 fr., en calculant les intérêts à 5 %?

Réponse. 3237 fr. 60.

8. Quelle somme faut-il emprunter actuellement pour

la rembourser en 12 ans avec les intérêts composés à 5 %, à l'aide de 12 payements de 1500 fr. effectués à la fin de chaque année?

Réponse. 13294 fr. 87.

9. Un ouvrier place chaque année 150 fr. à la caisse d'épargnes. Combien possède-t-il au bout de 20 ans, le taux étant 4,50 % par an?

Réponse. 4920 fr.

10. Quelle somme faut-il placer annuellement, à dater de la naissance d'un enfant, pour lui constituer à 21 ans un capital de 48000 fr.?

Réponse. 1356 fr. 50.

11. Une ville emprunte 300000 fr. pour faire exécuter des travaux; elle paye les intérêts à 3 % sur ses revenus particuliers, elle crée en même temps un fonds d'amortissement. Quel devra être ce fonds pour que la dette soit éteinte au bout de 20 ans?

Réponse. 11164 fr. 73.

12. Calculer ce que vaudrait aujourd'hui (1864), 1 sou, ou 0 fr. 05, placé à intérêts composés à 5 %, depuis la naisssance de Jésus-Christ.

Réponse. Nous avons vu (281) que, dans 14^{ans},207, un capital est doublé par l'accumulation de ses intérêts au taux de 5%; par conséquent, 0 fr. 05, placés à l'époque de la naissance de Jésus-Christ, se trouveront doublés autant de fois que 1864 ans contiendront 14,207, c'est-à-dire, 130 fois environ; nous aurons donc

$$x = 0,05 \times 2^{130},$$

valeur qui, calculée par logarithmes, donne approximativement 68 suivi de 38 zéros, nombre dans l'appréciation duquel l'imagination se perd.

TRIGONOMÉTRIE RECTILIGNE

CHAPITRE I

DÉFINITIONS ET FORMULES FONDAMENTALES

1. La *trigonométrie* a pour objet de faire connaître les relations qui peuvent exister entre les angles et les côtés d'un triangle, et de tirer de ces relations les moyens de déterminer les parties inconnues, quand on a un nombre suffisant de données.

La résolution des triangles, par les procédés graphiques, ne donne qu'une médiocre approximation à cause des instruments dont ils exigent l'emploi. A ces méthodes défectueuses la trigonométrie substitue le calcul numérique, toujours susceptible de toute la précision dont on peut avoir besoin.

DÉFINITION DES LIGNES TRIGONOMÉTRIQUES

2. SINUS. Soit O le centre d'un cercle (*fig.* 1) dont le rayon est l'unité de longueur, en sorte que la circonférence est égale à 2π ; menons, dans ce cercle, les deux diamètres rectangulaires AA′ et BB′. Si, à partir du point A considéré comme *origine*, nous prenons un arc quelconque AM et que de son *extrémité* M

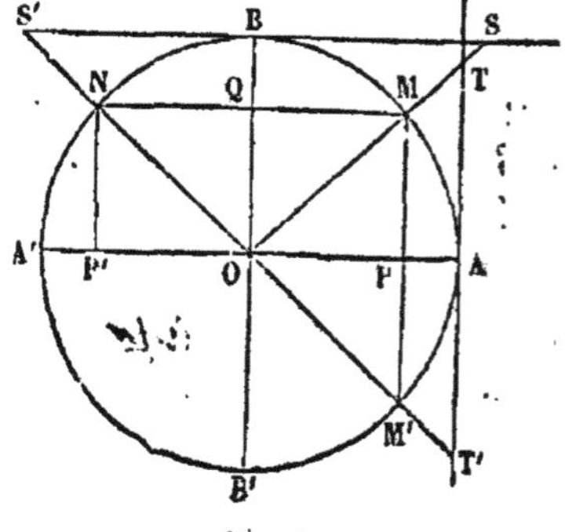

Fig. 1.

nous abaissions la perpendiculaire MP sur le diamètre AA', cette perpendiculaire sera appelée le *sinus* de l'arc AM. Ainsi, *le sinus d'un arc est la perpendiculaire abaissée de son extrémité sur le diamètre qui passe par son origine.*

Prolongeons MP jusqu'à M', il est évident que le sinus MP est la moitié de la corde MM', de sorte que *le sinus d'un arc est la moitié de la corde qui sous-tend un arc double.*

3. TANGENTE. — SÉCANTE. Si, par l'origine A, nous menons une tangente indéfinie TT', la partie AT, terminée à la rencontre du prolongement du rayon OM, est la *tangente* de l'arc AM ; OT en est la *sécante.* Ainsi, *la tangente d'un arc est la portion de la tangente menée à l'origine de cet arc et terminée à la rencontre du rayon qui passe par son extrémité, et la sécante est la droite qui, allant du centre à l'extrémité de l'arc, va se terminer à la rencontre de la tangente menée à son origine.*

4. COSINUS. — COTANGENTE. — COSÉCANTE. On appelle *cosinus, cotangente, cosécante* d'un arc, le sinus, la tangente et la sécante de l'*arc complémentaire*, c'est-à-dire, de l'arc qui, ajouté à celui que l'on considère, donne un quart de circonférence. Ainsi (*fig.* 1), le complément de l'arc AM étant BM, les lignes QM, BS, OS seront respectivement le cosinus, la cotangente, la cosécante de cet arc AM.

Si nous remarquons que, la figure OPMQ étant un rectangle, OP = MQ, nous pourrons dire que *le cosinus d'un arc est égal à la distance au centre du pied de son sinus.*

5. En représentant par x l'arc AM, les lignes trigonométriques se désignent d'une manière abrégée comme il suit :

$$MP = \sin x;\ AT = \tang x;\ OT = \séc x,$$
$$OP = \cos x;\ BS = \cot x;\ OS = \coséc x.$$

Ces trois dernières lignes donnent, d'après la définition,

$$\cos x = \sin (90° - x),\ \cot x = \tang (90° - x),$$
$$\coséc x = \séc (90° - x)$$

et nous avons réciproquement :

$$\sin x = \cos (90° - x),\ \tang x = \cot (90° - x),\ \séc x = \coséc. (90° - x).$$

6. EMPLOI DES QUANTITÉS NÉGATIVES. Pour généraliser les formules, on emploie en trigonométrie les quantités négatives. Les conventions faites à ce sujet, sont conformes à ce que nous avons dit en algèbre à propos des longueurs comptées dans deux sens différents. (*Algèbre*, n° 137.)

Les sinus et les tangentes situés au-dessus du diamètre AA' sont représentés par des nombres positifs. Au-dessous de ce diamètre, les tangentes sont représentées par des nombres précédés du signe —. Ainsi la tangente de l'arc AM est +AT, celle de l'arc ABN est — AT'. Les sinus MP et NP' sont tous deux positifs.

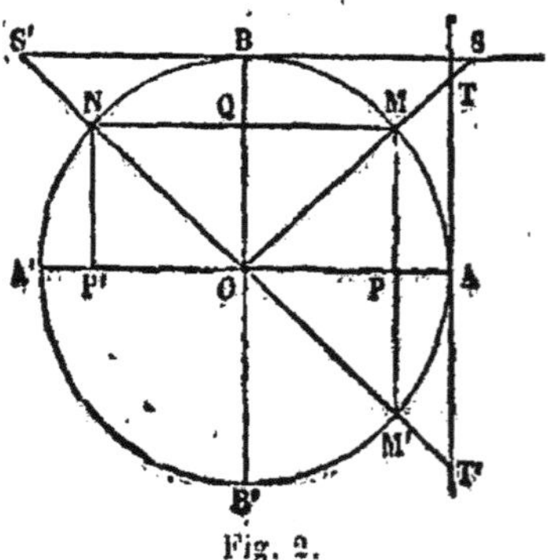

Fig. 2.

Les cosinus et les cotangentes sont positifs à la droite du diamètre BB', négatifs à gauche. Ainsi, l'arc AM a pour cosinus + OP et pour cotangente + BS ; le cosinus et la cotangente de l'arc ABN sont — OP' et — BS'.

Les sécantes et les cosécantes sont positives quand elles passent par l'extrémité de l'arc, et négatives quand elles ne passent pas par cette extrémité. Ainsi, la sécante de l'arc AM est + OT, celle de l'arc ABN est—OT'; la cosécante de ce dernier est + OS.

7. Il résulte de ces conventions :

1° Que les arcs compris entre 0° et 90° ont toutes leurs lignes trigonométriques positives ;

2° Que les arcs compris entre 90° et 180° ont leurs lignes trigonométriques négatives, à l'exception du sinus et de la cosécante ;

3° Que les arcs, compris entre 180° et 270°, ont leurs lignes trigonométriques négatives, à l'exception de la tangente et de la cotangente ;

4° Que les arcs, compris entre 270° et 360°, ont leurs lignes trigonométriques négatives, à l'exception de la sécante et du cosinus.

VARIATIONS DES LIGNES TRIGONOMÉTRIQUES

8. Nous allons examiner maintenant comment varient les lignes trigonométriques, lorsque l'arc auquel elles se rapportent passe par les différents états de grandeur compris entre 0° et 180°. Pour abréger, nous laisserons de côté la sécante et la cosécante. Comme elles s'expriment en fonction du cosinus et du sinus (14), il nous sera facile d'en suivre les variations lorsque nous connaîtrons celles du cosinus et du sinus.

Quand le point M coïncide avec le point A (*fig.* 2), c'est-à-dire, quand l'arc AM est nul, il est évident que son sinus et sa tangente sont pareillement nuls et qu'en même temps le cosinus OP devient égal au rayon OA. La cotangente BS est d'autant plus grande que le point M est plus voisin du point A ; et, comme en faisant l'arc suffisamment petit, elle peut devenir plus grande que toute quantité assignable, elle est infinie lorsque l'arc est zéro. En effet, BS et le rayon OA, étant perpendiculaires à la même droite OB, sont parallèles, en d'autres termes, ils ne peuvent se rencontrer qu'à l'infini. Le rayon du cercle étant l'unité de longueur, nous aurons donc

$$\sin 0^\circ = 0, \ \tang 0^\circ = 0, \ \cos 0^\circ = 1, \ \cot 0^\circ = \infty.$$

Si le point M s'éloigne de A et s'avance vers B, l'arc AM augmente en même temps que son sinus et sa tangente ; son cosinus et sa cotangente diminuent, au contraire. Lorsque l'arc $AM = \frac{1}{2} AB$ ou 45°, le triangle OMP est isocèle et le sinus MP égale le cosinus OP. Or, le triangle OPM isocèle et rectangle en P donne

$$MP = OP = \frac{1}{\sqrt{2}} = \frac{\sqrt{2}}{2};$$

$$\text{donc, } \sin 45^\circ = \cos 45^\circ = \frac{\sqrt{2}}{2}.$$

Les triangles OAT et OBS étant aussi isocèles et, de plus, égaux pour AM = 45°, la tangente égale la cotangente et toutes deux sont égales au rayon ; ainsi,

$$\tang 45^\circ = \cot 45^\circ = 1.$$

Quand le point M coïncide avec le point B, c'est-à-dire, quand l'arc AM = 90°, le sinus MP se confond avec le rayon OB, la tangente est infinie, le cosinus et la cotangente sont nuls ; ainsi,

$$\sin 90° = 1, \ \tang 90° = \infty, \ \cos 90° = 0, \ \cot 90° = 0.$$

Si le point M s'éloigne de B et s'avance vers A', c'est-à-dire, si l'arc croît de 90° à 180°, son sinus diminue de 1 à 0, et sa tangente saute brusquement de $+\infty$ à $-\infty$ pour augmenter ensuite jusqu'à 0 ; le cosinus et la cotangente deviennent négatifs et diminuent, le premier de 0 à -1 et la seconde de 0 à $-\infty$. Pour arc AM$=180°$, nous avons

$$\sin 180°=0, \ \tang 180°=0, \ \cos 180°=-1, \ \cot 180°=-\infty.$$

9. LIGNES DES ARCS SUPPLÉMENTAIRES. Remarquons, avant d'aller plus loin, que le sinus, la tangente, le cosinus et la cotangente de l'arc AM ont repassé de 90° à 180°, par les mêmes valeurs absolues qu'ils avaient prises de 0° à 90°, et que ces valeurs étaient égales lorsque les extrémités des arcs correspondants se trouvaient sur une même corde parallèle au diamètre AA'. Ainsi (*fig.* 2), les arcs AM et ABN ont des sinus égaux et de même signe ; leurs tangentes, cosinus et cotangentes ne diffèrent que par les signes. Or, ces arcs sont *supplémentaires*, c'est-à-dire que leur somme égale une demi-circonférence ; par conséquent :

Les sinus de deux arcs supplémentaires sont égaux et de même signe ; leurs tangentes, cosinus et cotangentes ont les mêmes valeurs absolues, mais diffèrent par les signes. Ainsi,

$$\sin x = \sin (180° - x), \ \tang x = - \tang (180° - x),$$
$$\cos x = -\cos (180° - x), \ \cot x = - \cot (180° - x).$$

10. En supposant que le point M continue son mouvement au-delà du point A′, nous verrons facilement que l'arc croissant de 180° à 270°, le sinus diminue de 0 à —1, tandis que la tangente augmente de 0 à +∞ ; quant au cosinus et à la cotangente, le premier augmente de — 1 à 0 et la seconde saute brusquement de — ∞ à + ∞ pour diminuer ensuite jusqu'à 0.

Enfin, l'arc croissant de 270° à 360°, son sinus augmente de — 1 à 0 et sa tangente saute brusquement de + ∞ à — ∞ pour augmenter ensuite jusqu'à 0, le cosinus redevient positif et augmente de 0 à 1, la cotangente diminue de 0 à — ∞.

FORMULES DIVERSES

11. Si l'on augmente ou si l'on diminue un arc d'une demi-circonférence, on passe d'un point M au point diamétralement opposé M′ ; la tangente et la cotangente ne changent pas ; mais le sinus et le cosinus changent de signe en conservant la même valeur numérique. Ainsi le sinus du premier arc est + MP, celui du second — M′P′ ; le cosinus du premier est + OP, celui du second

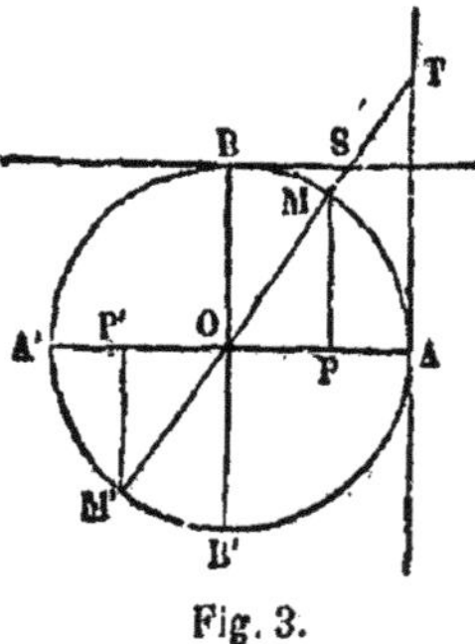

Fig. 3.

— OP′. Si donc nous désignons par x un arc moindre que 180°, nous aurons généralement

$$\sin(180°+x) = -\sin x, \quad \tang(180°+x) = \tang x,$$
$$\cos(180°+x) = -\cos x, \quad \cot(180°+x) = \cot x.$$

Si l'on augmentait x d'une ou de plusieurs circonférences entières, les lignes trigonométriques de l'arc résultant seraient évidemment les mêmes que celles de l'arc x,

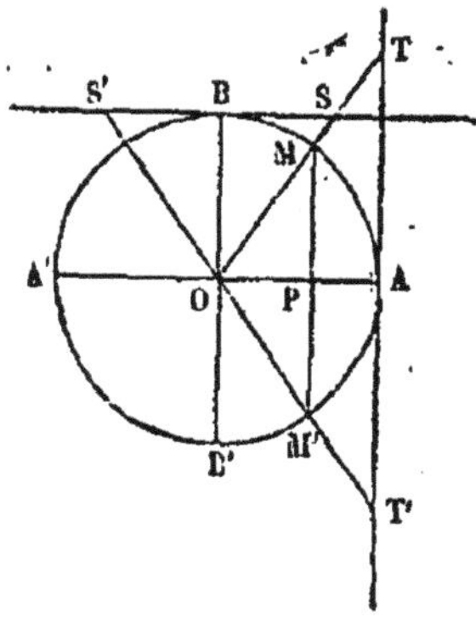

Fig. 4.

12. ARCS NÉGATIFS. Si nous regardons comme *positifs* les arcs comptés en allant de A vers B, nous appellerons *négatifs* ceux comptés dans un sens contraire, c'est-à-dire, de A vers B'.

Ceci posé, comparons les deux arcs égaux, mais de signes contraires, AN et AM'; nous voyons aisément qu'ils ont le même cosinus OP, mais que leurs sinus, tangentes et cotangentes, changent de signe, tout en conservant la même valeur numérique. Et, comme il en serait de même pour tout autre arc négatif, il en résulte que si nous designons par $(-x)$ un arc négatif quelconque, et par x un arc positif de même grandeur, nous aurons dans tous les cas

$$\sin(-x) = -\sin x, \ \tang(-x) = -\tang x,$$
$$\cos(-x) = \cos x, \ \cot(-x) = -\cot x.$$

13. Des relations précédentes nous déduisons celles-ci :

$$\sin(90° + x) = \cos(-x) = \cos x,$$
$$\cos(90° + x) = \sin(-x) = -\sin x,$$
$$\tang(90° + x) = \cot(-x) = -\cot x,$$
$$\cot(90° + x) = \tang(-x) = -\tang x.$$

A l'aide de ces relations, on exprime les lignes trigonométriques d'un arc donné, au moyen des lignes trigonométriques d'un arc compris entre 0° et 90°.

RELATIONS ENTRE LES LIGNES TRIGONOMÉTRIQUES D'UN MÊME ARC.

14. Il existe entre les six lignes trigonométriques d'un même arc des relations distinctes que nous allons établir.

Considérons l'arc AM, que nous désignerons par a, et construisons ses lignes trigonométriques.

Le triangle rectangle OMP donne

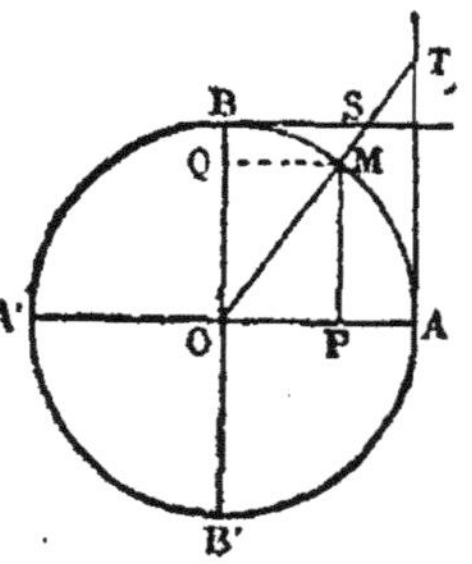

Fig. 5.

$$\overline{MP}^2 + \overline{OP}^2 = \overline{OM}^2$$

c'est-à-dire, le rayon OM étant 1,

$$\sin^2 a + \cos^2 a = 1. \quad (1)$$

Les triangles OMP, OAT étant équiangles et, par suite, semblables, nous avons

$$\frac{AT}{MP} = \frac{AO}{OP}, \quad \text{ou} \quad \frac{\tang a}{\sin a} = \frac{1}{\cos a};$$

d'où nous tirons

$$\tang a = \frac{\sin a}{\cos a}. \quad (2)$$

De la similitude des mêmes triangles OMP, OAT, nous déduisons encore

$$\frac{OT}{OM} = \frac{OA}{OP},$$

c'est-à-dire,

$$\séc a = \frac{1}{\cos a}. \quad (3)$$

Pour la cotangente et la cosécante, nous considérerons

es triangles semblables OBS, OMP. La comparaison de leurs côtés homologues donne successivement

$$\frac{BS}{OP} = \frac{OB}{MP} \quad \text{et} \quad \frac{OS}{OM} = \frac{OB}{MP};$$

c'est-à-dire,

$$\cot a = \frac{\cos a}{\sin a}, \qquad (4)$$

$$\operatorname{coséc} a = \frac{1}{\sin a}. \qquad (5)$$

15. Telles sont les relations qui existent entre les lignes trigonométriques d'un même arc. Elles permettent de calculer toutes les autres dès qu'on connaît l'une d'elles. Supposons, par exemple, qu'on donne sin a; de la formule (1) nous tirons

$$\cos a = \pm \sqrt{1 - \sin^2 a};$$

Le cosinus une fois connu, il sera facile de calculer les autres lignes.

Nous trouvons ici deux valeurs pour cos a; il est aisé de voir d'où elles proviennent. L'arc a n'entrant pas lui-même dans le calcul, mais son sinus, la formule doit évidemment s'appliquer à tous les arcs qui admettent le sinus donné. Or, à un même sinus MP (*fig.* 6) corrrespondent deux arcs aboutissant à deux points M et M' situés sur une parallèle au diamètre AA'; ces deux arcs ont des cosinus égaux, mais de signes contraires $+$ OP et $-$ OP'. Si

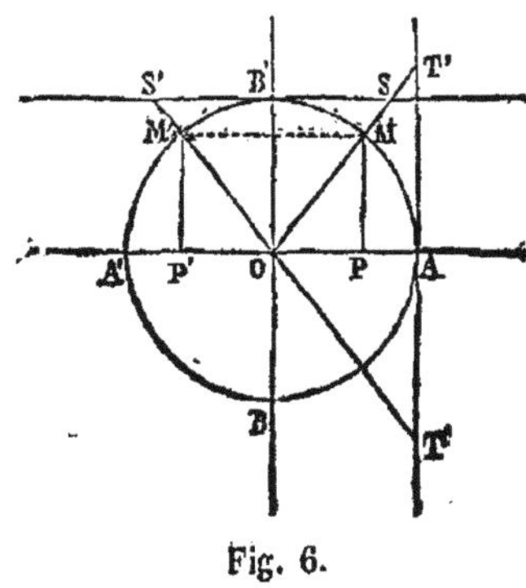

Fig. 6.

nous considérons l'un de ces arcs en particulier, nous

verrons quel est le signe du cosinus, et la détermination sera complète.

Nous savons que le côté de l'hexagone régulier inscrit est égal au rayon; l'arc qu'il sous-tend vaut $\dfrac{360°}{6}$ où 60°; mais (2) le sinus de l'arc moitié ou le sinus 30° étant la moitié du côté de l'hexagone, sa valeur est donc $\dfrac{1}{2}$. Le cosinus de cet arc étant positif, nous avons

$$\cos 30° = \sqrt{1 - \frac{1}{4}} = \frac{\sqrt{3}}{2}, \ \tang 30° = \frac{1}{\sqrt{3}}.$$

16. On a souvent besoin *d'exprimer le sinus et le cosinus d'un arc en fonction de sa tangente.* Pour cela, reprenons les formules

$$\sin{}^2 a + \cos{}^2 a = 1, \qquad (1)$$

$$\tang a = \frac{\sin a}{\cos a}. \qquad (2)$$

Elevons la seconde au carré et chassons le dénominateur $\cos{}^2 a$; nous avons

$$\sin{}^2 a = \tang{}^2 a \cos{}^2 a \,;$$

substituant cette valeur de $\sin{}^2 a$ dans (1), il vient

$$\tang{}^2 a \cos{}^2 a + \cos{}^2 a = 1\,;$$

où, en mettant $\cos{}^2 a$ en facteur commun,

$$\cos{}^2 a \,(1 + \tang{}^2 a) = 1\,;$$

d'où nous tirons

$$\cos{}^2 a = \frac{1}{1 + \tang{}^2 a}.$$

et enfin, en extrayant la racine carrée des deux membres

$$\cos a = \pm \frac{1}{\sqrt{1 + \tang^2 a}}. \qquad (6)$$

Connaissant cos a, nous avons

$$\sin^2 a = \tang^2 a \, \cos^2 a = \frac{\tang^2 a}{1 + \tang^2 a};$$

d'où, en extrayant la racine carrée des deux membres,

$$\sin a = \pm \frac{\tang a}{\sqrt{1 + \tang^2 a}}. \qquad (7)$$

Les doubles valeurs s'expliquent comme précédemment. Les formules (6) et (7), ne renfermant que la tangente de l'arc a, conviennent à tous les arcs qui admettent une tangente donnée. Or, à une même tangente AT (*fig.* 7) correspondent deux arcs aboutissant en deux points M et M′ diamétralement opposés ; ces deux arcs ont leurs sinus et leurs cosinus égaux, mais de signes contraires, comme il est facile de le vérifier sur la figure.

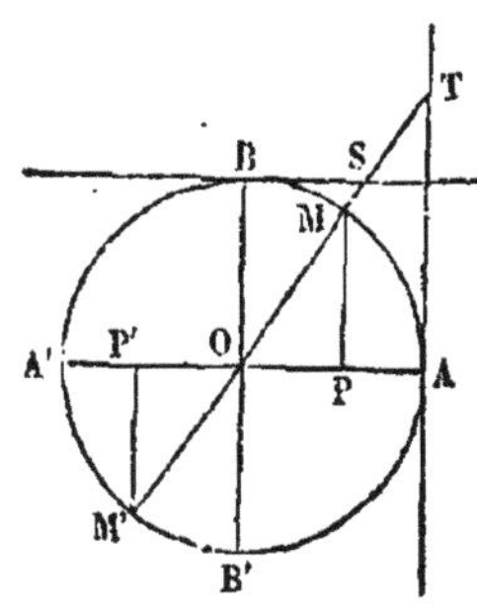

Fig. 7.

Si nous considérons l'un de ces arcs en particulier, nous verrons quel est le signe du cosinus et nous mettrons ce signe devant le radical ; nous prendrons le même signe dans la formule du sinus.

17. Il existe *entre la tangente et la cotangente* cette relation remarquable :

$$\tang a \cot a = 1 ; \qquad (8)$$

elle s'obtient en multipliant membre à membre les formules (2) et (4).

18. REMARQUE. Les formules précédentes ont été établies en supposant le rayon égal à l'unité de longueur; si nous voulions connaître ce qu'elles auraient été dans toute autre hypothèse, nous observerons que si, du sommet A d'un angle quelconque,

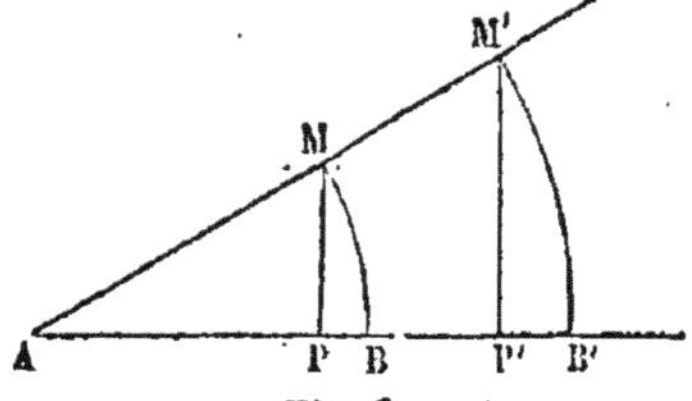

Fig. 8.

comme centre, nous décrivons entre ses côtés des arcs MB, M'B', ces arcs auront le même nombre de degrés et que leurs lignes trigonométriques seront proportionnelles à leurs rayons, de sorte que nous aurons, par exemple,

$$\frac{MP}{AM} = \frac{M'P'}{AM'}.$$

Or, si les rayons AM, AM' sont respectivement égaux à 1 et à R ; de plus, si, représentant par b la longueur du sinus MP, nous appelons a le nombre des degrés des arcs MB, M'B', la relation précédente deviendra

$$b = \frac{\sin a}{R} ;$$

ce qui montre que, dans la formule trouvée, il suffira de remplacer b, c'est-à-dire sin a, par $\dfrac{\sin a}{R}$; et, comme nous en dirions autant des autres lignes trigonométriques, nous voyons que, *pour rétablir le rayon dans les formules trouvées en le supposant égal à l'unité de longueur, il faut y remplacer chaque ligne trigonométrique par son rapport au rayon.*

9.

LIGNES TRIGONOMÉTRIQUES DE LA SOMME OU DE LA DIFFÉRENCE DE DEUX ARCS

19. PROBLÈME. *Connaissant les sinus et cosinus de deux arcs, trouver le sinus et le cosinus de leur somme et de leur différence.*

Soient AB $= a$, BC $= b$ les arcs dont les sinus et les cosinus sont donnés; menons CQ perpendiculaire sur le rayon OB et prolongeons-la jusqu'en D; les deux arcs BC et BD étant égaux à b, nous avons

$$a + b = \mathrm{AC}, \; a - b = \mathrm{AD}.$$

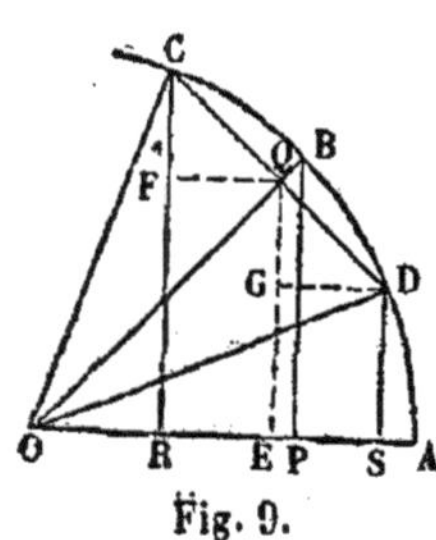

Fig. 9.

Abaissons maintenant sur le rayon OA les perpendiculaires CR, BP, DS, et menons QE parallèle à BP et DG, QF parallèle à OA; nous avons, d'après les définitions et en remarquant que les deux triangles CFQ, DGQ sont égaux.

$$\sin a = \mathrm{BP}, \; \cos a = \mathrm{OP},$$
$$\sin b = \mathrm{CQ}, \; \cos b = \mathrm{OQ},$$
$$\sin (a + b) = \mathrm{CR} = \mathrm{QE} + \mathrm{CF},$$
$$\cos (a + b) = \mathrm{OR} = \mathrm{OE} - \mathrm{QF},$$
$$\sin (a - b) = \mathrm{DS} = \mathrm{QE} - \mathrm{CF},$$
$$\cos (a - b) = \mathrm{OS} = \mathrm{OE} + \mathrm{QF}.$$

Le problème est donc ramemé à la détermination des longueurs QE, CF, OE, QF. Les deux triangles semblables OBP, OQE donnent

$$\frac{\mathrm{QE}}{\mathrm{BP}} = \frac{\mathrm{OE}}{\mathrm{OP}} = \frac{\mathrm{OQ}}{\mathrm{OB}};$$

d'où nous tirons

$$QE = \frac{BP \cdot OQ}{OB} = \sin a \cos b; \text{ et } OE = \frac{OP \cdot OQ}{OB} = \cos a \cos b.$$

Les triangles OBP, CFQ sont aussi semblables, car ils ont leurs côtés perpendiculaires chacun à chacun ; nous avons donc

$$\frac{CF}{OP} = \frac{FQ}{BP} = \frac{CQ}{OB} \, ;$$

d'où nous tirons

$$CF = \frac{OP \cdot CQ}{OB} = \cos a \sin b; \text{ et } FQ = \frac{BP \cdot CQ}{OB} = \sin a \sin b.$$

En portant ces valeurs de QE, OE, CF, FQ dans les expressions précédentes de $\sin (a + b)$, $\cos (a + b)$, $\sin (a - b)$, $\cos (a - b)$, il vient :

$$\sin (a + b) = \sin a \cos b + \cos a \sin b, \quad (9)$$
$$\cos (a + b) = \cos a \cos b - \sin a \sin b, \quad (10)$$
$$\sin (a - b) = \sin a \cos b - \cos a \sin b, \quad (11)$$
$$\cos (a - b) = \cos a \cos b + \sin a \sin b. \quad (12)$$

*20. REMARQUE. Les formules (9) et (10) ont été démontrées dans l'hypothèse où les arcs et même leur somme $a + b$ sont moindres que 90º ; il est nécessaire de prouver qu'elles sont vraies, quelque grands que soient les arcs a et b. Mais, comme dans tout ce qui suit, nous n'aurons à considérer que des arcs positifs dont la somme ne dépasse pas 180º, nous nous bornerons à prouver qu'elles sont vraies pour des arcs qui ne dépassent pas cette limite.

Supposons d'abord que l'on ait $a < 90º$, $b < 90º$, mais $a + b > 90º$, et soient a', b' les compléments respectifs de a et de b; la somme $a' + b'$ supplément de $a + b$ sera moindre que 90°; nous aurons, par conséquent (9),

$$\sin(a + b) = \sin(a' + b') = \sin a' \cos b' + \cos a' \sin b'$$
$$= \cos a \sin b + \sin a \cos b,$$
$$\cos(a+b) = -\cos(a'+b') = -\cos a' \cos b' + \sin a' b \sin b',$$
$$= -\sin a \sin b + \cos a \cos b.$$

La différence $(a - b)$ étant évidemment moindre que 90°, les formules (11) et (12) s'appliquent toujours dans ce cas.

Supposons, maintenant, que l'un des arcs dépasse 90°. Si nous prouvons que *les formules (9 et 10) étant vraies pour deux arcs quelconques moindres que* 90°, *elles le sont encore lorsqu'on augmente l'un des arcs de* 90° nous devrons conclure que puisqu'elles s'appliquent à deux arcs moindres que 90°, elles conviennent à des arcs compris entre 90° et 180°.

Soient donc a et b deux arcs tels que l'on ait

$$\sin(a + b) = \sin a \cos b + \cos a \sin b,$$
$$\cos(a + b) = \cos a \cos b - \sin a \sin b.$$

Posons $a' = a + 90°$; il en résulte, en remarquant que le complément de $90° + a + b$ est $-(a + b)$ et que deux arcs de signes contraires, mais égaux, ont le même cosinus et des sinus égaux et de signes contraires.

$$\sin(a' + b) = \sin(90° + a + b) = \cos(a + b)$$
$$\cos(a' + b) = \cos(90° + a + b) = -\sin(a + b);$$

par conséquent,

$$\sin(a' + b) = \cos a \cos b - \sin a \sin b.$$
$$\cos(a' + b) = -\sin a \cos b - \cos a \sin b.$$

Mais, parce que $a' = 90° + a$, $\sin a' = \cos a$ et

$\cos a' = -\sin a$; remplaçant donc $\cos a$ par $\sin a'$ et $-\sin a$ par $\cos a'$, il vient enfin

$$\sin (a' + b) = \sin a' \cos b + \cos a' \sin b,$$
$$\cos (a' + b) = \cos a' \cos b - \sin a' \sin b.$$

Et nous voyons que ce·sont précisément les formules (9) et (10), dans lesquelles nous avons mis a' ou $a + 90°$ à la place de a.

Nous démontrerions exactement de la même manière que les formules (11) et (12) s'appliquent encore à des arcs compris entre $90°$ et $180°$.

21. PROBLÈME. *Connaissant les tangentes de deux arcs, trouver la tangente de la somme ou de la différence de ces arcs.*

Si a et b désignent ces deux arcs, la question revient à exprimer $\tang (a + b)$ et $\tang (a - b)$, au moyen de $\tang a$ et de $\tang b$.

Or, d'après la formule (2) du n° 14, nous avons

$$\tang (a + b) = \frac{\sin (a + b)}{\cos (a + b)},$$

et si nous remplaçons $\sin (a + b)$ et $\cos (a + b)$ par leurs valeurs tirées des formules (9) et (10),

$$\tang (a + b) = \frac{\sin a \cos b + \cos a \sin b}{\cos a \cos b - \sin a \sin b}.$$

Divisons maintenant les deux termes de la fraction par le produit $\cos a \cos b$, il vient

$$\tang (a + b) = \frac{\dfrac{\sin a \cos b}{\cos a \cos b} + \dfrac{\cos a \sin b}{\cos a \cos b}}{\dfrac{\cos a \cos b}{\cos a \cos b} - \dfrac{\sin a \sin b}{\cos a \cos b}},$$

ou bien, après simplification,

$$\text{tang}\,(a+b) = \frac{\dfrac{\sin a}{\cos a} + \dfrac{\sin b}{\cos b}}{1 - \dfrac{\sin a}{\cos a} \times \dfrac{\sin b}{\cos b}}\,;$$

mais, $\dfrac{\sin a}{\cos a} = \text{tang}\,a,\ \dfrac{\sin b}{\cos b} = \text{tang}\,b$; donc enfin,

$$\text{tang}\,(a+b) = \frac{\text{tang}\,a + \text{tang}\,b}{1 - \text{tang}\,a\,\text{tang}\,b}\,. \qquad (13)$$

Si nous remplaçons b par $-b$, et si nous remarquons que

$$\text{tang}\,(-b) = -\,\text{tang}\,b$$

cette formule devient

$$\text{tang}\,(a-b) = \frac{\text{tang}\,a - \text{tang}\,b}{1 + \text{tang}\,a\,\text{tang}\,b}\,. \qquad (14)$$

Cette dernière formule aurait pu s'obtenir en partant de la relation $\text{tang}\,(a-b) = \dfrac{\sin\,(a-b)}{\cos\,(a-b)}$ et en suivant une marche semblable à la précédente.

LIGNES TRIGONOMÉTRIQUE DU DOUBLE D'UN ARC ET DE LA MOITIÉ D'UN ARC.

22. PROBLÈME. *Connaissant sin* a, cos a, *trouver sin* 2a *et cos* 2a.

Si, dans les formules

$$\sin\,(a+b) = \sin a\,\cos b + \cos a\,\sin b,$$
$$\cos\,(a+b) = \cos a\,\cos b - \sin a\,\sin b,$$

nous faisons $b = a$, il vient

$$\sin 2a = 2 \sin a \cos a, \qquad (15)$$
$$\cos 2a = \cos^2 a - \sin^2 a. \qquad (16)$$

La formule

$$\operatorname{tang}(a + b) = \frac{\operatorname{tang} a + \operatorname{tang} b}{1 - \operatorname{tang} a \operatorname{tang} b}$$

donne de la même manière

$$\operatorname{tang} 2a = \frac{2 \operatorname{tang} a}{1 - \operatorname{tang}^2 a}. \qquad (17)$$

Telles sont les formules qui font connaître le sinus, le cosinus et la tangente d'un arc double, quand on connaît le sinus, le cosinus et la tangente de l'arc simple.

23. PROBLÈME. *Connaissant* cos a, *calculer* $\sin \dfrac{a}{2}$, $\cos \dfrac{a}{2}$, $\operatorname{tang} \dfrac{a}{2}$.

Si, dans les formules

$$\sin^2 a + \cos^2 a = 1$$
$$\cos^2 a - \sin^2 a = \cos^2 a,$$

nous remplaçons a par $\dfrac{a}{2}$, nous avons

$$\sin^2 \frac{a}{2} + \cos^2 \frac{a}{2} = 1$$

$$\cos^2 \frac{a}{2} - \sin^2 \frac{a}{2} = \cos a.$$

En combinant ces deux dernières successivement

par voie de soustraction et par voie d'addition, nous en déduisons

$$\sin \frac{a}{2} = \pm \sqrt{\frac{1 - \cos a}{2}}, \quad (18)$$

$$\cos \frac{a}{2} = \pm \sqrt{\frac{1 + \cos a}{2}}, \quad (19)$$

Nous mettons le signe $\pm$ devant le radical, afin que les formules puissent servir dans tous les cas; mais, dans les applications que nous en ferons à la résolution des triangles, nous n'emploierons que le signe $+$, parce que l'arc a étant moindre que 180°, sa moitié plus petite que 90° a un sinus et un cosinus positifs.

Si nous divisons membre à membre les formules (18) et (19), nous trouvons

$$\frac{\sin \dfrac{a}{2}}{\cos \dfrac{a}{2}} = \tang \frac{a}{2} = \frac{\sqrt{\dfrac{1 - \cos a}{2}}}{\sqrt{\dfrac{1 + \cos a}{2}}} = \sqrt{\frac{1 - \cos a}{1 + \cos a}}. \quad (20)$$

24. Nous pouvons également calculer $\tang \dfrac{a}{2}$ en fonction de $\tang a$. En effet, dans la formule

$$\tang 2a = \frac{2 \tang a}{1 - \tang^2 a},$$

remplaçons a par $\dfrac{a}{2}$; nous trouvons

$$\tang a = \frac{2 \tang \dfrac{a}{2}}{1 - \tang^2 \dfrac{a}{2}};$$

d'où, en faisant $\tang a = b$, $\tang \dfrac{a}{2} = x$,

$$b = \frac{2x}{1 - x^2},$$

ou, en chassant le dénominateur, divisant par b et transposant

$$x^2 + \frac{2}{b} x - 1 = 0,$$

équation du second degré d'où nous tirons

$$x = \frac{-1 \pm \sqrt{1 + b^2}}{b}.$$

En remplaçant x et b par $\tang \dfrac{a}{2}$ et $\tang a$, nous avons la formule

$$\tang \frac{a}{2} = \frac{-1 \pm \sqrt{1 + \tang^2 a}}{\tang a}. \qquad (21)$$

Nous avons encore ici une double valeur ; mais l'arc a étant plus petit que 180°, sa moitié moindre que 90° a une tangente positive ; nous prendrons donc le radical avec le signe $+$.

25. On a quelquefois besoin de calculer le sinus et le cosinus d'un arc moitié en fonction du sinus et de cet arc. Reprenons les formules

$$\sin^2 a + \cos^2 a = 1$$
$$2 \sin a \cos a = \sin 2a,$$

Si nous y faisons $a = \dfrac{a}{2}$ elles deviennent

$$\sin^2 \frac{a}{2} + \cos^2 \frac{a}{2} = 1$$

$$2\sin \frac{a}{2} \cos \frac{a}{2} = \sin a.$$

Ces dernières, combinées successivement par voie d'addition et de soustraction, donnent

$$\left(\sin \frac{a}{2} + \cos \frac{a}{2} \right)^2 = 1 + \sin a,$$

$$\left(\sin \frac{a}{2} - \cos \frac{a}{2} \right)^2 = 1 - \sin a;$$

d'où nous tirons, en extrayant la racine carrée des deux membres,

$$\sin \frac{a}{2} + \cos \frac{a}{2} = \pm \sqrt{1 + \sin a},$$

$$\sin \frac{a}{2} - \cos \frac{a}{2} = \pm \sqrt{1 - \sin a},$$

et, en combinant encore successivement celles-ci par voie d'addition et de soustraction,

$$\sin \frac{a}{2} = \pm \frac{1}{2} \sqrt{1 + \sin a} \pm \frac{1}{2} \sqrt{1 - \sin a},$$

$$\cos \frac{a}{2} = \pm \frac{1}{2} \sqrt{1 + \sin a} \mp \frac{1}{2} \sqrt{1 - \sin a}.$$

Comme les signes des deux radicaux sont indépendants l'un de l'autre, ces formules donnent quatre valeurs égales deux à deux et de signes contraires. Si nous connaissons non-seulement sin a, mais encore la grandeur de l'arc a, nous verrons quels sont les signes de $\sin \dfrac{a}{2}$ et de $\cos \dfrac{a}{2}$, et, en outre, laquelle de ces deux quantités est la plus grande en valeur absolue, ce qui permettra de déterminer les signes de leur somme et de leur différence. Nous connaîtrons ainsi le signe dont chaque radical doit être affecté.

TRANSFORMATION EN UN PRODUIT D'UNE SOMME OU D'UNE DIFFÉRENCE DE DEUX LIGNES TRIGONOMÉTRIQUES, SINUS OU COSINUS.

26. Reprenons les formules démontrées au n⁰ 19

$$\sin (a + b) = \sin a \cos b + \cos a \sin b,$$
$$\sin (a - b) = \sin a \cos b - \cos a \sin b,$$
$$\cos (a + b) = \cos a \cos b - \sin a \sin b,$$
$$\cos (a - b) = \cos a \cos b + \sin a \sin b.$$

Ajoutons et retranchons membre à membre la première et la seconde, et faisons de même pour la troisième et la quatrième ; nous trouvons

$$\left. \begin{aligned} \sin (a + b) + \sin (a - b) &= 2 \sin a \cos b, \\ \sin (a + b) - \sin (a - b) &= 2 \cos a \sin b, \\ \cos (a + b) + \cos (a - b) &= 2 \cos a \cos b, \\ \cos (a - b) - \cos (a + b) &= 2 \sin a \sin b. \end{aligned} \right\} \quad (23)$$

Si maintenant nous posons

$$a + b = p, \quad a - b = q,$$

d'où nous déduisons

$$a = \frac{p + q}{2}, \quad b = \frac{p - q}{2},$$

les formules (23) deviennent en y remplaçant a et b par ces valeurs

$$\left.\begin{aligned}
\sin p + \sin q &= 2 \sin \frac{p+q}{2} \cos \frac{p-q}{2}, \\[2mm]
\sin p - \sin q &= 2 \cos \frac{p+q}{2} \sin \frac{p-q}{2}, \\[2mm]
\cos p + \cos q &= 2 \cos \frac{p+q}{2} \cos \frac{p-q}{2}, \\[2mm]
\cos q - \cos p &= 2 \sin \frac{p+q}{2} \sin \frac{p-q}{2}.
\end{aligned}\right\} \quad (24)$$

Ces formules, qui transforment en produits les sommes et les différences, sont d'un emploi très-fréquent dans les calculs logarithmiques.

27. Voici quelques autres transformations de sommes ou de différences en produits.

1. $\tang a \pm \tang b = \dfrac{\sin a}{\cos a} \pm \dfrac{\sin b}{\cos b} = \dfrac{\sin (a \pm b)}{\cos a \cos b}$

2. $\sec a + \sec b = \dfrac{1}{\cos a} + \dfrac{1}{\cos b} = \dfrac{\cos a + \cos b}{\cos a \cos b}$

$$= \frac{2 \cos \dfrac{a+b}{2} \cos \dfrac{a-b}{2}}{\cos a \cos b}.$$

3. $\sec a - \sec b = \dfrac{1}{\cos a} - \dfrac{1}{\cos b} = \dfrac{\cos a - \cos b}{\cos a \cos b}$

$$= \frac{2 \sin \dfrac{a+b}{2} \sin \dfrac{a-b}{2}}{\cos a \cos b}.$$

4. $\sin a + \cos b = \sin a + \sin (90^\circ - b)$
$$= 2 \sin \left(45^\circ + \frac{a-b}{2}\right) \sin \left(45^\circ + \frac{a+b}{2}\right).$$

5. $\sin a - \cos b = \sin a - \sin (90^\circ - b)$
$$= 2 \sin \left(45^\circ - \frac{a+b}{2}\right) \sin \left(45^\circ - \frac{a-b}{2}\right).$$

6. $1 + \sin a = 1 + \cos (90^\circ - a) = 2 \cos^2 \left(45^\circ - \frac{a}{2}\right).$

7. $1 - \sin a = 1 - \cos (90^\circ - a) = 2 \sin^2 \left(45^\circ - \frac{a}{2}\right).$

8. $1 \pm \operatorname{tang} a = 1 \pm \dfrac{\sin a}{\cos a} = \dfrac{\cos a \pm \sin a}{\cos a}$
$$= \frac{\sqrt{2} \sin (45^\circ \pm a)}{\cos a}.$$

9. $1 \pm \cot a = 1 \pm \dfrac{\cos a}{\sin a} = \dfrac{\sin a \pm \cos a}{\sin a}$
$$= \frac{\sqrt{2} \sin (45^\circ \pm a)}{\sin a}.$$

10. $1 + \sec a = 1 + \dfrac{1}{\cos a} = \dfrac{1 + \cos a}{\cos a} = \dfrac{2 \cos^2 \dfrac{a}{2}}{\cos a}.$

11. $\sec a - 1 = \dfrac{1}{\cos a} - 1 = \dfrac{1 - \cos a}{\cos a} = \dfrac{2 \sin^2 \dfrac{a}{2}}{\cos a}.$

CHAPITRE II

DES TABLES TRIGONOMÉTRIQUES

CONSTRUCTION DES TABLES

28. Pour faire usage des lignes trigonométriques, il faut, qu'étant donné un arc, on puisse calculer leurs valeurs, et réciproquement trouver la valeur d'un arc, quand on connaît l'une de ses lignes trigonométriques. Pour arriver à ce but, il est indispensable d'avoir une table qui donne immédiatement les valeurs des lignes trigonométriques correspondantes à des valeurs successives de l'arc comprises entre 0° et 90°. Il est inutile de prolonger la table au-delà, puisque, d'après les formules des n°s 11, 12 et 13, on ramène facilement l'arc entre les limites 0° et 90°. On peut même, si l'on construit simultanément une table des sinus et des cosinus, se borner aux arcs compris entre 0° et 45°, puisque le sinus ou le cosinus d'un arc $45° + x$ est égal au cosinus ou au sinus de l'arc complémentaire $45° - x$. En outre, si les sinus et les cosinus des arcs compris entre 0° et 45° sont une fois connus, on déterminera les autres lignes trigonométriques au moyen des relations établies au n° 14.

29. Toute la question revient donc à construire une table des sinus et des cosinus de tous les arcs compris entre 0° et 45°. Pour y parvenir d'une manière élémentaire, nous commencerons par établir le principe suivant :

L'unité est la limite vers laquelle converge le rapport

du sinus d'un arc à cet arc, lorsqu'on suppose que ce même arc tend vers zéro.

Considérons, en effet, un arc $AM = a$ moindre que 90°; prenons AM' égal à AM et par les points M et M' menons les tangentes MT et M'T; nous aurons évidemment

$$MM' < MAM' \text{ et } MAM' < MTM',$$

et par suite,

$$\sin a < a \text{ et } a < \text{tang } a,$$

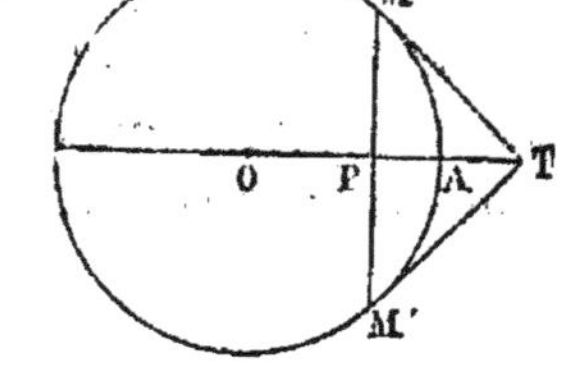

Fig. 10.

c'est-à-dire, que *tout arc moindre que* 90° *est plus grand que son sinus et plus petit que sa tangente.*

Si nous divisons par a les deux membres de la première de ces inégalités, elle devient

$$\frac{\sin a}{a} < 1;$$

mais, puisque a est plus petit que tang a, nous avons aussi

$$\frac{\sin a}{a} > \frac{\sin a}{\text{tang } a},$$

ou, en remarquant que $\dfrac{\sin a}{\text{tang } a} = \dfrac{\sin a \cos a}{\sin a} = \cos a$;

$$\frac{\sin a}{a} > \cos a.$$

Ainsi, le rapport $\dfrac{\sin a}{a}$ est compris entre l'unité et $\cos a$; mais, à mesure que l'arc a diminue, la différence $(1 - \cos a)$ diminue et tend à devenir nulle, puisque, lorsqu'un arc décroît jusqu'à zéro, son cosinus augmente jusqu'à 1; donc, à plus forte raison, le rapport $\dfrac{\sin a}{a}$ tend-il vers l'unité?

30. Il suit immédiatement de là que, l'arc a étant très-petit, nous pouvons, sans commettre une erreur considérable, prendre sa longueur pour celle du sinus; mais avec quel degré d'approximation cette valeur sera-t-elle exacte? D'après ce qui précède, nous avons

$$\frac{\sin \frac{a}{2}}{\frac{a}{2}} > \cos \frac{a}{2}$$

d'où, en multipliant les deux membres de cette inégalité par $2 \dfrac{a}{2} \cos \dfrac{a}{2}$,

$$2 \cos \frac{a}{2} \sin \frac{a}{2} > a \cos^2 \frac{a}{2},$$

ou, en remplaçant $\cos^2 \dfrac{a}{2}$ par $1 - \sin^2 \dfrac{a}{2}$,

$$2 \cos \frac{a}{2} \sin \frac{a}{2} > a \left(1 - \sin^2 \frac{a}{2} \right).$$

Mais $2 \cos \dfrac{a}{2} \sin \dfrac{a}{2} = \sin a$ (22), et $1 - \sin^2 \dfrac{a}{2}$ est plus grand que $1 - \dfrac{a^2}{4}$, puisque $\sin \dfrac{a}{2} < \dfrac{a}{2}$; donc

$$\sin a > a \left(1 - \frac{a^2}{4} \right);$$

d'où

$$a - \sin a < \frac{a^3}{4}.$$

Ce qui nous apprend que *la différence entre un arc plus petit que 90° et son sinus est moindre que le quart du cube de cet arc.*

31. Supposons maintenant qu'on veuille calculer les sinus et les cosinus des arcs de 10″ en 10″ de 0° à 45°. Il faut d'abord trouver la valeur de sin 10″ avec une certaine approximation.

La différence du sinus de l'arc très-petit de 10″ à l'arc lui-même étant une quantité relativement très-petite, nous prendrons la longueur de l'arc de 10″ pour valeur approchée de sin 10″ ; l'erreur commise sera, comme nous venons de le voir, moindre que le quart du cube de l'arc. Evaluons d'abord cette erreur.

La demi-circonférence contenant 64800 fois l'arc 10″, la longueur de cet arc sera

$$\text{arc } 10'' = \frac{\pi}{64800} = 0{,}0000484813681 < 0{,}00005 ;$$

et, par suite,

$$\overline{\text{arc } 10''}^{\,3} < 0{,}000000000000125,$$

$$\frac{\overline{\text{arc } 10''}^{\,3}}{4} < 0{,}000000000000032,$$

et, à plus forte raison,

$$\text{arc } 10'' - \sin 10'' < 0{,}000000000000032,$$

Ainsi, l'erreur commise en prenant la longueur de l'arc pour la valeur de sin 10″ est moindre qu'une unité décimale du 13ᵉ ordre. D'après l'inégalité précédente, les 12 premières décimales de la valeur de l'arc appartiennent à celle du sinus ; c'est pourquoi l'on prend approximativement

$$\sin 10'' = 0,000048481368.$$

32. Sin $10''$ étant connu, $\cos 10''$ peut se calculer à l'aide de la formule

$$\cos 10'' = \sqrt{1 - \sin^2 10''}.$$

Pour les arcs suivants : $20''$, $30''$, $40''$, $50''$, $60''$, ou $1'$, etc..., on peut employer alternativement les formules relatives à $\sin 2a$, $\cos 2a$, $\sin (a + b)$, $\cos (a + b)$; car $20'' = 10'' \times 2$, $30'' = 20'' + 10''$, $40'' = 20'' \times 2$, $50'' = 40'' + 10''$, $60'' = 30'' \times 2$, et ainsi de suite jusqu'à $45°$.

33. La plupart des calculs trigonométriques se faisant par logarithmes, on a construit des tables contenant non plus les valeurs mêmes des lignes trigonométriques, mais celles de leurs logarithmes. Ces nouvelles tables se déduisent des précédentes, à l'aide des tables ordinaires des logarithmes des nombres entiers.

Les tables des logarithmes des sinus et des cosinus une fois construites, celles des tangentes et des cotangentes s'en déduisent par les relations

$$\tan g\, x = \frac{\sin x}{\cos x}, \quad \cot x = \frac{\cos x}{\sin x} ;$$

d'où, en prenant les logarithmes des deux membres,

$$\log \tan g\, x = \log \sin x - \log \cos x,$$
$$\log \cot x = \log \cos x - \log \sin x.$$

Il est inutile d'inscrire dans les tables les logarithmes

des sécantes et des cosécantes, puisque, en vertu des relations

$$\sec x = \frac{1}{\cos x}, \ \cosec x = \frac{1}{\sin x},$$

nous avons

$$\log \sec x = -\log \cos x, \ \log \cosec x = -\log \sin x,$$

DISPOSITION ET USAGE DES TABLES

34. TABLES DE LALANDE. Les tables les plus usitées en France sont les petites tables de Lalande à cinq décimales, et les grandes tables de Callet à sept décimales. Nous parlerons d'abord des premières ; nous ferons ensuite connaître les tables de Callet.

Les tables de Lalande contiennent les logarithmes des sinus, cosinus, tangentes et cotangentes pour tous les degrés et minutes de 0° à 90°. Ces logarihmes sont placés dans les colonnes dont les titres respectifs sont : *sinus*, *cos.*, *tang.*, *cot.* Pour tous les angles moindres que 45°, les degrés sont placés en haut des pages, et les minutes se trouvent dans la première colonne à gauche, marquée en haut du signe '. Pour les angles compris entre 45° et 90°, les degrés sont placés en bas des pages, et les minutes correspondantes se trouvent dans la première colonne à droite de chaque page, marquée en bas du signe '.

A côté de la colonne des sinus et de celle des cosinus se trouve une colonne intitulée *diff.*, dans laquelle sont inscrites les différences tabulaires, c'est-à-dire, les différences qui existent entre les logarithmes des sinus et des cosinus de deux arcs qui diffèrent d'une minute. Il faut remarquer que les différences tabulaires relatives aux sinus sont positives, puisque le sinus va en augmentant ; tandis que celles relatives aux cosinus sont négatives, puisque le cosinus va en diminuant.

Enfin, dans une colonne intitulée *diff. com.* se trouvent les différences tabulaires qui sont les mêmes pour les tangentes et les cotangentes, mais avec des signes contraires, puisque, en vertu des relations (2) et (4) du n° 14, la tangente et la cotangente d'un même arc ont des logarithmes égaux et de signes contraires.

Les sinus et les cosinus des arcs de 0° à 90° et les tangentes des arcs de 0° à 45° étant plus petits que l'unité, leurs logarithmes sont négatifs. Mais, comme nous l'avons vu en algèbre pour les nombres plus petits que l'unité, on ne se sert pas des logarithmes entièrement négatifs, on préfère laisser positive la partie décimale du logarithme et rendre négative seulement la partie entière ou la caractéristique.

Pour éviter les caractéristiques négatives on a ajouté 10 unités à chaque logarithme, ou, en d'autres termes, on a supposé que les lignes trigonométriques ont été calculées dans un cercle dont le rayon est 10^{10}. Il convient, dans la pratique, de rétablir par la pensée la vraie caractéristique en retranchant 10 unités de chaque logarithme des tables.

Pour faire usage des tables de logarithmes, il faut savoir résoudre les deux questions suivantes : 1° *Etant donné un arc, trouver le logarithme de l'une de ses lignes trigonométriques ; 2° réciproquement, étant donné le logarithme d'une ligne trigonométrique, trouver l'arc correspondant.*

35. PROBLÈME I. *Etant donné un arc, trouver le logarithme de l'une de ses lignes trigonométriques.*

1er *cas*. Lorsque l'arc donné ne renferme que des degrés et des minutes, le logarithme demandé se trouve immédiatement dans les tables. Veut-on, par exemple, le logarithme de sin 32° 45'? Le nombre de degrés étant moindre que 45, on le cherche en haut des pages; l'ayant trouvé, on descend le long de la colonne des minutes jusqu'au nombre 45, et, en face, dans la colonne intitulée en haut *sinus*, on lit le nombre 9,73318; retranchant 10 unités de ce nombre, on a

$$\log \sin 32° \ 45' = \overline{1},73318.$$

Veut-on encore le logarithme de tang 86° 20'? On cherche le nombre de degrés en bas d'une page, et on remonte la colonne des minutes à droite jusqu'au nombre 20; en face, et dans la colonne intitulée en bas *tang.*, on lit le nombre 11,19326; retranchant 10, on a

$$\log \text{tang } 86° \ 20' = 1,19326.$$

2e *cas*. Lorsque l'arc donné contient des secondes et des fractions de seconde, on prend dans les tables le logarithme de la ligne des degrés et des minutes qui entrent dans l'expression de cet arc; on calcule ensuite la quantité dont il faut augmenter ou diminuer ce logarithme pour obtenir le logarithme demandé. Quelques exemples feront bien comprendre la manière de procéder.

Soit d'abord à trouver le logarithme de sin 31°27' 43''. On cherche dans les tables log sin 31° 27'; la différence tabulaire est 20, c'est-à-dire que, si l'arc augmente de 1' ou 60'', le logarithme augmente de 20 unités du cinquième ordre décimal. En admettant que les accroissements du logarithme du sinus sont sensiblement proportionnels aux accroissements de l'arc, ce qui est vrai pour des accroissements plus petits que 1', on dira : *Si, quand l'arc augmente de 60'', le logarithme augmente de 20, quand l'arc augmentera de 1'' seulement,* le *logarithme augmentera de 60 fois moins ou de* $\dfrac{20}{60}$; *et quand l'arc augmentera de 43'', le logarithme augmentera de 43 fois plus que pour 1'' ou de* $\dfrac{20 \times 43}{60} = 14$.

On dispose le calcul de la manière suivante :

$$\begin{array}{lll} \log \sin 31°\,27' & = \overline{1},71747, & \textit{diff. tab. } 20 \\ \text{pour} \qquad 43'' & 14; & \dfrac{20 \times 43}{60} = 14. \\ \hline \log \sin 31°\,27'\,43'' = \overline{1},71761. \end{array}$$

Soit encore à trouver le logarithme de cos 36° 18' 20''. Les tables donnent immédiatement log cos 36° 18'. La différence tabulaire est 10, c'est-à-dire que, si l'arc augmente de 60'', le logarithme du cosinus diminue de 10 unités du cinquième ordre décimal. Admettant que la diminution du logarithme du cosinus est sensiblement proportionnelle à l'accroissement de l'arc, quand cet accroissement est plus petit que 1', on dira encore : *Si, quand l'arc augmente de 60'', le logarithme du cosinus diminue de 10, quand l'arc augmentera de 1'' seulement, le logarithme diminuera 60 fois moins ou de* $\dfrac{10}{60}$; *et, quand l'arc augmentera de 20'', le logarithme diminuera de 20 fois plus que pour 1'' ou de* $\dfrac{10 \times 20}{60} = 3,3$.

On écrira donc :

$$\begin{array}{lll} \log \cos 36^\circ\, 18' & = \overline{1},90630 & \textit{diff. tab. } 10 \\ \text{pour} \qquad 20'' & -\ 3 & \dfrac{10 \times 20}{60} = 3,3. \\ \hline \log \cos 36^\circ\, 18'\, 20'' = \overline{1},90627. \end{array}$$

On procédera pour les tangentes comme pour les sinus, et pour les cotangentes comme pour les cosinus. Nous indiquons par des exemples le type du calcul.

1° *Trouver le logarithme de tang* 52° 54' 51''.

$$\begin{array}{lll} \log \text{ tang } 52^\circ\, 54' = 0,12131, & \textit{Différence tabulaire } 26\,; \\ \text{pour} \qquad 51'' \qquad 22\,; & \dfrac{26 \times 51}{60} = 22,1. \\ \hline \log \text{tang} 52^\circ\, 54'\, 51'' = 0,12153. \end{array}$$

2° *Trouver le logarithme de cot* 58° 42' 17''.

$$\begin{array}{lll} \log \cot 58^\circ\, 42' & = \overline{1},78391, & \textit{Différence tabulaire } 28\,; \\ \text{pour} \qquad 17'' \qquad -8\,; & \dfrac{28 \times 17}{60} = 8. \\ \hline \log \cot 58^\circ\, 42'\, 17'' = \overline{1},78383. \end{array}$$

36. REMARQUE. Lorsque l'arc donné est plus grand que 90°, on cherche le logarithme des lignes trigonométriques de l'arc supplémentaire (9). Mais pour indiquer que le cosinus, la tangente et la cotangente de l'arc dont il s'agit ont une valeur négative, on place le signe — à la droite du logarithme. On tient ensuite compte de ce signe lorsqu'on repasse des logarithmes aux nombres ou aux arcs. Ainsi on écrit

$\log \sin 125^\circ\, 42' = \log \sin 54^\circ\, 18^\circ = \overline{1},90960.$

$\log \text{tang } 127^\circ 5' 9'' = \log \text{tang } 52^\circ\, 54'\, 51'' = 0,12153\,\text{—}.$

37. Problème II. *Etant donné le logarithme d'une ligne trigonométrique, trouver l'arc correspondant.*

1er *cas.* Supposons d'abord que le logarithme donné se trouve écrit dans les tables, dans l'une quelconque des deux colonnes qui ont pour titre la ligne trigonométrique à l'expression numérique de laquelle le logarithme donné appartient. Si le nom de la ligne est en haut, on lit en haut de la page le nombre de degrés, et, en face, dans la première colonne à gauche, le nombre de minutes; si, au contraire, le nom de la ligne est en bas, on lit les degrés en bas de la page et les minutes dans la dernière colonne à droite.

Soit donné, par exemple, log sin $x = \overline{1},42324$. On ajoute 10 à la caractéristique et on cherche le nombre 9,42324 dans l'une des deux colonnes qui sont intitulées *sinus*, sans s'inquiéter de savoir si ce titre est en haut ou en bas de la colonne; l'ayant trouvé, on observe que le titre *sinus* est en haut; on consulte la première colonne à gauche et on lit 22 dans l'alignement de 9,42324; enfin, au haut de la page on lit 15°; l'arc cherché est donc 15° 22'.

2e *cas.* Supposons maintenant que le logarithme donné ne se trouve pas dans les tables, ce qui est le cas le plus ordinaire; si ce logarithme est celui d'un sinus ou d'une tangente, on cherche dans les tables le logarithme immédiatement inférieur, ou le logarithme immédiatement supérieur, si le logarithme donné est celui d'un cosinus ou d'une cotangente; puis on fait le calcul des parties proportionnelles.

Soit donné par exemple, log sin $x = \overline{1},58149$; on ajoute d'abord 10 unités à la caractéristique et on cherche dans les tables, colonne des *sinus*, le logarithme immédiatement inférieur à 9,58149. C'est 9,58131 qui appartient à l'arc de 22° 25′. On retranche ce logarithme du logarithme donné ; il reste 18 ; d'un autre côté, la différence tabulaire est 31, c'est-à-dire que, lorsque le logarithme augmente de 31 unités du cinquième ordre décimal, l'arc croît de 60″ ou 1′. En admettant que les accroissements du logarithme et de l'arc sont sensiblement proportionnels, on dira : *Si, quand le logarithme augmente de* 31, *l'arc croît de* 60″, *quand le logarithme augmentera de* 1 *seulement, l'arc croîtra de* 31 *fois moins, ou de* $\dfrac{60''}{31}$; *et quand le logarithme augmentera de* 18, *l'arc croîtra de* 18 *fois plus que pour* 1, *ou de* $\dfrac{60'' \times 18}{31} = 35''$. L'arc cherché est donc 22° 25′ 35″. On dispose l'opération de la manière suivante :

$$
\begin{aligned}
\log \sin x &= \overline{1},58149 \\
\log \sin 22° \ 25' &= \overline{1},58131 \\
\hline
\text{pour} \quad 35'' &\qquad 18
\end{aligned}
$$

$$x = 22° \ 25' \ 35''.$$

Soit encore $\log \cos x = \overline{1},80722$. On ajoute 10 unités à la caractéristique, ce qui donne 9,80722 pour le logarithme proposé. Le logarithme de cos 50° 45′ est celui qui lui est immédiatement supérieur ; il en diffère de 9 unités du cinquième ordre décimal ; d'un autre côté, la différence tabulaire est 15. En admettant que la diminution du logarithme du cosinus est sensiblement proportionnelle à l'accroissement de l'arc, on dira : *Si, quand le logarihme diminue de* 15, *l'arc croît de* 60″, *quand le logarithme ne diminuera que de* 1, *l'arc croî-*

tra de 15 *fois moins ou de* $\dfrac{60''}{15}$; *et, quand le logarithme*
diminuera de 9, *l'arc croîtra de* 9 *fois plus que pour*
une diminution de 1, *ou de* $\dfrac{60'' \times 9}{15} = 36''$. Ainsi l'arc
cherché est 50° 45′ 36″. On écrira

$$
\begin{aligned}
\log \cos x \qquad &= \overline{1},80722, \\
\log \cos\ 50°\ 45' &= \overline{1},80731\,;
\end{aligned}
$$

$$
\text{pour} \qquad 36'' \qquad -9\,;
$$

$$
x = 50°\ 45'\,36'.
$$

Si l'on donne log tang x ou log cos x, on procède, dans le premier cas, comme pour log sin x, et comme pour log cos x, dans le second.

38. Les logarithmes des tables ne sont approchés qu'à moins d'une unité décimale de l'ordre de leur dernier chiffre. En admettant même que les accroissements des logarithmes sont proportionnels aux accroissements des arcs, le logarithme de la ligne trigonométrique qui sert à déterminer l'arc, ne sera lui-même approché qu'à moins d'une unité décimale de l'ordre de son dernier chiffre. Voyons l'erreur qui en résulte pour l'arc.

Soit D la différence tabulaire : en raisonnant comme dans les exemples qui précèdent, on trouvera que *si, à un accroissement ou à une diminution de* D *dans le logarithme, correspond un accroissement de* 60″ *dans l'arc, à un accroissement ou à une diminution de* 1 *dans le logarithme correspondra un accroissement de* $\dfrac{60''}{D}$

dans l'arc. Ainsi, $\dfrac{60''}{D}$ est l'erreur que l'on peut commettre dans le calcul de l'arc ; elle est d'autant plus petite que la différence tabulaire est plus grande.

Or, si on parcourt la colonne des différences tabulaires relatives au sinus, on voit qu'elles vont en diminuant de 0° à 90°; l'erreur commise sur un arc déterminé par son sinus va donc en augmentant avec cet arc. Dans le voisinage de 88°, le même logarithme se rapportant à trois arcs consécutifs, cette erreur peut donc s'élever jusqu'à 3'. Il suit de là que les arcs voisins de 90° sont mal déterminés par leurs sinus; de même, les arcs très-petits sont mal déterminés par leurs cosinus.

Les tangentes n'offrent pas le même inconvénient : les différences tabulaires relatives aux logarithmes de ces lignes diminuent de 0° à 45° pour augmenter ensuite de 45° à 90°; l'erreur commise dans le calcul de l'arc augmente donc de 0' à 45° pour diminuer ensuite. C'est à 45° qu'elle est maxima, et alors elle est inférieure à 3''. Par conséquent, dans tous les cas et autant qu'on le pourra, il faudra, dans la pratique, déterminer les arcs inconnus par leurs tangentes ou leurs cotangentes plutôt que par leurs sinus ou leurs cosinus.

39. TABLES DE CALLET. On trouve, au commencement de ces tables, les logarithmes des sinus et des tangentes de seconde en seconde, pour les cinq premiers degrés avec sept décimales; mais le sinus ou la tangente d'un arc étant le cosinus ou la cotangente de son complément, on a aussi les logarithmes, des cosinus et des cotangentes des arcs de 90° à 85°. Les tables suivantes contiennent les logarithmes des sinus, cosinus, tangentes et cotangentes de 10'' en 10'' pour tous les arcs de 0° à 90°

Pour les arcs inférieurs à 45°, les degrés se lisent hors cadre en haut des pages, les minutes et les dizaines de secondes dans les deux premières colonnes à gauche et en descendant. Pour les arcs plus grands que 45°, les degrés se lisent, au contraire, au bas des pages hors cadre. Les noms des lignes trigonométriques sont inscrits au haut ou au bas des colonnes, suivant que l'arc est plus petit ou plus grand que 45°.

Afin d'éviter les caractéristiques négatives, on a ajouté 10 unités à tous les logarithmes des sinus et des cosinus et aussi aux logarithmes des tangentes de 0° à 45° ou des cotangentes de 90° à 45°; on a soin, dans la pratique, de rétablir la vraie caractéristique en retranchant 10 unités. Les logarithmes des tangentes de 45° à 90° ou des cotangentes de 45° à 0°, ayant leurs caractéristiques positives, n'ont pas été altérés.

Les différences tabulaires sont placées, comme dans les tables de Lalande, à côté de chaque colonne des logarithmes.

On procède avec les tables de Callet comme avec celles de Lalande ; mais le calcul des parties proportionnelles est plus simple.

40. PROBLÈME I. *Etant donné un arc, trouver le logarithme de l'une de ses lignes trigonométriques.*

1er *cas*. Lorsque l'arc donné est composé de degrés, de minutes et de dizaines de secondes, le logarithme cherché se trouve immédiatement dans les tables.

Veut-on, par exemple, le logarithme de sin 23°28′40″, le nombre des degrés étant moindre que 45, on le cherche en haut des pages hors cadre ; l'ayant trouvé, on descend dans la première colonne à gauche jusqu'au nombre 28, puis on passe dans la colonne suivante, que l'on suit jusqu'au nombre 40 ; sur la même ligne et dans la colonne intitulée en haut *sinus*, on lit le nombre 9,6003121 ; c'est le logarithme cherché augmenté de 10 ; on a donc, en retranchant 10 unités :

$$\log \sin 23°28'40'' = \overline{1},6003121.$$

Veut-on, pour second exemple, le logarithme de tang 79°51'40'', le nombre des degrés se trouvant en bas de la page, on remontera le long de la dernière colonne à droite jusqu'au nombre 51 ; on passera dans la colonne précédente qui est celle des dizaines de secondes, et on montera le long de cette ligne jusqu'au nombre 40 ; sur la même ligne et dans la colonne intitulée en bas *tang*, on lira le nombre 0,7475657. On aura ainsi

$$\log \tan 79°51'40'' = 0,7475657.$$

2° *cas*. Lorsque l'arc donné contient, en outre, des unités et des fractions de secondes, on cherche, comme nous venons de l'expliquer, le logarithme du sinus ou de la tangente, du cosinus ou de la cotangente donnée en faisant abstraction des unités et des fractions de secondes. On complète ensuite ce logarithme par la méthode des parties proportionnelles (35, 3ᵉ *cas*).

Nous indiquerons par des exemples le type du calcul.

1° *Trouver le logarithme de* sin 37°19'43'',4.

$$\log \sin 37°19'40'' = \overline{1},7827406, \quad \textit{Diff. tabulaire } 276.$$

$$\text{Pour} \quad 3'',4 \quad\quad 94 \quad \frac{276 \times 3,4}{10} = 93,84.$$

$$\log \sin 37°19'43'',4 = \overline{1},7827500.$$

2° *Trouver le logarithme de* cos 49°53′24″,3.

$$\log \cos 49°53′20″ \quad = \overline{1},8090692 \qquad \textit{Diff. tabulaire } 250.$$

$$\text{Pour} \qquad 4″,3 \qquad -108 \qquad \frac{250 \times 4,3}{10} = 107,5.$$

$$\log \cos 49°53′24″,3 = \overline{1},8090584.$$

3° *Trouver le logarithme de* tang 79°51′47″,2.

$$\log \text{tang } 79°51′40″ \quad = 0,7475657 \qquad \textit{Diff. tabulaire } 1215$$

$$\text{Pour} \qquad 7″,2 \qquad 875 \qquad \frac{1215 \times 7,2}{10} = 874,8.$$

$$\log \text{tang } 79°51′47″,2 = 0,7476532.$$

4° *Trouver le logarithme de* cot 31°29′47″,8.

$$\log \cot 31°29′40″ \quad = 0,2127752, \qquad \textit{Diff. tabulaire } 473;$$

$$\text{Pour} \qquad 7″,8 \qquad -369, \qquad \frac{473 \times 7,8}{10} = 368,94.$$

$$\log \cot 31°29′47″,8 = 0,2127383.$$

41. PROBLÈME. *Etant donné le logarithme d'une ligne trigonométrique, trouver l'arc correspondant.*

1er *cas*. Supposons d'abord que le logarithme donné se trouve dans les tables, dans la colonne portant le nom de la ligne à laquelle il appartient. Si ce nom est en haut, on jette les yeux sur la seconde colonne à gauche, et dans l'alignement du logarithme on trouve un nombre de dizaines qui exprime les secondes de l'arc cherché. On passe ensuite à la première colonne; si l'on y voit un nombre dans le même alignement, il est celui des minutes cherchées, sinon on monte le long de cette colonne, et le premier nombre qu'on rencontre est celui des minutes; enfin, en haut de la page, on lit hors du cadre le nombre de degrés demandé.

Mais si le nom de la ligne en question est au bas, il

faut recourir à l'avant-dernière colonne à droite qui donnera de même les secondes ; passer ensuite à la dernière colonne, dans laquelle on trouvera les minutes, soit sur la même ligne, soit en descendant le long de cette colonne.

Veut-on, par exemple, le nombre de degrés, minutes et secondes de l'arc dont le logarithme du sinus est $\overline{1}{,}7299520$, on ajoute 10 unités à ce logarithme et on cherche le nombre $9{,}7299520$ dans l'une des deux colonnes intitulées *sinus*, sans s'inquiéter de savoir si ce titre est en haut ou en bas de la colonne ; l'ayant trouvé, on observe que le titre *sinus* est en haut de la colonne : on consulte la seconde colonne à gauche, et l'on trouve 40, dans l'alignement de $9{,}7299520$; on passe à la première colonne, on n'y voit rien dans le même alignement ; mais en montant, on rencontre 28 dans cette colonne ; enfin, en haut de la page et hors du cadre, on lit 32 degrés. L'arc cherché est donc $32°28'40''$.

2e *cas.* Supposons, maintenant, que le logarithme donné ne se trouve pas dans les tables. Si ce logarithme est celui d'un sinus ou d'une tangente, on cherche dans les tables le logarithme immédiatement inférieur, ou le logarithme immédiatement supérieur, si le logarithme donné est celui d'un cosinus ou d'une cotangente ; puis, on fait le calcul des parties proportionnelles. (Voir, n° 37, 2e *cas.*) Nous indiquerons par des exemples le type du calcul.

$1°$ *Trouver l'arc dont le* log sin *est* $\overline{1}{,}6305821$.

log sin x $= \overline{1}{,}6305821$

log sin $25°17'10''$ $= \overline{1}{,}6305689$ *Diff. tabulaire* 446.

Pour $2''{,}9$ 132

$x = 25°17'12''{,}9$

2° *Trouver l'arc dont le* log cos *est* $\overline{1},7913859$.

$$\text{log cos } x \qquad\qquad = \overline{1},7913859$$
$$\text{log cos } 51°47'10'' \quad = \overline{1},7914091 \qquad \textit{Diff. tabulaire} 267.$$

Pour $8'',7$ $-\ 232$

$$x = 51°47'18'',7.$$

3° *Trouver l'arc dont le* log tang *est* 0,7476532.

$$\text{log tang } x \qquad\qquad = 0,7476532$$
$$\text{log tang } 79°51'40'' \quad = 0,7475657 \qquad \textit{Diff. tabulaire} 1215.$$

Pour $7'',2$ 875

$$x = 79°51'47'', 2.$$

4° *Trouver l'arc dont le* log cot *est* 0,2127383.

$$\text{log cot } x \qquad\qquad = 2127383$$
$$\text{log cot } 31°29'40'' \quad = 2127752 \qquad \textit{Diff. tabulaire} 473.$$

Pour $7'',8$ $-\ 369$

$$x = 31°29'47'',2.$$

42. Les logarithmes des tables de Callet ne sont approchés qu'à moins d'une unité décimale du septième ordre. En admettant même que les accroissements des logarithmes sont proportionnels aux accroissements des arcs, le logarithme de la ligne trigonométrique qui sert à déterminer l'arc ne sera lui-même approché qu'à moins d'une unité décimale du septième ordre. Voyons l'erreur qui en résulte pour l'arc.

Soit D la différence tabulaire qui correspond à une variation de $10''$ dans l'arc ; en raisonnant comme au n° 38, on trouvera que l'erreur commise dans le calcul de l'arc est $\dfrac{10''}{D}$. Les différences tabulaires relatives aux sinus, allant en diminuant de 0° à 90°, l'erreur commise dans le calcul d'un arc par sinus augmente avec la valeur de cet arc. Ainsi, *les arcs voisins de 90° sont mal déterminés par leurs sinus ; de même, les arcs très-petits sont mal déterminés par leurs cosinus.*

Les tangentes et les cotangentes ne présentent pas le même inconvénient ; l'erreur augmente jusqu'à 45°, où elle est moindre que 0″,03, pour diminuer ensuite jusqu'à 90°. Ainsi, *quand on détermine un arc par sa tangente ou sa cotangente, on peut compter que, dans tous les cas, l'erreur commise sera moindre que 0″,03.*

Si l'arc cherché est plus petit que 5°, on emploiera la table relative aux petits arcs, et procédant de seconde en seconde, et on obtiendra cet arc avec une approximation plus grande encore.

Dans tous les calculs qui vont suivre, nous ferons usage des tables de Callet. Cependant, dans les opérations ordinaires où les arcs ne sont mesurés qu'à une minute ou demi-minute près, les tables de Lalande donneraient une approximation suffisante.

EXERCICES

1. Trouver les logarithmes de

sin	36°52′32″	*Réponse.*	$\overline{1}$,7782084.
sin	52°12′54″,2	»	$\overline{1}$,8978008.
sin	88°48′25″,4.	»	$\overline{1}$,9999059.
cos	41°33′59″.	»	$\overline{1}$,8740104.
cos	87° 8′23″,5.	»	$\overline{2}$,6980841.
tang	32°16′35″.	»	$\overline{1}$,8004400.
tang	65°33′ 8″,1.	»	0,3423463.
cot	6°16′22,″4.	»	0,4526367.
cot	47°39′28″.	»	$\overline{1}$,9596509.

2. Trouver les arcs correspondants à

log sin $x = \overline{2},7654321.$	*Réponse.*	$3°20'25'',5.$
log sin $x = \overline{1},9426715.$	»	$61°12'13'',3.$
log cos $x = \overline{1},9443325.$	»	$28°23'39'',6.$
log cos $x = \overline{2},7531789.$	»	$86°45' 9'',4.$
log tang $x = \overline{1},8642013.$	»	$36°11' 4'',8.$
log tang $x = 1,7890012.$	»	$89° 4' 7'',4.$
log cot $x = 0,3579124.$	»	$23°40'59'',4.$
log cot $x = \overline{1},6785401.$	»	$64°29'51'',9.$

3. Trouver les plus petits arcs positifs qui satisfont aux équations ;

$\sin x = \dfrac{3}{5}$;	*Réponse.*	$36°52'11'',6,$
$\tang x = 3$;	»	$71°33'54'',2.$
$\séc x = \dfrac{7}{3}$;	»	$64°37'23''.$
$\cos x = 0,7$;	»	$45°34'23''.$
$\cot x = \dfrac{2}{3}$;	»	$56°18'35'',8.$
$\cot x = \dfrac{5}{7}$;	»	$125°32'15'',6.$

$$5\,\text{tang}\,x = 6\cos x; \; \textit{Réponse}, \; \sin x = \frac{2}{3} \begin{cases} x' = & 41°48'23'' \; ; \\ x'' = & 138°11'37''. \end{cases}$$

$$4\,\text{tang}\,x = \frac{1 - \cos 2x}{1 + \cos x} \; ; \; \textit{Réponse.} \; 75°57'49'',5.$$

CHAPITRE III

PROPRIÉTÉS DES TRIANGLES

43. MESURE DES ANGLES. Avant d'établir les relations qui existent entre les angles et les côtés d'un triangle, nous parlerons de la mesure des angles.

Soit un angle AOB; décrivons de son sommet comme centre, avec un rayon arbitraire, une circonférence, et désignons par R et S les nombres qui expriment la longueur du rayon OA et celle de l'arc AB.

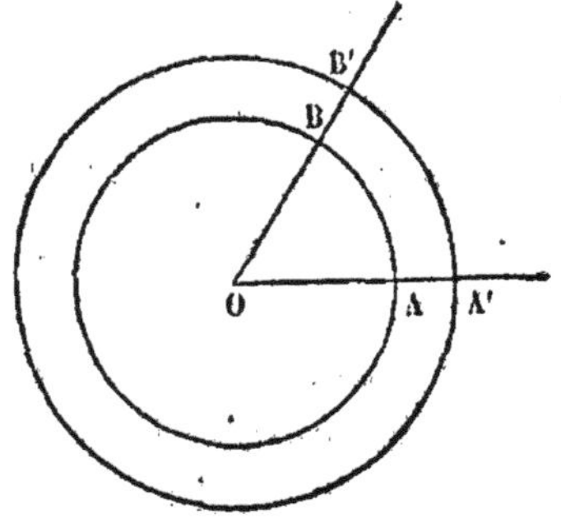

Fig. 11.

Le rapport $\dfrac{S}{R}$ est indépendant de la grandeur du rayon OA; car, si nous décrivons du point O comme centre une autre circonférence, et si nous désignons par S′ et R′ les nombres qui expriment la longueur de l'arc A′B′ et celle du rayon OA′, nous aurons, d'après un théorème connu de géométrie,

$$\frac{S}{R} = \frac{S'}{R'}.$$

Il résulte de là qu'en posant

$$\omega = \frac{S}{R},$$

le nombre ω ne dépendant que de la grandeur de l'angle AOB, cet angle variant d'ailleurs proportionnellement à ω, nous pouvons prendre ω pour sa *mesure*. Si nous faisons R = 1, l'expression précédente devient

$$\omega = S\,;$$

c'est-à-dire qu'*un angle est mesuré par le même nombre que l'arc intercepté entre ses côtés et décrit de son sommet comme centre avec l'unité de longueur pour rayon.*

Par exemple, le même nombre $\dfrac{\pi}{2}$ représentera indifféremment l'angle droit et le quart de la circonférence. C'est pour cette raison qu'en trigonométrie les mots *angle* et *arc* sont employés comme synonymes.

Et comme ordinairement on désigne aussi les arcs en indiquant combien ils renferment de degrés, minutes, etc., ces mêmes nombres de degrés, de minutes, etc., désigneront également les angles correspondants.

Désormais nous ne parlerons donc plus d'arcs, mais des *angles* d'un triangle, et nous appellerons *sinus, cosinus, tangente, cotangente, sécante et cosécante d'un angle*, le sinus, le cosinus, la tangente, la cotangente, la sécante, la cosécante de l'arc intercepté par les côtés de l'angle sur la circonférence décrite de son sommet comme centre, avec l'unité de longuenr pour rayon.

Nous désignerons toujours les angles d'un triangle par les lettres A, B, C, et les côtés opposés par a, b, c.

PROPRIÉTÉS DES TRIANGLES RECTANGLES

11. THÉORÈME. *Dans tout triangle rectangle, un côté de l'angle droit est égal à l'hypoténuse multipliée par le sinus de l'angle opposé, ou par le cosinus de l'angle adjacent au côté considéré.*

Soit ABC un triangle rectangle en A. Du point C comme centre et avec l'unité pour rayon, décrivons l'arc DM et abaissons MP perpendiculaire sur AC. Les deux triangles ABC, PCM étant semblables, nous avons

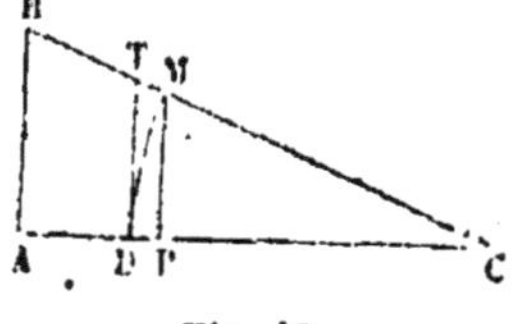

Fig. 12.

$$\frac{AB}{MP} = \frac{BC}{CM}, \quad \text{ou} \quad \frac{c}{\sin C} = \frac{a}{1};$$

car, par définition, MP est le sinus de l'angle C ; nous tirons de là

$$c = a \sin C. \tag{1}$$

Mais l'angle B étant le complément de l'angle C, nous avons $\sin C = \cos B$; la relation (1) peut donc s'écrire :

$$c = a \cos B.$$

15. THÉORÈME. *Dans tout triangle rectangle, chaque côté de l'angle droit est égal à l'autre côté multiplié par la tangente de l'angle opposé, ou par la cotangente de l'angle adjacent au premier côté.*

En effet, menons la tangente DT de l'arc DM ; la similitude des triangles ABC, DCT (*fig.* 12) donne

$$\frac{AB}{DT} = \frac{AC}{DC} \quad \text{ou} \quad \frac{c}{\tan C} = \frac{b}{1};$$

d'où nous tirons

$$c = b \tan C; \tag{2}$$

mais, comme l'angle B est le complément de l'angle C, $\tan C = \cot B$; la relation (2) peut donc s'écrire :

$$c = b \cot B.$$

10.

PROPRIÉTÉS DES TRIANGLES QUELCONQUES

46. THÉORÈME. *Dans un triangle quelconque, les côtés sont proportionnels aux sinus des angles opposés:*

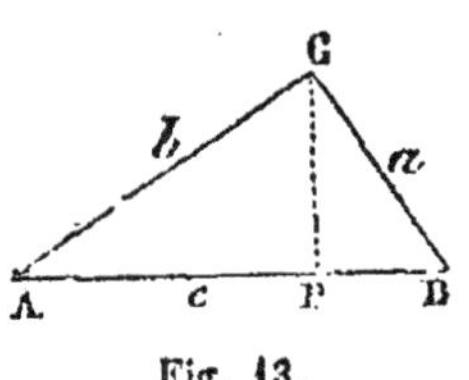

Fig. 13.

Soit ABC un triangle quelconque. Du somet C abaissons la perpendiculaire CP sur le côté opposé AB ; les triangles rectangles ACP, BCP donnent (44)

$$CP = a \sin B, \quad CP = b \sin A ;$$

et, par conséquent,

$$a \sin B = b \sin A ;$$

d'où nous déduisons

$$\frac{a}{\sin A} = \frac{b}{\sin B} .$$

Si l'un des angles A ou B est obtus, la perpendiculaire CP tombe en dehors du triangle ABC. Supposons, par exemple, l'angle A obtus, la perpendiculaire tombera en dehors à gauche de CA. Les triangles rectangles ACP, BCP

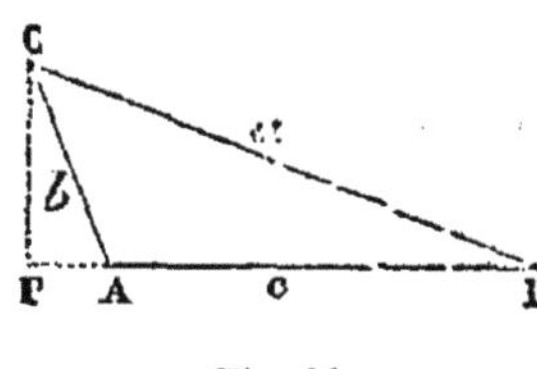

Fig. 14.

donneront encore

$$CP = b \sin CAP, \quad CP = a \sin B.$$

Mais l'angle CAP étant supplémentaire de l'angle A, nous avons (9) sin CAP = sin A ; par conséquent,

$$CP = b \sin A = a \sin B ;$$

d'où nous déduisons

$$\frac{a}{\sin A} = \frac{b}{\sin B}.$$

Nous avons de même, par analogie,

$$\frac{b}{\sin B} = \frac{c}{\sin C}.$$

Nous obtenons ainsi les trois rapports égaux

$$\frac{a}{\sin A} = \frac{b}{\sin B} = \frac{c}{\sin C}.$$

47. THÉORÈME. *Dans un triangle quelconque, le carré d'un côté est égal à la somme des carré des deux autres côtés, moins deux fois le produit de ces deux autres côtés multiplié par le cosinus de l'angle qu'ils comprennent.*

Considérons le côté a opposé à l'angle A : il y a deux cas à distinguer suivant que A est aigu ou obtus.

Supposons d'abord A aigu (*fig.* 13). Nous avons démontré en géométrie que, dans un triangle quelconque, le carré du côté opposé à un angle aigu est égal à la somme des carrés des deux autres côtés, moins deux fois le produit de l'un de ces deux autres côtés multiplié par la projection du second sur le premier ; ce qui s'exprime ainsi ;

$$a^2 = b^2 + c^2 - 2c \times AP. \qquad (1)$$

Mais le triangle rectangle ACP donne (44)

$$AP = b \cos A;$$

donc, en remplaçant AP par cette valeur dans l'égalité (1), nous trouvons

$$a^2 = b^2 + c^2 - 2bc \cos A.$$

Supposons maintenant A obtus (*fig.* 14). Nous avons démontré en géométrie que, dans un triangle quelconque, le carré du côté opposé à un angle obtus est égal à la somme des carrés des deux autres côtés, plus deux fois le produit de l'un de ces deux autres côtés multiplié par la projection du second sur le premier ; ce qui s'exprime ainsi :

$$a^2 = b^2 + c^2 + 2c \times AP. \qquad (2)$$

Mais le triangle rectangle ACP donne

$$AP = b \cos CAP = - b \cos A,$$

car l'angle CAP étant supplémentaire de l'angle A, cos CAP $= -$ cos A (9) ; donc, en remplaçant AP par $- b$ cos A dans l'égalité (2), nous trouvons encore

$$a^2 = b^2 + c^2 - 2bc \cos A.$$

Il existe deux autres relations analogues à celles-ci ; nous avons donc, dans tous les cas,

$$a^2 = b^2 + c^2 - 2bc \cos A,$$
$$b^2 = a^2 + c^2 - 2ac \cos B,$$
$$c^2 = a^2 + b^2 - 2ab \cos C.$$

EXPRESSION DES ANGLES EN FONCTION DES CÔTÉS

48. On a souvent besoin de l'expression des angles d'un triangle en fonction des côtés. De la relation

$$a^2 = b^2 + c^2 - 2bc \cos A,$$

nous tirons

$$\cos A = \frac{b^2 + c^2 - a^2}{2bc}.$$

Mais cette formule n'étant pas propre au calcul par logarithmes, on préfère calculer l'angle $\frac{A}{2}$. Or nous avons (23)

$$\cos \frac{A}{2} = \sqrt{\frac{1 + \cos A}{2}}, \quad \sin \frac{A}{2} = \sqrt{\frac{1 - \cos A}{2}};$$

remplaçant $\cos A$ par sa valeur que nous venons de trouver, il vient

$$\cos \frac{A}{2} = \sqrt{\frac{2bc + b^2 + c^2 - a^2}{4bc}} = \sqrt{\frac{(b + c)^2 - a^2}{4bc}},$$

$$\sin \frac{A}{2} = \sqrt{\frac{2bc - b^2 - c^2 + a^2}{4bc}} = \sqrt{\frac{a^2 - (b - c)^2}{4bc}};$$

ou, en remarquant que (*Algèbre*, 44)

$$(b + c)^2 - a^2 = (a + b + c)(b + c - a),$$

et que

$$a^2 - (b - c)^2 = (a + b - c)(a + c - b),$$

$$\cos \frac{A}{2} = \sqrt{\frac{(a + b + c)(b + c - a)}{4bc}},$$

$$\sin \frac{A}{2} = \sqrt{\frac{(a + b - c)(a + c - b)}{4bc}}.$$

Par de simples changements de lettres nous obtiendrons des formules semblables pour calculer les cosinus

et les sinus des angles $\dfrac{B}{2}$ et $\dfrac{C}{2}$. Si maintenant, pour abréger l'écriture, nous faisons

$$a + b + c = 2p,$$

d'où, en retranchant successivement $2a$, $2b$, $2c$ aux deux membres,

$$b + c - a = 2(p - a),$$
$$a + c - b = 2(p - b),$$
$$a + b - c = 2(p - c);$$

nous obtenons ces deux systèmes de formules :

$$\cos\frac{A}{2} = \sqrt{\frac{p(p-a)}{bc}}, \quad \sin\frac{A}{2} = \sqrt{\frac{(p-b)(p-c)}{bc}},$$

$$\cos\frac{B}{2} = \sqrt{\frac{p(p-b)}{ac}}, \quad \sin\frac{B}{2} = \sqrt{\frac{(p-a)(p-c)}{ac}},$$

$$\cos\frac{C}{2} = \sqrt{\frac{p(p-c)}{ab}}, \quad \sin\frac{C}{2} = \sqrt{\frac{(p-a)(p-b)}{ab}};$$

enfin, divisant l'une par l'autre les expressions de $\sin\dfrac{A}{2}$ et de $\cos\dfrac{A}{2}$, de $\sin\dfrac{B}{2}$ et de $\cos\dfrac{B}{2}$, de $\sin\dfrac{C}{2}$ et de $\cos\dfrac{C}{2}$, il vient

$$\tan\frac{A}{2} = \sqrt{\frac{(p-b)(p-c)}{p(p-a)}};$$

$$\tan\frac{B}{2} = \sqrt{\frac{(p-a)(p-c)}{p(p-b)}},$$

$$\tan\frac{C}{2} = \sqrt{\frac{(p-a)(p-b)}{p(p-c)}}.$$

49. Remarque. Si on n'a besoin que d'un seul angle, il est indifférent de le calculer par son sinus, son cosinus ou sa tangente, puisque, dans chaque cas, il y a quatre logarithmes à chercher; mais si l'on veut les trois angles, il est préférable d'employer les tangentes; car, par les tangentes, le calcul entier s'effectue au moyen des logarithmes des quatre quantités p, $p-a$, $p-b$, $p-c$, tandis qu'avec les sinus, il faudrait les logarithmes des six quantités a, b, c, $p-a$, $p-b$, $p-c$; avec les cosinus, il en faudrait sept, les six précédents, et en outre celui de p. Ajoutons que le calcul par les tangentes donne une plus grande approximation (38).

AIRE D'UN TRIANGLE

50. L'aire d'un triangle peut être exprimée en fonction, soit de deux côtés et de l'angle compris, soit d'un côté et des angles adjacents, soit, enfin, des trois côtés.

1° Soit le triangle ABC : si du sommet C nous abaissons CP perpendiculaire sur la base AB, nous aurons, en désignant par S la surface de ce triangle,

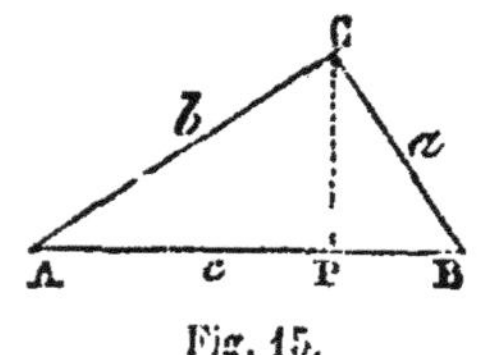

$$S = \frac{c \times CP}{2}.$$

Mais le triangle rectangle ACP donne CP $= b \sin A$; donc

$$S = \frac{bc \times \sin A}{2}. \qquad (1)$$

Ainsi, *l'aire d'un triangle est égale à la moitié du*

produit de deux côtés multipliés par le sinus de l'angle qu'ils comprennent.

2° Si, dans l'expression (1) nous remplaçons b par sa valeur $\dfrac{c \sin B}{\sin C}$ tirée de la relation $\dfrac{b}{\sin B} = \dfrac{c}{\sin C}$, il vient

$$S = \frac{c^2 \sin A \sin B}{2 \sin C} = \frac{c^2 \sin A \sin B}{2 \sin (A + B)}. \qquad (2)$$

3° Enfin, des relations

$$\sin \frac{A}{2} = \sqrt{\frac{(p-b)(p-c)}{bc}}, \quad \cos \frac{A}{2} = \sqrt{\frac{p(p-a)}{bc}},$$

établies au numéro 48, nous déduisons

$$\sin A = 2 \sin \frac{A}{2} \cos \frac{A}{2} = 2 \frac{\sqrt{p(p-a)(p-b)(p-c)}}{bc},$$

et, en remplaçant $\sin A$ par cette valeur dans l'expression (1), nous trouvons

$$S = \sqrt{p(p-a)(p-b)(p-c)} \qquad (3).$$

CHAPITRE IV

RÉSOLUTION DES TRIANGLES

51. Un triangle est déterminé quand on connaît trois de ses six éléments, pourvu, toutefois, que parmi les éléments donnés, il y ait au moins un côté. Nous allons, à l'aide des relations établies dans le chapitre précédent, nous occuper de la résolution d'un triangle quelconque, c'est-à-dire, calculer les valeurs numériques de ses angles et de ses côtés ; nous commencerons par les triangles rectangles.

RÉSOLUTION DES TRIANGLES RECTANGLES

52. Avec l'angle droit A d'un triangle rectangle, il suffit de connaître deux de ses autres éléments, dont un côté au moins. Il peut se présenter quatre cas :

1er cas. *On donne l'hypoténuse* a *et un angle aigu* B ; *calculer* c, b *et* C.

La somme des deux angles aigus étant égale à 90°, nous avons immédiatement

$$C = 90° - B.$$

Des deux relations

$$b = a \sin B, \qquad c = a \cos B,$$

établies au n°44, nous tirons, en prenant les logarithmes,

$$\log b = \log a + \log \sin B, \qquad \log c = \log a + \log \cos B.$$

53. 2e *cas. On donne l'hypoténuse* a *et un côté* b *de l'angle droit ; calculer le troisième côté* c *et les deux angles* B *et* C.

Nous avons, pour déterminer les éléments inconnus, les relations,

$$\sin B = \cos C = \frac{b}{a}, \quad \text{et } c = \sqrt{a^2 - b^2} = \sqrt{(a+b)(a-b)}.$$

La détermination directe des angles aigus s'obtient par un sinus ou un cosinus, et ainsi elle ne sera pas susceptible d'exactitude, si l'angle C est petit ou B voisin de 90° (38). Dans ce cas, il vaut mieux commencer par calculer c et déterminer ensuite l'un des angles, C par exemple, par la formule

$$\operatorname{tang} C = \frac{c}{b};$$

et nous aurons ainsi, pour le calcul par logarithmes,

$$\log c = \frac{1}{2}\Big[\log (a+b) + \log (a-b) \Big],$$

$$\log \operatorname{tang} C = \log c + c^{l} \log b - 10.$$

L'angle C peut aussi se calculer directement comme il suit. En remplaçant cos C par sa valeur $\frac{b}{a}$ dans la formule

$$\operatorname{tang} \frac{C}{2} = \sqrt{\frac{1-\cos C}{1+\cos C}}$$

établie au n° 23, il vient

$$\operatorname{tang} \frac{C}{2} = \sqrt{\frac{a-b}{a+b}},$$

formule qui donnera l'angle C avec précision.

54. *3ᵉ cas. On donne l'un des côtés* b *de l'angle droit et un angle aigu* B ; *calculer* a, c, C.

Nous avons d'abord

$$C = 90^{\circ} - B.$$

Nous déterminerons ensuite c et a par les relations

$$c = b \cot B, \qquad a = \frac{b}{\sin B}$$

qui donnent pour le calcul logarithmique

$$\log c = \log b + \log \cot B, \quad \log a = \log b + c^{l} \log \sin B - 10.$$

55. *4ᵉ cas. On donne les deux côtés* b *et* c *de l'angle droit; calculer* a, B, C.

Nous déterminerons d'abord les angles par la formule

$$\tan B = \cot C = \frac{b}{c},$$

ou, en prenant les logarithmes,

$$\log \tan B = \log \cot C = \log b + c^{l} \log c - 10.$$

Les angles, une fois connus, nous calculerons a par la relation

$$a = \frac{b}{\sin B}, \text{ ou, } \log a = \log b + c^{l} \log \sin B - 10.$$

RÉSOLUTION DES TRIANGLES QUELCONQUES

56. *1ᵉʳ cas. On donne un côté* c *et les deux angles adjacents* A *et* B; *calculer les deux autres côtés* a *et* b *et le troisième angle* C.

L'angle inconnu C s'obtient immédiatement par la formule

$$C = 180^{\circ} - (A + B);$$

et des relations

$$\frac{a}{\sin A} = \frac{b}{\sin B} = \frac{c}{\sin C},$$

établies au n° 46, nous déduisons

$$a = \frac{c \sin A}{\sin C}, \quad b = \frac{c \sin B}{\sin C};$$

ou, en prenant les logarithmes,

$$\log a = \log c + \log \sin A + c^{l} \log \sin C - 10;$$
$$\log b = \log c + \log \sin B + c^{l} \log \sin C - 10.$$

57. *2e cas. On donne deux côtés* a *et* b *et l'angle compris* C ; *calculer le troisième côté* c *et les deux angles* A *et* B.

Nous avons d'abord

$$A + B = 180^\circ - C,$$

ou bien

$$\frac{A+B}{2} = 90^\circ - \frac{C}{2}.$$

Connaissant la demi-somme $\dfrac{A+B}{2}$ si nous pouvions connaître la demi-différence $\dfrac{A-B}{2}$, une addition et une soustraction donneraient immédiatement A et B. Des rapports égaux

$$\frac{b}{\sin B} = \frac{a}{\sin A},$$

nous tirons

$$\frac{\sin A}{\sin B} = \frac{a}{b}.$$

Mais, dans toute proportion, la différence des deux premiers termes est à leur somme, comme la différence des deux derniers est aussi à leur somme ; par conséquent,

$$\frac{\sin A - \sin B}{\sin A + \sin B} = \frac{a-b}{a+b}.$$

Si nous transformons en produits la différence et la somme des sinus, il vient (26)

$$\frac{\sin A - \sin B}{\sin A + \sin B} = \frac{2\sin\dfrac{A-B}{2}\cos\dfrac{A+B}{2}}{2\cos\dfrac{A-B}{2}\sin\dfrac{A+B}{2}} = \tang\frac{A-B}{2}\cot\frac{A+B}{2},$$

ou, en remarquant que $\cot = \dfrac{1}{\tang}$,

$$\frac{\sin A - \sin B}{\sin A + \sin B} = \frac{\tang \dfrac{A - B}{2}}{\tang \dfrac{A + B}{2}};$$

et, par suite,

$$\frac{\tang \dfrac{A - B}{2}}{\tang \dfrac{A + B}{2}} = \frac{a - b}{a + b};$$

d'où nous tirons

$$\tang \frac{A - B}{2} = \frac{a - b}{a + b} \cdot \tang \frac{A + B}{2},$$

équation qui ne renferme que la seule inconnue $\dfrac{A - B}{2}$, et qui donne pour le calcul logarithmique.

$$\log \tang \frac{A-B}{2} = \log(a-b) + \log \tang \frac{A+B}{2} + c'\log(a+b) - 10.$$

La quantité $\dfrac{A - B}{2}$ une fois déterminée, nous aurons A et B au moyen des formules

$$A = \frac{A + B}{2} + \frac{A - B}{2}.$$

$$B = \frac{A + B}{2} - \frac{A - B}{2}.$$

Pour déterminer le côté c, nous avons la relation

$$\frac{c}{\sin C} = \frac{a}{\sin A}.$$

d'où nous tirons

$$c = \frac{a \sin C}{\sin A},$$

et, en prenant les logarithmes,

$$\log c = \log a + \log \sin C + c^t \log \sin A - 10.$$

58. *3e cas. On donne deux côtés a et b, et l'angle A opposé au premier; calculer le troisième côté c et les angles B et C.*

L'angle B nous est donné par la relation

$$\frac{b}{\sin B} = \frac{a}{\sin A},$$

d'où nous tirons

$$\sin B = \frac{b \sin A}{a},$$

ou, en prenant les logarithmes,

$$\log \sin B = \log b + \log \sin A + c^t \log a - 10.$$

Le troisième angle C se déduit ensuite de l'équation

$$C = 180° - (A + B).$$

L'angle C une fois connu, le côté c se détermine par la relation

$$\frac{c}{\sin C} = \frac{a}{\sin A},$$

d'où nous tirons

$$c = \frac{a \sin C}{\sin A},$$

et, en prenant les logarithmes,

$$\log c = \log a + \log \sin C + c^t \log \sin A - 10.$$

DISCUSSION, La solution qui précède donne lieu à une discussion que nous allons développer.

L'angle B étant donné par son sinus est, en général, susceptible de deux valeurs, puisque les sinus de deux angles supplémentaires sont égaux. Faut-il prendre l'angle aigu indiqué par la table de sinus, ou bien son supplément?

Si l'angle A est droit ou obtus, il est clair que l'angle B est aigu et que, par conséquent, il n'y a aucune incertitude. Supposons donc que l'angle A soit aigu : trois cas peuvent se présenter, selon que nous avons $a > b$, $a = b$, $a < b$.

Dans les deux premiers cas, l'angle B est aigu, puisque, d'après un théorème de géométrie élémentaire, il doit être plus petit que l'angle A ou égal à l'angle A. Mais, si nous avons $a < b$, l'angle A est plus petit que l'angle B, et cette condition est également satisfaite en prenant, pour valeur de l'angle B, l'angle aigu donné par les tables de sinus ou son supplément, attendu que le calcul détermine pour l'angle B une valeur supérieure à celle de l'angle A. En effet, la relation

$$\sin B = \frac{b \sin A}{a}$$

prouve que a étant plus petit que b, sin A sera plus petit que sin B; et, comme de deux angles aigus celui qui a le plus grand sinus est le plus grand, il s'ensuit que l'angle B est plus grand que l'angle A. Le problème admet donc deux solutions dans ce cas.

Observons, toutefois, que, pour que ce problème soit possible, il faut que la relation

$$\sin B = \frac{b \sin A}{a}$$

donne pour sin B une valeur moindre que 1, ce qui exige que b sin A soit plus petit que a; et, en effet, b sin A est la mesure de la perpendiculaire CP (*fig.* 15) abaissée de l'extrêmité C du côté AC $= b$ sur le côté AB; or, il est évident que, si le côté a était plus petit que cette perpendiculaire, le triangle ABC ne saurait exister.

59. *4ᵉ cas. On donne les trois côtés* a, b, c ; *calculer les angles* A, B, C.

Nous avons (48)

$$\tan \frac{A}{2} = \sqrt{\frac{(p-b)\,(p-c)}{p(p-a)}},$$

$$\tan \frac{B}{2} = \sqrt{\frac{(p-a)\,(p-c)}{p\,(p-b)}},$$

$$\tan \frac{C}{2} = \sqrt{\frac{(p-a)\,(p-b)}{p\,(p-c)}}.$$

d'où, en prenant les logarithmes,

$$\log \tan \frac{A}{2} = \frac{1}{2}\Big[\log(p-b)+\log(p-c)+c^{\iota}\log p+c^{\iota}\log(p-a)-20\Big],$$

$$\log \tan \frac{B}{2} = \frac{1}{2}\Big[\log(p-a)+\log(p-c)+c^{\iota}\log p+c^{\iota}\log(p-b)\cdot\cdot20\Big],$$

$$\log \tan \frac{C}{2} = \frac{1}{2}\Big[\log(p-a)+\log(p-b)+c^{\iota}\log p+c^{\iota}\log(p-c)-20\Big],$$

Quand nous aurons ainsi calculé séparément chacun des trois angles, nous ferons leur somme et nous devrons trouver 180°, ce qui donne une vérification très-simple.

APPLICATIONS NUMÉRIQUES

60. PROBLÈME. *Résoudre un triangle rectangle con-*

naissant l'hypoténuse a $= 5678^m,76$ *et un côté de l'angle droit* b $= 3456^m,48$.

Nous avons (53)

$$c = \sqrt{(a+b)(a-b)},$$

$$\tan \frac{C}{2} = \sqrt{\frac{a-b}{a+b}},$$

ou, en prenant les logarithmes,

$$\log c = \frac{1}{2}\Big[\log(a+b) + \log(a-b)\Big],$$

$$\log \tan \frac{C}{2} = \frac{1}{2}\Big[\log(a-b) + c^l\log(a+b) - 10\Big].$$

TYPE DU CALCUL

$a = 5678^m,76$	$\log(a+b) = 3,9607200$
$b = 3456\ ,48$	$\log(a-b) = 3,3467988$
$a+b = 9135\ ,24$	$c^l\ \log(a+b) = 6,0392800$
$a-b = 2222\ ,28$	

Calcul du côté c.	**Calcul de l'angle** C.
$\log(a+b) = 3,9607200$	$\log(a-b) = 3,3467988$
$\log(a-b) = 3,3467988$	$c^l\ \log(a+b) = 6,0392800$
.... $7,3075188$	.... $9,3860788$
$\log c = 3,6537594$	$\log \tan \dfrac{C}{2} = \overline{1}\,3860788$
$c = 4505^m,669$	$\dfrac{C}{2} = 26°\,15'\,12'',1$
	$C = 52°\,30'\,24'',2$

Nous avons ensuite

$$B = 37°\,29'\,35'',8.$$

61. PROBLÈME. *Résoudre un triangle et calculer sa surface, connaissant un côté* a $=$ 439^m,258 *et les deux angles adjacents* B $=$ 79° 50′ 39″, C $=$ 64° 25′ 48″.

Nous avons (56)

$$A = 180° - (B + C),$$

$$b = \frac{a \sin B}{\sin A}, \quad c = \frac{a \sin C}{\sin A},$$

$$S = \frac{a^2 \sin B \sin C}{2 \sin A},$$

ou, en prenant les logarithmes dans les trois dernières relations,

$\log b = \log a + \log \sin B + c^l \log \sin A - 10.$

$\log c = \log a + \log \sin C + c^l \log \sin A - 10,$

$\log S = 2\log a + \log\sin B + \log\sin C + c^l\log 2 + c^l\log\sin A - 20.$

TYPE DU CALCUL

$a = 439^m,258$	$\log a = 2,6427197$
$B = 79°\ 50′\ 39″$	$\log \sin B = \overline{1},9931415$
$C = 64°\ 25′\ 48″$	$\log \sin C = \overline{1},9552348$
$B + C = 144°\ 16′\ 27″$	$c^l \log \sin A = 10,2336561$
$A = 35°\ 43′\ 33″$	$c^l \log 2 = 9,6989700$

Calcul de b.	**Calcul de** c.
$\log a = 2,6427197$	$\log a = 2,6427197$
$\log \sin B = \overline{1},9931415$	$\log \sin C = \overline{1},9552348$
$c^l \log \sin A = 10,2336561$	$c^l \log \sin A = 10,2336561$
$\ldots\ldots\ 12,8695173$	$\ldots\ldots\ 12,8316106$
$\log b = 2,8695173$	$\log c = 2,8316106$
$b = 740^m,487$	$c = 678^m,595$

Calcul de S.

$$2 \log a = 5,2854394$$
$$\log \sin B = \overline{1},9931415$$
$$\log \sin C = \overline{1},9552348$$
$$c^t \log 2 = 9,6989700$$
$$c^t \log \sin A = 10,2336561$$

$$\ldots\ldots \quad 25,1664418$$
$$\log S = 5,1664418$$
$$S = 146704^{mq}.$$

62. Problème. *Résoudre un triangle et calculer sa surface, connaissant deux côtés* b $= 1109^m,75$, c $= 1489^m,62$, *et l'angle compris* A $= 47° 9' 50''$.

Nous avons (57)

$$\frac{C + B}{2} = 90° - \frac{A}{2};$$

$$\operatorname{tang} \frac{C - B}{2} = \frac{c - b}{c + b} . \operatorname{tang} \frac{C + B}{2},$$

ou, en prenant les logarithmes dans cette dernière relation,

$$\log \operatorname{tang} \frac{C-B}{2} = \log(c-b) + \log \operatorname{tang} \frac{C+B}{2} + c^t \log(c+b) - 10;$$

La valeur de $\dfrac{C - B}{2}$ une fois déterminée, nous aurons

C, B, a et S par les relations

$$\begin{cases} C = \dfrac{C + B}{2} + \dfrac{C - B}{2}, \\[2ex] B = \dfrac{C + B}{2} - \dfrac{C - B}{2}; \end{cases}$$

$$a = \frac{c \sin A}{\sin C}, \quad S = \frac{bc \sin A}{2},$$

ou, en prenant encore les logarithmes dans les deux dernières,

$$\log a = \log c + \log \sin A + c^t \log \sin C - 10,$$
$$\log S = \log b + \log c + \log \sin A + c^t \log 2 - 10.$$

TYPE DU CALCUL

$$c = 1489,62$$
$$b = 1109,75$$
$$\overline{}$$
$$c + b = 2599,37$$
$$c - b = 379,87$$
$$\frac{C + B}{2} = 66° 25' 5''$$

$$\log c = 3,1730755$$
$$\log b = 3,0452253$$
$$\log (c - b) = 2,5796350$$
$$c^t \log (c + b) = 6,5851318$$
$$\log \tang \frac{C+B}{2} = 0,3600018$$
$$\log \sin A = \overline{1},8652826$$
$$c^t \log 2 = 9,6989700$$

Calcul de $\dfrac{C - B}{2}$

$$\log (c - b) = 2,5796350$$
$$\log \tang \frac{C+B}{2} = 0,3600018$$
$$c^t \log (c + b) = 6,5851318$$

$$\cdots\cdots\cdots 9,5247686$$
$$\log \tang \frac{C-B}{2} = \overline{1},5247686$$
$$\frac{C-B}{2} = 18°30'35'',6$$

Calcul de C et de B

$$\frac{C+B}{2} = 66°25'5''$$

$$\frac{C-B}{2} = 18°30'35'',6$$

$$C = 84°55'40'',6$$
$$B = 47°54'29'',4$$

Calcul de a		**Calcul de** S	
$\log c =$	3,1730755	$\log b =$	3,0452253
$\log \sin A =$	$\overline{1}$,8652826	$\log c =$	3,1730755
$c^t \log \sin C =$	10,0017039	$\log \sin A =$	$\overline{1}$,8652826
. . . .	13,0400620	$c^t \log 2 =$	9,6989700
$\log a =$	3,0400620	. . . .	15,7825534
$a =$	$1096^m,6$	$\log S =$	5,7825534
		$S =$	$606112^{mq},83$

63. PROBLÈME. *Résoudre un triangle et calculer sa surface, connaissant les trois côtés* a = 701,224; b = 438,265; c = 613,571.

Nous avons (58) et (50 — 3°)

$$\tang \frac{A}{2} = \sqrt{\frac{(p-b)(p-c)}{p(p-a)}}, \quad \tang \frac{B}{2} = \sqrt{\frac{(p-a)(p-c)}{p(p-b)}},$$

$$\tang \frac{C}{2} = \sqrt{\frac{(p-a)(p-b)}{p(p-c)}}, \quad S = \sqrt{p(p-a)(p-b)(p-c)},$$

ou, en prenant les logarithmes,

$$\log \tang \frac{A}{2} = \frac{1}{2}\left[\log(p-b) + \log(p-c) + c^t \log p + c^t \log(p-a) - 20\right],$$

$$\log \tang \frac{B}{2} = \frac{1}{2}\left[\log(p-a) + \log(p-c) + c^t \log p + c^t \log(p-b) - 20\right],$$

$$\log \tang \frac{C}{2} = \frac{1}{2}\left[\log(p-a) + \log(p-b) + c^t \log p + c^t \log(p-c) - 20\right],$$

$$\log S = \frac{1}{2}\left[\log p + \log(p-a) + \log(p-b) + \log(p-c)\right].$$

TYPE DU CALCUL

$a =$ 701,224	$\log p =$ 2,9427668
$b =$ 438,265	$\log (p-a) =$ 2,2437968
$c =$ 613,571	$\log (p-b) =$ 2,6417368
	$\log (p-c) =$ 2,4198881
$2p =$ 1753,060	c^t $\log p$ $=$ 7,0572332
$p =$ 876,530	c^t $\log (p-a) =$ 7,7562032
$(p-a) =$ 175,306	c^t $\log (p-b) =$ 7,3582632
$(p-b) =$ 438,265	c^t $\log (p-c) =$ 7,5801119
$(p-c) =$ 262,959	

Calcul de A

$\log (p-b) =$ 2,6417368
$\log (p-c) =$ 2,4198881
c^t $\log p$ $=$ 7,0572332
c^t $\log (p-a) =$ 7,7562032

. . . . 19,8750613

$\log \tan \dfrac{A}{2} = \overline{1},9375306$

$\dfrac{A}{2} = 40°\,53'\,36'',22$

$A = 81°\,47'\,12'',44$

Calcul de B

$\log (p-a) =$ 2,2437968
$\log (p-c) =$ 2,4198881
c^t $\log p$ $=$ 7,0572332
c^t $\log (p-b) =$ 7,3582632

. . . . 19,0791813

$\log \tan \dfrac{B}{2} = \overline{1},5395906$

$\dfrac{B}{2} = 19°\,6'\,23'',77$

$B = 38°\,12'\,47'',54$

Calcul de C

$\log (p-a) =$ 2,2437968
$\log (p-b) =$ 2,6417368
c^t $\log p$ $=$ 7,0572332
c^t $\log (p-c) =$ 7,5801119

. . . . 19,5228787

$\log \tan \dfrac{C}{2} = \overline{1},7614393$

$\dfrac{C}{2} = 30°$

$C = 60°$

Calcul de S

$\log p$ $=$ 2,9427668
$\log (p-a) =$ 2,2437968
$\log (p-b) =$ 2,6417368
$\log (p-c) =$ 2,4198881

. . . . 10,2481885

$\log S =$ 5,1240942

$S = 133074^{mq},23$

VÉRIFICATION

$$A = \quad 81° \ 47' \ 12'',44$$
$$B = \quad 38° \ 12' \ 47'',54$$
$$C = \quad 60° \quad » \quad · \ » \qquad »$$

$$A + B + C = 179° \ 59' \ 59'',98$$

c'est-à-dire $180° - 0'',2$.

EXERCICES

1. Résoudre un triangle rectangle, connaissant l'hypoténuse $a = 543^{m},27$ et un angle $B = 53° \ 47' \ 38''$.

Réponse. $b = 438^{m},863$; $c = 320^{m},939$; $C = 36° \ 12' \ 22''$.

2. Résoudre un triangle rectanglé, connaissant un angle $B = 71° \ 17' \ 42''$ et un côté $b = 8487^{m},52$.

Réponse. $C = 18°42'18''.$; $a = 8960^{m},810$; $c = 2873^{m},693$.

3. Résoudre un triangle rectangle dont on connaît les deux côtés de l'angle droit $b = 548^{m},376$; $c = 421^{m},78$.

Réponse. $B = 52° \ 26' \ 4'',3$; $C = 37° \ 33' \ 55'',7$; $a = 691^{m},82$.

4. Résoudre un triangle rectangle, connaissant l'hypoténuse $a = 1254^{m}$ et un côté de l'angle droit $b = 852^{m},02$.

Réponse. $B = 42° \ 48'$; $C = 47° \ 12'$; $c = 920^{m},08$.

5. Résoudre un triangle et calculer sa surface, connaissant un côté $a = 1325^{m},47$, et les deux angles adjacents $B = 47° \ 28' \ 38''$, $C = 42° \ 27' \ 52''$.

Réponse. $A = 90° \ 3' \ 30''$; $b = 976^{m},883$; $c = 894^{m}868$; $S = 437090^{mq}$.

6. Résoudre un triangle et calculer sa surface, con-

naissant un côté $c = 56894^m,60$, et les deux angles adjacents $A = 74° 53' 33'',8$; $B = 47° 17' 3'',2$.

Réponse. $C = 57° 49' 23''$; $a = 64895^m,81$; $b = 49387^m,62$; $S = 1356389000^{mq}$.

7. Résoudre un triangle et calculer sa surface, connaissant deux côtés $a = 3246^m,927$; $b = 2854^m,031$, et l'angle compris $C = 48° 45' 2'',42$.

Réponse. $A = 73° 42' 50'',06$; $B = 57° 32' 7'',52$; $c = 2543^m,247$; $S = 3483623^{mq}$.

8. La surface d'un triangle est de $3428^{mq},65$; on sait que les longueurs de deux des côtés du triangle sont respectivement $92^m,35$ et $103^m,57$. Calculer l'angle compris entre ces côtés.

Réponse. $A = 45° 48' 8''$.

9. Calculer les angles et la surface d'un triangle dont on connaît les trois côtés $a = 33^m,45$; $b = 42^m, 89$; $c = 43^m,17$.

Réponse. $A = 45° 44' 37''$; $B = 66° 41' 10'',6$; $C = 67° 34' 12'',4$; $S = 663^{mq},07$.

10. Connaissant la surface d'un triangle $S = 11013^{mq}$; l'angle $A = 24° 23' 44''$, et la somme des côtés qui comprennent cet angle $(b + c) = 467^m,21$, calculer les angles B et C, et les trois côtés a, b, c.

Réponse. $B = 112° 42' 28''$; $C = 42° 53' 48''$; $a = 120^m,37$; $b = 268^m,84$, et $c = 198^m,37$.

11. On donne un triangle équilatéral dont la surface est 1024^{mq}; trouver le côté de ce triangle.

Réponse. $x = 48^m,629$.

CHAPITRE V

APPLICATIONS DE LA TRIGONOMÉTRIE AU LEVÉ DES PLANS

63. PROBLÈME. *Déterminer la distance d'un poin donné A à un point visible, mais inaccessible B.*

On prend sur le terrain une base AC, qu'on mesure à la chaîne; et, plaçant le graphomètre aux points A et C, on mesure les angles BAC, BCA. On connaît alors, dans

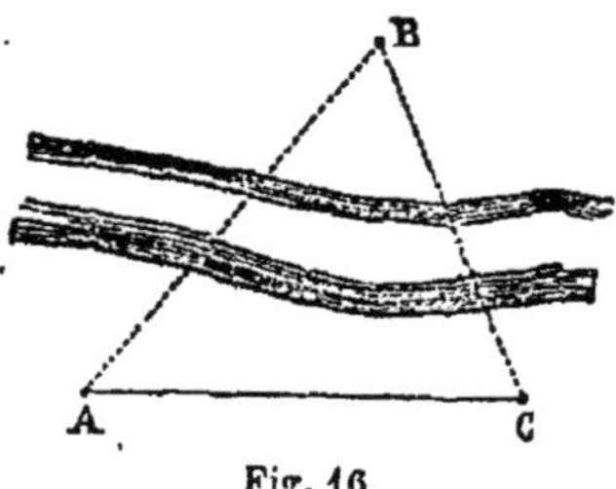

Fig. 16.

le triangle ABC, un côté AC et les deux angles adjacents A et C ;on calcule le côté inconnu à l'aide de la formule

$$AB = \frac{AC \sin BCA}{\sin ABC},$$

comme nous l'avons vu au n° 56.

64. PROBLÈME. *Déterminer la distance de deux points inaccessibles mais visibles A et B.*

On choisit sur le terrain une base CD, et on obtient, comme dans le cas précédent, les longueurs CA, CB. On mesure ensuite l'angle ACB. Connaissant dans le triangle ABC les deux côtés

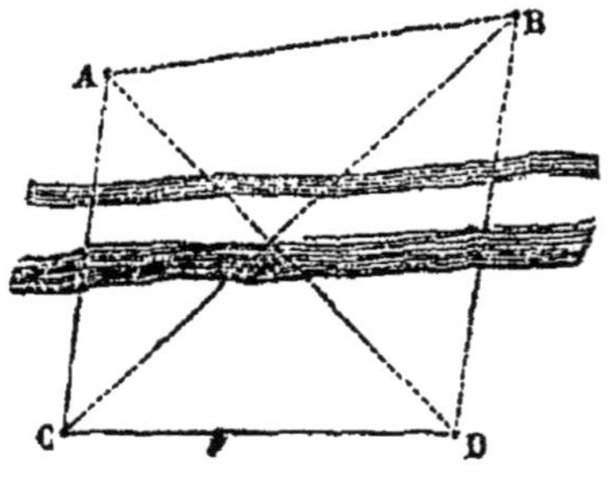

Fig. 17.

AC, BC et l'angle compris ACB, on déterminera les

angles ABC, BAC comme au n° 57. Ces angles une fois connus, le côté AB sera donné par la formule

$$AB = \frac{AC \sin ACB}{\sin ABC}.$$

Remarquons que lorsque les points A, B, C, D sont dans un même plan, l'angle ACB est la différence des angles ACD et BCD.

65. PROBLÈME. *Déterminer la hauteur verticale d'une tour dont le pied est accessible.*

On mesure à la chaîne une base AC partant du pied de la tour ; puis on installe le graphomètre au-dessus du point C, de manière que le limbe soit verticale et l'alidade fixe horizontale. On vise avec l'alidade mobile le sommet B de la tour, et on lit sur le limbe la valeur de l'angle BC′A′. On connaît alors dans le triangle rec-

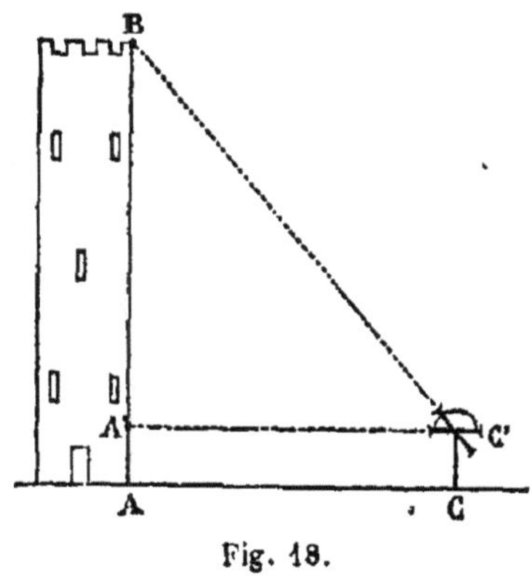

Fig. 18.

tangle BCA′, le côté A′C′ = AC et l'angle BC′A′ ; on calcule le côté A′B par la formule

$$BA' = A'C' \text{ tang } BC'A'$$

démontrée au n° 45. Ayant calculé BA′, on n'a plus qu'à y ajouter la hauteur du graphomètre pour avoir la hauteur demandée.

66. PROBLÈME. *Déterminer la hauteur d'une montagne au-dessus du niveau d'une plaine.*

En supposant la plaine horizontale, on trace une base BC que l'on mesure avec la chaîne, et on détermine, comme au n° 63, la distance du point B au point inaccessible A. Imaginant à l'intérieur la verticale AD, et mesurant avec le graphomètre l'angle formé par AB et la verticale menée par le point B, on en déduira son

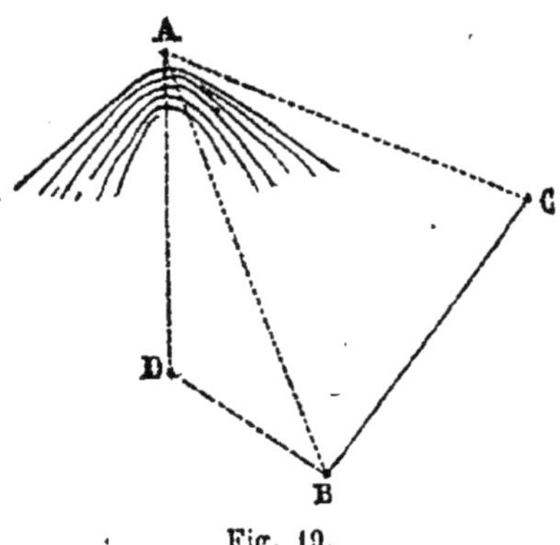

Fig. 19.

complément ABD ; par conséquent, dans le triangle ABD, on connaîtra l'hypoténuse AB et l'angle ABD ; la hauteur AD sera donnée par la formule (45)

$$AD = AB \sin ABD.$$

67. PROBLÈME. *Trois points* A, B, C *étant situés sur un terrain uni et rapportés sur une carte, déterminer le point* P *d'où les distances* AC *et* BC *ont été vues sous des angles donnés.*

Soient α et β les deux angles sous lesquels du point P ont été vues les distances AC, BC ; il est facile de déterminer, par une construction graphique, la position du point P ; il suffit de décrire sur AC et sur BC des segments de

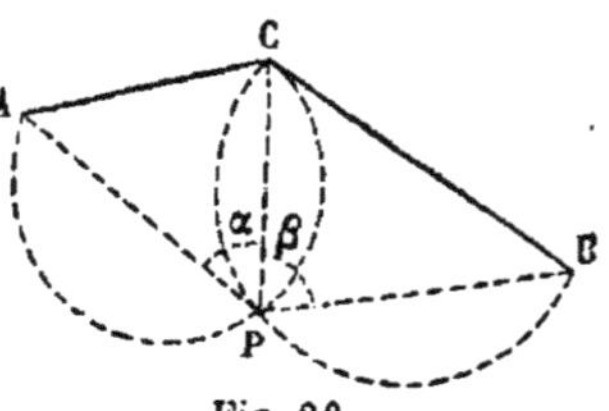

Fig. 20.

cercle respectivement capables des angles donnés α et β : l'intersection des deux cercles sera le point cherché. Mais, comme cette construction ne donnerait pas toujours toute l'exactitude nécessaire, on calculera les deux angles CAP, CBP, et leur valeur une fois connue, la position du point P se déterminera aisément.

Représentons donc par a et b les distances connues AC et BC, par x et y les angles cherchés CAP, CBP, la somme des quatre angles du quadrilatère ACBP étant égale à quatre angles droits ou 360°, nous avons

$$x + y = 360° - (C + \alpha + \beta),$$

et, par suite,

$$\frac{x + y}{2} = 180° - \frac{(C + \alpha + \beta)}{2}.$$

Nous connaissons ainsi la demi-somme des angles x et y ; de sorte que si nous pouvions obtenir leur demi-différence, le problème serait résolu. Or, les triangles CBP, CAP donnent (46)

$$\frac{CP}{\sin x} = \frac{a}{\sin \alpha}, \quad \text{et} \quad \frac{CP}{\sin y} = \frac{b}{\sin \beta};$$

de ces deux relations nous déduisons

$$CP = \frac{a \sin x}{\sin \alpha}, \quad \text{et} \quad CP = \frac{b \sin y}{\sin \beta};$$

et, par conséquent,

$$\frac{a \sin x}{\sin \alpha} = \frac{b \sin y}{\sin \beta};$$

équation d'où nous tirons

$$\frac{\sin x}{\sin y} = \frac{b \sin \alpha}{a \sin \beta}.$$

Nous pouvons calculer une ligne $a' = \dfrac{b \sin \alpha}{\sin \beta}$; alors l'équation précédente devient

$$\frac{\sin x}{\sin y} = \frac{a'}{a};$$

ou, en nous rappelant que dans toute proportion la différence des deux premiers termes est à leur somme, comme la différence des deux derniers est à leur somme,

$$\frac{\sin x - \sin y}{\sin x + \sin y} = \frac{a' - a}{a' + a}.$$

Mais nous avons vu (57) que le premier membre de cette dernière équation est égal à $\dfrac{\tang \dfrac{x-y}{2}}{\tang \dfrac{x+y}{2}}$; par conséquent,

$$\frac{\tang \dfrac{x-y}{2}}{\tang \dfrac{x+y}{2}} = \frac{a' - a}{a' + a}$$

d'où nous tirons

$$\tang \frac{x-y}{2} = \frac{a' - a}{a' + a} \tang \frac{x+y}{2}.$$

La valeur de $\dfrac{x-y}{2}$ une fois calculée, nous la combinerons successivement par voie d'addition et de soustraction avec celle de $\dfrac{x+y}{2}$, et nous obtiendrons x et y.

68. Comme application numérique, supposons $a = 200^{m}$, $b = 170^{m}$, $\alpha = 46^{\circ}\ 17'\ 13'',2$, $\beta = 30^{\circ}\ 9'$, $C = 114^{\circ}\ 40'\ 8'',4$.

11.

Nous avons, d'après le raisonnement que nous venons de faire,

$$\frac{x+y}{2} = 180° - \left(\frac{C+\alpha+\varepsilon}{2}\right),$$

$$a' = \frac{b\sin\alpha}{\sin\beta}, \quad \operatorname{tang}\frac{x-y}{2} = \frac{a'-a}{a'+a}\operatorname{tang}\frac{x+y}{2};$$

ou, en prenant les logarithmes dans les deux dernières relations,

$$\log a' = \log b + \log\cdot\sin\alpha + c^{\iota}\log\sin\beta - 10,$$

$$\log\operatorname{tang}\frac{x-y}{2} = \log(a'-a) + \log\operatorname{tang}\frac{x+y}{2} + c^{\iota}\log(a'+a) - 10.$$

La valeur de $\frac{x-y}{2}$ une fois déterminée, nous aurons x et y par les relations

$$\begin{cases} x = \dfrac{x+y}{2} + \dfrac{x-y}{2}, \\[2ex] y = \dfrac{x+y}{2} - \dfrac{x-y}{2}. \end{cases}$$

TYPE DU CALCUL

$a = 200^{m}$	$\log a = 2,3010300$
$b = 170^{m}$	$\log b = 2,2304489$
$\alpha = 46° 17' 13'',2$	$\log\sin\alpha = \overline{1},8590244$
$\beta = 30° 9'$	$c^{\iota}\log\sin\beta = 10,2990666$
$C = 114° 40' 8'',4$	$\log\operatorname{tang}\dfrac{x+y}{2} = 1,0122322$
$\dfrac{x+y}{2} = 84° 26' 49'',2$	

Calcul de a'

$$\log b = 2,2304489$$
$$\log \sin \alpha = \overline{1},8590244$$
$$c^{t} \log \sin \beta = 10,2990666$$

$$\dots\dots\ 12,3885399$$
$$\log a' = 2,3885399$$

$$a' = 244,647.$$

Calcul de $\dfrac{x - y}{2}$

$$\log (a' - a) = 1,6497923$$
$$\log \tan \frac{x+y}{2} = \overline{1},0122322$$
$$c^{t} \log(a' + a) = 7,3519846$$

$$\dots\dots\dots\ 10,0140091$$
$$\log \tan \frac{x-y}{2} = 0,0140091$$

$$\frac{x-y}{2} = 45°54'26'',2$$

Calcul de x **et de** y

$$\frac{x - y}{2} = 84°26'49'',2$$

$$\frac{x + y}{2} = 45°55'26'',2$$

$$x = 130°22'15''$$
$$y = 38°31'23''$$

EXERCICES

1. On mesure sur le bord d'une rivière une base de 75^{m} ; d'une extrémité de cette base on vise sur l'autre bord un point tel que la ligne de visée est perpendiculaire à la base. On vise le même point de l'autre extrémité de la base, et la ligne de visée fait avec la base un angle de 54° 48'. Quelle est la largeur de la rivière ?

Réponse. 95^{m},309.

2. Trouver la distance d'un point A à un point inaccessible B, sachant que la base d'opération AC = 843^{m},

et les angles CAB = 59° 42′, BCA = 61°19′. (*Voir fig.* 16.)

Réponse. 862^m,94.

3. Déterminer la distance de deux points inaccessibles A et B, sachant que la base d'opération CD = 270^m et les angles ACB = 54° 43′ 36″, ACD = 102° 48′ 57″, BCD = 52° 6′ 17″, BDC = 93° 58′ 46″, et enfin ADC = 44°18′.

Réponse. 399^m,26. (*Voir la fig.* 17.)

4. Trouver la hauteur d'une tour ; l'angle d'élévation de son sommet est égal à 48° 25′ à 80^m de son pied ; de plus, la hauteur du graphomètre est 1^m,25.

Réponse. 91^m,409.

5. Trouver la hauteur d'une montagne. La base d'opération que l'on choisit a 225^m ; les angles formés par cette base et les rayons visuels passant par le sommet de la montagne sont respectivement égaux à 52° 27′ 18″ et 41° 19′ 25″ ; de plus, l'un de ces rayons visuels AB (*fig.* 19) fait avec la verticale de la station A un angle égal à 43° 19′ 12″.

Réponse. 108^m,325.

6. Trois points A, B, C sont sur un terrain uni et l'on a AC = 167^m,645, BC = 128,765, angle C = 91°53′ 57″, angle α = CPA = 31° 4′ et enfin angle β = CPB = 23° 36′. Déterminer le point P, d'où les distances AC, BC ont été vues sous les angles α et β. (*Voir la fig.* 20.)

Réponse. x = 80° 5′ 37″ ; y = 9° 32′ 54″, 1.

FIN

TABLE DES MATIÈRES

ALGÈBRE

PREMIÈRE PARTIE

DEUXIÈME PARTIE

TRIGONOMÉTRIE

Lyon. — Impr. P. Mougin-Rusand, rue Stella, 3.